Abhängigkeitsgraph

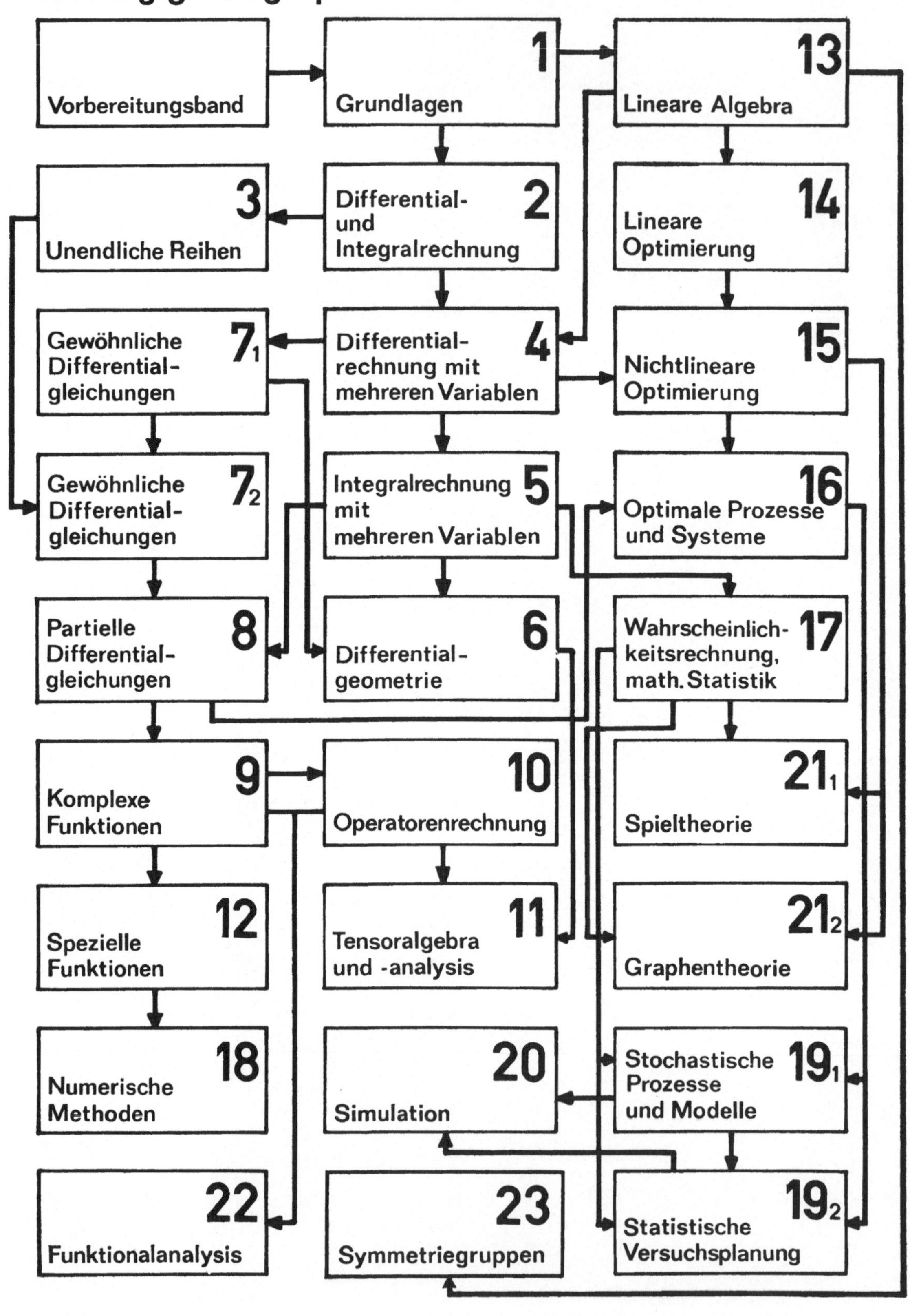

MATHEMATIK FÜR INGENIEURE, NATURWISSENSCHAFTLER,
ÖKONOMEN UND LANDWIRTE · BAND 14

Herausgeber: Prof. Dr. O. Beyer, Magdeburg · Prof. Dr. H. Erfurth, Merseburg
Prof. Dr. O. Greuel † · Prof. Dr. C. Großmann, Dresden
Prof. Dr. H. Kadner, Dresden · Prof. Dr. K. Manteuffel, Magdeburg
Prof. Dr. M. Schneider, Chemnitz · Doz. Dr. G. Zeidler, Berlin

PROF. DR. E. SEIFFART
PROF. DR. K. MANTEUFFEL

Lineare Optimierung

5. AUFLAGE

B. G. TEUBNER VERLAGSGESELLSCHAFT KG
1991

Das Lehrwerk wurde 1972 begründet und wird seither herausgegeben von:
Prof. Dr. Otfried Beyer, Prof. Dr. Horst Erfurth, Prof. Dr. Otto Greuel †, Prof. Dr. Horst Kadner,
Prof. Dr. Karl Manteuffel, Doz. Dr. Günter Zeidler
Außerdem gehören dem Herausgeberkollektiv an:
Prof. Dr. Manfred Schneider (seit 1989), Prof. Dr. Christian Großmann (seit 1989)

Verantwortlicher Herausgeber:
1. Auflage: Professor Dr. Otto Greuel †
ab 2. Auflage: Dr. rer. nat. habil. Horst Kadner, ordentlicher Professor für Mathematische Kybernetik
und Rechentechnik an der Technischen Universität Dresden

Autoren:
Dr. sc. nat. Egon Seiffart, ordentlicher Professor für mathematische Optimierung an der Technischen
Universität „Otto von Guericke", Magdeburg
Dr. sc. nat. Karl Manteuffel, ordentlicher Professor für mathematische Methoden der Operationsforschung an der Technischen Universität „Otto von Guericke", Magdeburg

Seiffart, Egon:
Lineare Optimierung / E. Seiffart; K. Manteuffel. –
5. Aufl. – Leipzig: B. G. Teubner, 1991. –
192 S.: 40 Abb.
(Mathematik für Ingenieure, Naturwissenschaftler,
Ökonomen und Landwirte; 14)
NE: Manteuffel, Karl :; GT

ISBN 978-3-322-00472-7   ISBN 978-3-322-91272-5 (eBook)
DOI 10.1007/978-3-322-91272-5

Math. Ing. Nat.wiss. Ökon. Landwirte, Bd. 14
ISSN 0138-1318
© BSB B. G. Teubner Verlagsgesellschaft, Leipzig, 1974
5. Auflage
VLN 294-375/76/91

Bestell-Nr. 665 715 5

Inhalt

1. Einleitende Betrachtungen

Unter den Optimierungsmethoden nehmen die Methoden der linearen Optimierung einen bedeutenden Platz ein. Die große praktische Bedeutung besteht vor allem darin, daß diese Methoden mathematisch einfach und übersichtlich dargestellt werden können und vollständig auf Elektronenrechnern bearbeitbar sind. Weit schwierigere Bedingungen liegen bei der nichtlinearen Optimierung vor. Schließlich bestätigt die Erfahrung, daß zahlreiche nichtlineare Probleme in der Volks- und Betriebswirtschaft mit linearen Methoden oft mit einer zufriedenstellenden Genauigkeit gelöst werden können.

Die Methoden der linearen Optimierung gestatten es, aus einer Vielzahl von möglichen Varianten die ökonomisch günstigste auszuwählen. Bei den meisten praktischen Entscheidungsproblemen ist die Anzahl der möglichen Varianten so groß, daß unter diesen die ökonomisch beste durch Vergleich aller möglichen Varianten nicht mehr oder selbst bei kleineren Problemen gegebenenfalls nur durch einen erheblichen Rechenaufwand ermittelt werden kann.

Um von diesem erforderlichen Aufwand eine Vorstellung zu geben, wird z. B. angenommen, daß in einer größeren Betriebsabteilung 20 verschiedene Maschinen bereitstehen, um 20 verschiedene Werkstücke zu bearbeiten. Jedes Werkstück kann auf jeder Maschine bearbeitet werden. Die Bearbeitungszeiten eines beliebigen Werkstückes auf jeder Maschine sind gegeben. Diese Arbeitszeiten sind im allgemeinen verschieden, und jeder Maschine ist genau ein Werkstück zur Bearbeitung zuzuordnen.

Welche Zuordnung muß vorgenommen werden, damit die gesamte Bearbeitungszeit minimal wird? Insgesamt gibt es $20! = 1 \cdot \cdots \cdot 20$ mögliche Zuordnungsvarianten, wenn eine feste Maschinenanordnung vorausgesetzt wird. Wie kann aus dieser Anzahl die Variante der geringsten Bearbeitungszeit ermittelt werden? Der nächstliegende Weg, dieses Problem zu lösen, wäre zunächst der, alle möglichen Varianten und die sich dabei ergebenden Gesamtbearbeitungszeiten aufzuschreiben. Danach wird die Variante mit der kleinsten Gesamtbearbeitungszeit ausgesucht.

Würde ein äußerst schneller Digitalrechner eine Variante in 10^{-6} Sekunden ermitteln und die dazu gehörende Bearbeitungszeit berechnen, so würde er bei 365 Arbeitstagen zu 24 Stunden pro Jahr etwa 80 000 Jahre benötigen, um durch Vergleich aller Varianten die optimale Lösung zu finden. Andererseits könnte die Lösung dieser Aufgabe einem Praktiker mit viel Betriebserfahrung übertragen werden. Die Praxis zeigt, daß solche Fachleute bei der empirischen Herstellung einer Lösung im allgemeinen nicht zu sehr fehlgreifen. Die Erfahrung reicht aber nicht aus, um die beste Lösung herauszufinden. Wird diese wirklich einmal gefunden, so ist es Zufall.

Dagegen wird ein weit besserer Lösungsweg durch den Einsatz mathematischer Methoden eröffnet. Mit ihrer Hilfe können derartige Optimierungsprobleme präzise und mit relativ geringem Rechenaufwand gelöst werden.

Im Jahre 1939 wurde von Kantorowitsch erstmalig eine lineare Optimierungsaufgabe dargestellt, die sich aus einer bestimmten Klasse von Produktionsproblemen ergab. Er entwickelte hierzu gleichzeitig eine Lösungsmethode, die er „Methode der Auflösungsmultiplikatoren" nannte. Dantzig veröffentlichte 1947 eine Lösungsmethode für Probleme der linearen Optimierung, die unter dem Namen *Simplexmethode* bekannt wurde und heute als die klassische Lösungsmethode für Probleme der Linearoptimierung gilt. Seit dieser Zeit sind unzählige Arbeiten aus allen Bereichen der Betriebs- und Volkswirtschaft über Probleme erschienen, die eine optimale Entscheidung zwischen verschiedenen Handlungsmöglichkeiten verlangen, die sich mit mannigfachen exakten und approximativen Lösungsverfahren beschäftigen.

Die mathematischen Voraussetzungen zur linearen Optimierung wurden im Band 13 „Lineare Algebra" bereitgestellt. Grundlage für die anschließenden Darlegungen soll der n-dimensionale lineare Vektorraum oder n-dimensionale euklidische Raum R^n sein.

Jeder Punkt $P(x_1, \dots, x_n)$ des Raumes R^n wird durch einen Vektor $\mathbf{x}$ mit den Komponenten $x_1, \dots, x_n$ dargestellt. Diese Komponenten werden durch eine Matrix zusammengefaßt. Wird der Vektor $\mathbf{x}$ als einspaltige Matrix dargestellt, so wird er als Spaltenvektor bezeichnet; wird $\mathbf{x}$ als Zeilenmatrix zusammengefaßt, so wird er als Zeilenvektor bezeichnet und durch ein „T" gekennzeichnet:

$$\mathbf{x} = \begin{bmatrix} x_1 \\ \vdots \\ x_n \end{bmatrix}, \quad \mathbf{x}^T = [x_1, \dots, x_n].$$

Diese Darstellung von Vektoren als spezielle Matrizen (Zeilenmatrix oder Spaltenmatrix) hat den Vorteil, daß die Rechengesetze der Matrizenrechnung durchgängig und einheitlich genutzt werden können. Die Multiplikation einer Matrix mit einem Vektor kann so z. B. als vollständige Matrizenmultiplikation dargestellt werden. Aus diesem Grunde muß der Vektor entweder als Zeilenmatrix oder als Spaltenmatrix dargestellt werden (vgl. Bd. 13, 3. Aufl., S. 67).

Als n-dimensionaler Vektorraum wird die Menge aller n-dimensionalen Vektoren bezeichnet, die als Linearkombination von n linear unabhängigen Vektoren gebildet werden können.

Im vorgegebenen Raum gelten die folgenden beiden Eigenschaften:

1. Ist $\mathbf{x}, \mathbf{y} \in R^n$, so folgt: $\mathbf{z}^T = \mathbf{x}^T + \mathbf{y}^T = [x_1 + y_1, \dots, x_n + y_n]$ ist ebenfalls ein Element des R^n.

2. Ist $\mathbf{x} \in R^n$, λ beliebige reelle Zahl, so folgt: $\lambda \cdot \mathbf{x}^T = [\lambda \cdot x_1, \dots, \lambda \cdot x_n]$ ist ebenfalls ein Element des R^n.

In den folgenden Darlegungen werden lineare Funktionen und lineare Ungleichungen betrachtet.

Vergleiche Band 1 und 13, Abschnitte über lineare Funktionen, bzw. Band 13, Abschnitt 3.6. Systeme von linearen Ungleichungen und Alternativsätze.

$Z(\mathbf{x})$ ist genau dann eine lineare Funktion, wenn $Z(\mathbf{x}) = \mathbf{c}^T\mathbf{x} + a$ ist ($\mathbf{x}, \mathbf{c} \in R^n$ a reell und konstant).

Ein System

$$\begin{aligned}
a_{11}\, x_1 + a_{12}\, x_2 + \cdots + a_{1n}\, x_n &\leqq b_1, \\
a_{21}\, x_1 + a_{22}\, x_2 + \cdots + a_{2n}\, x_n &\leqq b_2, \\
\cdots\cdots\cdots\cdots\cdots\cdots\cdots\cdots\cdots\cdots\cdots\cdots & \\
a_{m1}\, x_1 + a_{m2}\, x_2 + \cdots + a_{mn}\, x_n &\leqq b_m, \\
x_1, x_2, \dots, x_n &\geqq 0,
\end{aligned} \tag{1.1}$$

mit den Konstanten a_{ij} ($i = 1, ..., m$; $j = 1, ..., n$), b_i ($i = 1, ..., m$) und den Variablen x_j ($j = 1, ..., n$) heißt *lineares Ungleichungssystem mit n Nichtnegativitätsbedingungen*.

Ein Vektor heißt nichtnegativ, wenn alle Komponenten nicht negativ sind. Daher
können wir das System (1.1) folgendermaßen schreiben:

$$\mathbf{Ax} \leq \mathbf{b}, \quad \mathbf{x} \geq \mathbf{o},$$

mit

$$\mathbf{A} = \begin{bmatrix} a_{11} & a_{12} & \cdots & a_{1n} \\ a_{21} & a_{22} & \cdots & a_{2n} \\ \vdots & \vdots & \cdots & \vdots \\ a_{m1} & a_{m2} & \cdots & a_{mn} \end{bmatrix}, \quad \mathbf{x} = \begin{bmatrix} x_1 \\ x_2 \\ \vdots \\ x_n \end{bmatrix} \quad \text{und} \quad \mathbf{b} = \begin{bmatrix} b_1 \\ b_2 \\ \vdots \\ b_m \end{bmatrix}$$

(vgl. Band 13).

Jeder Vektor $\mathbf{x}$, dessen sämtliche Komponenten nicht negativ sind und der das
Ungleichungssystem $\mathbf{Ax} \leq \mathbf{b}$ erfüllt, heißt *zulässige Lösung* des Systems

$$\mathbf{Ax} \leq \mathbf{b}, \quad \mathbf{x} \geq \mathbf{o}.$$

Die Lösungsmenge aller zulässigen Lösungen wird als *Lösungsbereich* bezeichnet.

Unter dem Verbindungsvektor vom Vektor $\mathbf{x}_1 \in R^n$ zum Vektor $\mathbf{x}_2 \in R^n$ verstehen
wir den Vektor $\mathbf{x}_3 = \mathbf{x}_1 - \mathbf{x}_2$; ist $\mathbf{x}$ ein beliebiger Ortsvektor nach einem Punkte von
$\mathbf{x}_3$, dann ist

$$\mathbf{x} = \mathbf{x}_2 + \lambda \mathbf{x}_3 = \mathbf{x}_2 + \lambda (\mathbf{x}_1 - \mathbf{x}_2) \quad \text{mit} \quad 0 \leq \lambda \leq 1,$$

d.h.

$$\mathbf{x} = \lambda \mathbf{x}_1 + (1 - \lambda) \mathbf{x}_2 \text{ (für } n = 2 \text{ vgl. Bild 1.1).}$$

Für die weiteren Betrachtungen brauchen wir den Begriff der *konvexen Punktmenge*,
wobei jeder beliebige Punkt P_i durch einen n-dimensionalen Vektor $\mathbf{x}_i$ festgelegt sei.
Die Menge M ist dann und nur dann eine konvexe Punktmenge, wenn für beliebige
$P_1 \in M$, $P_2 \in M$ die durch den Vektor $\mathbf{x} = \lambda \mathbf{x}_1 + (1 - \lambda) \mathbf{x}_2$ mit $0 \leq \lambda \leq 1$ dargestellten
Punkte ebenfalls zu M gehören.

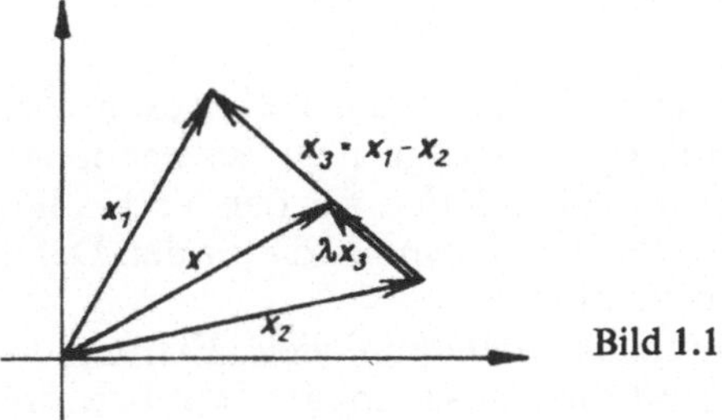

Bild 1.1

Wenn die Menge M nicht konvex ist, so heißt die konvexe Menge M_1 mit $M_1 \geq M$ die
konvexe Hülle von M, wenn M_1 die kleinste konvexe Menge ist, die M enthält (vgl.
Bild 1.2). Ist die Menge M konvex, dann ist $M_1 = M$, d.h, die Menge M stimmt mit
ihrer konvexen Hülle überein. Bild 1.3 zeigt eine konvexe Menge ($n = 2$) und

Bild 1.4 eine nicht-konvexe Menge ($n = 2$); Bild 1.5 veranschaulicht, daß der Durchschnitt $M_1 \cap M_2$ konvex ist, wenn M_1 und M_2 selbst konvex sind. Die Punkte im Inneren bzw. im Inneren und auf dem Rand eines Kreises oder eines Winkelraumes ($n = 2$) sowie einer Kugel und eines Würfels ($n = 3$) stellen z. B. konvexe Mengen dar.

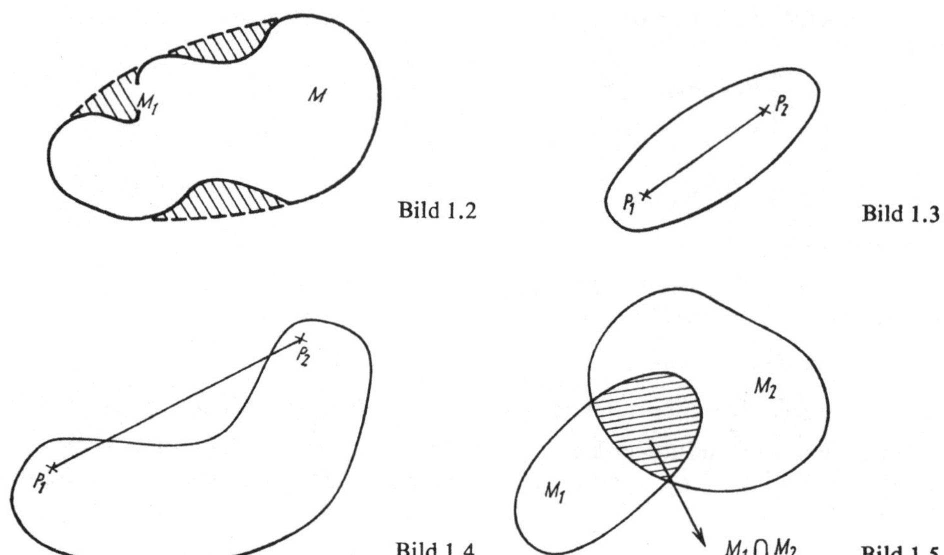

Bild 1.2

Bild 1.3

Bild 1.4

Bild 1.5

Als *konvexe Linearkombination* der q Vektoren

$$\mathbf{p}_1, \mathbf{p}_2, \dots, \mathbf{p}_q$$

bezeichnet man

$$\mathbf{p} = \lambda_1 \mathbf{p}_1 + \lambda_2 \mathbf{p}_2 + \cdots + \lambda_q \mathbf{p}_q,$$

mit

$$\sum_{i=1}^{q} \lambda_i = 1 \quad \text{und} \quad 0 \leq \lambda_i \leq 1.$$

Wenn ein durch den Vektor $\mathbf{x}$ dargestellter Punkt P einer konvexen Menge nicht auf dem Verbindungsvektor zweier Punkte der Menge liegt, so nennt man diesen Punkt einen *Eckpunkt* oder *Extrempunkt*. In der Relation für den Verbindungsvektor zweier Punkte ist dann entweder $\lambda = 0$ oder $\lambda = 1$, womit die in der Definition zugelassene Gleichheit diesen Sonderfall beinhaltet.

Eine konvexe Punktmenge kann durchaus unendlich viele Extrempunkte oder Eckpunkte enthalten; Beispiele hierfür sind die Punkte im Inneren bzw. im Inneren und auf dem Rand eines Kreises oder einer Kugel. Wenn eine konvexe Punktmenge M beschränkt ist und endlich viele Eckpunkte enthält, dann nennt man M ein *konvexes Polyeder*.

Diese erläuterten Begriffe sollen auf den Lösungsbereich eines Systems linearer Ungleichungen angewendet werden. Es gilt der folgende

Satz 1.1: *Der zulässige Lösungsbereich des Systems* **S.1.1**

$$Ax \leqq b, \quad x \geqq o$$

ist konvex, falls er existiert.

Beweis. Wenn $Ax_1 \leqq b$ und $Ax_2 \leqq b$, dann gelten mit $0 < \lambda < 1$ auch

$$\lambda Ax_1 \leqq \lambda b \quad \text{und} \quad (1 - \lambda)\, Ax_2 \leqq (1 - \lambda)\, b,$$

woraus sich sofort

$$A\,[\lambda x_1 + (1 - \lambda)\, x_2] \leqq b$$

ergibt. Wegen $x_1 \geqq o$ und $x_2 \geqq o$ ist

$$\lambda x_1 + (1 - \lambda)\, x_2 \geqq o$$

eine Lösung, die im zulässigen Lösungsbereich liegt, der also konvex ist. Damit ist der Satz bewiesen. ■

Wenn der zulässige Lösungsbereich darüber hinaus beschränkt ist, dann ist er ein konvexes Polyeder (vgl. 2.4.).

2. Die lineare Optimierungsaufgabe

2.1. Einführung in die Problemstellung

2.1.1. Das Grundproblem

Ein lineares Optimierungsproblem (kurz LOP) ist eine Extremwertaufgabe mit Nebenbedingungen. Eine lineare Funktion (Zielfunktion; ZF) von mehreren Veränderlichen ist unter Berücksichtigung linearer Gleichungen und Ungleichungen als Nebenbedingungen (NB) zu maximieren oder zu minimieren. Von allen Lösungen eines Systems mehrerer linearer Gleichungen und linearer Ungleichungen ist also eine solche Lösung zu bestimmen, für die der Funktionswert der Zielfunktion optimal ist.

Zum besseren Verständnis der Problemstellung der linearen Optimierung seien an den Anfang zwei einfache Beispiele gestellt, um anschließend Zielfunktion und Nebenbedingungen allgemein zu formulieren.

Beispiel 2.1: In einer Betriebsabteilung sind auf den drei Maschinen M_1, M_2, M_3 eine noch unbestimmte Anzahl von jeder der beiden Werkstückarten E_1 und E_2 zu bearbeiten. Gegeben sind die Bearbeitungszeiten jedes Werkstückes auf jeder Maschine in Stunden pro Werkstück (h/St.) und der Zeitfonds jeder Maschine in Stunden (h) (s. Tab. 2.1). Die Maschine M_1 darf z. B. nicht mehr als 8000 h belastet werden. Wieviel Werkstücke E_1 und E_2 sind zu bearbeiten, damit der Gesamtzeitfonds maximal ausgelastet wird?

Tabelle 2.1.

	Arbeitsaufwand (h/St.)		Zeitfonds (h)
	E_1	E_2	
M_1	10	10	8 000
M_2	10	30	18 000
M_3	20	10	14 000

Zu diesem Problem wird das mathematische Modell aufgestellt; die praktische Aufgabenstellung wird in die Sprache der Mathematik übertragen. Werden der Reihe nach die Anzahlen der zu bearbeitenden Werkstücke von E_1 und E_2 mit $x_1 \geqq 0$ und $x_2 \geqq 0$ bezeichnet, so gelten für die drei Maschinen M_1, M_2 und M_3 die folgenden drei Ungleichungen:

$$10x_1 + 10x_2 \leqq 8\,000$$
$$10x_1 + 30x_2 \leqq 18\,000$$
$$20x_1 + 10x_2 \leqq 14\,000.$$

Die linken Seiten der Ungleichungen bedeuten die benötigten und die rechten Seiten die zur Verfügung stehenden Arbeitszeiten.

$$Z = 40x_1 + 50x_2$$

stellt die Gesamtbearbeitungszeit dar. Sie ist zu maximieren, um den Zeitfonds so gut wie möglich auszunutzen. Somit lautet das mathematische Modell der angegebenen Aufgabenstellung:

Die lineare Zielfunktion

$$\text{ZF:} \qquad Z = 40x_1 + 50x_2 \tag{2.1}$$

ist unter Berücksichtigung der folgenden Nebenbedingungen zu maximieren:

$$\text{NB:} \qquad \begin{aligned} 10x_1 + 10x_2 &\leq 8000, \\ 10x_1 + 30x_2 &\leq 18000, \\ 20x_1 + 10x_2 &\leq 14000, \\ x_1 \geq 0, \quad x_2 &\geq 0. \end{aligned} \tag{2.2}$$

Unter allen möglichen Lösungen der Nebenbedingungen ist diejenige gesucht, die die Zielfunktion maximiert.

Drei mögliche Lösungen sind z.B.

$$1. \quad \mathbf{x}_{(1)}^{T} = [x_1, x_2] = [700, 0],$$

$$2. \quad \mathbf{x}_{(2)}^{T} = [x_1, x_2] = [0, 600],$$

$$3. \quad \mathbf{x}_{(3)}^{T} = [x_1, x_2] = [300, 500],$$

denn werden die Zahlenwerte für x_1 und x_2 in die Nebenbedingungen eingesetzt, so sind diese erfüllt.

Zu $\mathbf{x}_{(1)}$:

$$\text{NB:} \qquad \begin{aligned} 10 \cdot 700 + 10 \cdot 0 &= 7000 \leq 8000, \\ 10 \cdot 700 + 30 \cdot 0 &= 7000 \leq 18000, \\ 20 \cdot 700 + 10 \cdot 0 &= 14000 \leq 14000, \\ 700 \geq 0, \quad 0 &\geq 0. \end{aligned}$$

$$\text{ZF:} \qquad Z(\mathbf{x}_{(1)}) = 40 \cdot 700 + 50 \cdot 0 = 28000.$$

Die benötigte Gesamtbearbeitungszeit beträgt also 28000 h, wenn 700 St. vom Werkstück E_1 und 0 St. vom Werkstück E_2 bearbeitet werden. 12000 h werden bei diesem Produktionsprogramm vom Gesamtzeitfonds nicht genutzt.

Gegenüber der Lösung $\mathbf{x}_{(1)}$ ist die Lösung $\mathbf{x}_{(2)}$ besser, da bei ihr nur 10000 h vom Gesamtzeitfonds ungenutzt bleiben, bzw. 30000 h genutzt werden.

Die Lösung $\mathbf{x}_{(3)}$ ist weit besser als die beiden vorhergehenden, da bei ihr nur noch 3000 h ungenutzt bleiben und 37000 h genutzt werden.

Abschließend sei noch erwähnt, daß $\mathbf{x}_{(3)}$ von allen möglichen Lösungen von (2.2) die gesuchte Optimallösung ist. Wie eine solche Optimallösung eines LOP berechnet werden kann, wird Gegenstand der folgenden Abschnitte sein.

Beispiel 2.2: Gesucht ist das Produktionsprogramm für die Erzeugnisse E_1 und E_2, die aus den Materialarten M_1 und M_2 hergestellt werden können. Gegeben sind die Materialaufwandfaktoren und die Materialkontingente (s. Tab. 2.2). Die Abgabepreise einer Einheit von E_1 bzw. von E_2 betragen 10,– bzw. 20,– M. Gesucht ist ein Produktionsprogramm, welches maximale Geldeinnahmen sichert und bei dem mindestens 50 bzw. 100 Einheiten von E_1 bzw. E_2 erzeugt werden.

Tabelle 2.2.

	Einheit M_1 pro Erzeugungseinheit	Einheit M_2 pro Erzeugungseinheit
E_1	0,15	0,2
E_2	0,2	0,1
	60 Materialmenge M_1	40 Materialmenge M_2

Werden mit x_1 und x_2 die Anzahlen von E_1-Einheiten und E_2-Einheiten bezeichnet, so betragen die Geldeinnahmen

$$Z = 10x_1 + 20x_2,$$

und der Verbrauch an Material M_1 und M_2 wird durch

$$0,15x_1 + 0,2x_2$$

und

$$0,2x_1 + 0,1x_2$$

gegeben. Damit lautet das mathematische Modell:

ZF: $Z = 10\,x_1 + 20\,x_2 \doteq \max{}^1).$ (2.3)

NB:
$$\left.\begin{aligned}
0,15\,x_1 + 0,2\,x_2 &\leq 60,\\
0,2\,x_1 + 0,1\,x_2 &\leq 40,\\
x_1 &\geq 50,\\
x_2 &\geq 100.
\end{aligned}\right\} \qquad (2.4)$$

Aus der Menge aller Lösungen, die den Nebenbedingungen (2.4) genügen, ist wiederum die Lösung mit maximalem Funktionswert Z gesucht.

Allgemein kann ein lineares Optimierungsproblem wie folgt formuliert werden:

Die lineare Funktion

$$Z(x_1, \ldots, x_n) = c_1 x_1 + \cdots + c_n x_n$$

ist unter Berücksichtigung der folgenden linearen Gleichungen bzw. Ungleichungen

---

[1]) Das Zeichen $\doteq$ soll die Forderung ausdrücken, daß die Funktion (unter den gegebenen Nebenbedingungen) ihren maximalen (bzw. minimalen) Wert annehmen soll.

zu maximieren

$$a_{11} x_1 + \cdots + a_{1n}x_n \le b_1,$$

$$a_{21} x_1 + \cdots + a_{2n} x_n \le b_2,$$

$$\cdots\cdots\cdots\cdots\cdots\cdots\cdots$$

$$a_{m1} x_1 + \cdots + a_{mn} x_n \le b_m,$$

$$x_i \ge 0 \quad \text{für} \quad i = 1, \dots, n.$$

In Matrixschreibweise stellt sich das Problem folgendermaßen dar:

$$Z(\mathbf{x}) = \mathbf{c}^T\mathbf{x} \doteq \max,$$

$$\mathbf{A}\mathbf{x} \le \mathbf{b},$$

$$\mathbf{x} \ge \mathbf{o}.$$

Dabei gelten die folgenden Bezeichnungen:

$$\mathbf{c}^T = [c_1, \dots, c_n], \quad \mathbf{x}^T = [x_1, \dots, x_n]$$

$$\mathbf{b}^T = [b_1, \dots, b_m],$$

$$\mathbf{A} = \begin{bmatrix} a_{11} & \cdots & a_{1n} \\ \vdots & & \vdots \\ a_{m1} & \cdots & a_{mn} \end{bmatrix}.$$

2.1.2. Graphische Lösungsmöglichkeit

Betrachtet wird die Optimierungsaufgabe des Beispieles 2.1:

ZF: $Z = 10x_1 + 20x_2 \doteq \max.$ (2.3′)

NB: (1) $0{,}15x_1 + 0{,}2x_2 \le 60,$

        (2) $0{,}2\ x_1 + 0{,}1x_2 \le 40,$ (2.4′)

        (3) $x_1 \ge 50,$

        (4) $x_2 \ge 100.$

Geometrisch stellt der zulässige Lösungsbereich von (2.4′) nach Abschnitt 1. ein konvexes Polyeder des R^2 dar, falls er beschränkt ist. Es wird sich zeigen, daß die Linearform (2.3′) ihr Maximum an einem Eckpunkt des durch die Nebenbedingungen (2.4′) festgelegten konvexen Polyeders annimmt (vgl. Simplextheorem 2.4.). Bei Aufgaben mit zwei Variablen x_1, x_2 können der zulässige Lösungsbereich und die Zielfunktion in einem kartesischen Koordinatensystem graphisch dargestellt werden. Im Bild 2.1′ ist der zulässige Lösungsbereich von (2.4′) durch das konvexe Lösungspolyeder (schraffiert) dargestellt.

Dieser zulässige Lösungsbereich ist der Durchschnitt der Lösungsmengen der vier Nebenbedingungen von (2.4′). Er kann wie folgt bestimmt werden. Betrachtet werden der Reihe nach die 4 Nebenbedingungen (von 2.4′) (sie sind durchnumeriert). Die erste NB von (2.4′) lautet:

$$0{,}15x_1 + 0{,}2x_2 \le 60.$$

Gesucht sind alle Punkte (Lösungen) im Koordinatensystem, die dieser Ungleichung genügen. Zur Bestimmung dieser Punkte wird die Gerade

$$g_1: 0{,}15x_1 + 0{,}2x_2 = 60$$

Bild 2.1′

Bild 2.1″

in das Koordinatensystem eingetragen. Im Bild 2.1′ ist sie mit g_1 bezeichnet. Die eingezeichnete Gerade g_1 ist mit zwei Pfeilen versehen. Sie teilt die gesamte Ebene in zwei Halbebenen. Alle Punkte, die entweder auf der Geraden g_1 oder in der Halbebene liegen, die durch die Richtung der Pfeile festgelegt ist, erfüllen die Ungleichung:

$$0{,}15x_1 + 0{,}2x_2 \leq 60.$$

Die Punkte in der dieser Halbebene gegenüber liegenden Halbebene (ohne Trenngerade g_1) erfüllen die Ungleichung

$$0{,}15x_1 + 0{,}2x_2 > 60.$$

Wenn also die Gerade g_1 eingezeichnet ist, findet man sehr leicht die zu dieser Geraden gehörende Halbebene, deren Punkte die vorgegebene Ungleichung erfüllen, indem man z. B. die Koordinaten (0,0) des Ursprunges in die Nebenbedingung (Ungleichung) für x_1 und x_2 einsetzt. Erfüllt der Punkt (0,0) die Nebenbedingung, so ist von beiden Halbebenen diejenige auszuwählen (etwa mit einem Pfeil zu markieren), in der auch gleichzeitig der Ursprung liegt. Erfüllt der Ursprung die Nebenbedingung nicht, so ist die andere Halbebene die gesuchte Lösungsmenge. Im Beispiel gilt für den Ursprung $(x_1, x_2) = (0,0)$ bezogen auf die Nebenbedingung (1):

$$0{,}15 \cdot 0 + 0{,}2 \cdot 0 \leq 60.$$

Folglich wird die Halbebene bezogen auf die Gerade g_1 als Lösungsmenge markiert, in der der Ursprung enthalten ist. Im Bild 2.1′ sind für alle vier Nebenbedingungen die Geraden der Reihe nach mit g_1, g_2, g_3, g_4 bezeichnet und die entsprechenden Halbebenen durch Pfeile markiert. Die Punktmenge, die dem Durchschnitt dieser vier Halbebenen angehört, ist im Bild 2.1′ schraffiert. Diese schraffierte Punktmenge ist das gesuchte konvexe Polyeder (zulässiger Lösungsbereich).

Im Bild 2.1″ sind für verschiedene Werte Z der Zielfunktion (2.3′) die dazugehörenden Geraden eingetragen. Für Z wurden die beiden Werte 2000 und 6000 gewählt. Neben jeder eingezeichneten Geraden ist der jeweilige Z-Wert vermerkt.

Außerdem ist eine beliebige Schargerade $10x_1 + 20x_2 = C$ eingezeichnet. C wird als Scharparameter bezeichnet. Für einen bestimmt gewählten C-Wert wird eine ganz bestimmte Gerade aus der Menge der durch $10x_1 + 20x_2 = C$ festgelegten Geradenschar ausgewählt. Alle Geraden dieser Schar sind parallel. Die an der allgemeinen Schargeraden angefügten Pfeile deuten folgendes an: Wird die Schargerade in Pfeilrichtung parallel verschoben, so wächst der Scharparameter C an.

Im Bild 2.1 sind schließlich beide Bilder 2.1′ und 2.1″ vereinigt (einige Bezeichnungen sind weggelassen). Aus den bisherigen Erläuterungen wird deutlich: Optimale Lösungen von (2.3′)−(2.4′) sind somit geometrisch alle die Punkte, die sowohl dem Lösungspolyeder als auch derjenigen Geraden mit dem größten Scharparameter C (Maximum!) der Geradenschar $10x_1 + 20x_2 = C$ angehören. Die optimalen Lösungen werden also gefunden, indem die im Bild 2.1 eingezeichnete beliebige Schargerade $10x_1 + 20x_2 = C$ so lange parallel in der angedeuteten Pfeilrichtung, d. h. in Richtung wachsender C, verschoben wird, bis mindestens noch ein Polyederpunkt, bei jeder weiteren Verschiebung in dieser Richtung jedoch kein Polyederpunkt mehr auf der Geraden liegt. Damit nehmen der Parameter C und folglich Z den maximalen Wert an. Diese Schargerade mit dem größten Parameter genügt der Gleichung $10x_1 + 20x_2 = 5750$ und enthält vom Polyeder nur den Punkt (50; 262,5). Somit lautet die optimale Lösung:

$$x_1 = 50, \quad x_2 = 262{,}5, \quad Z = 5750.$$

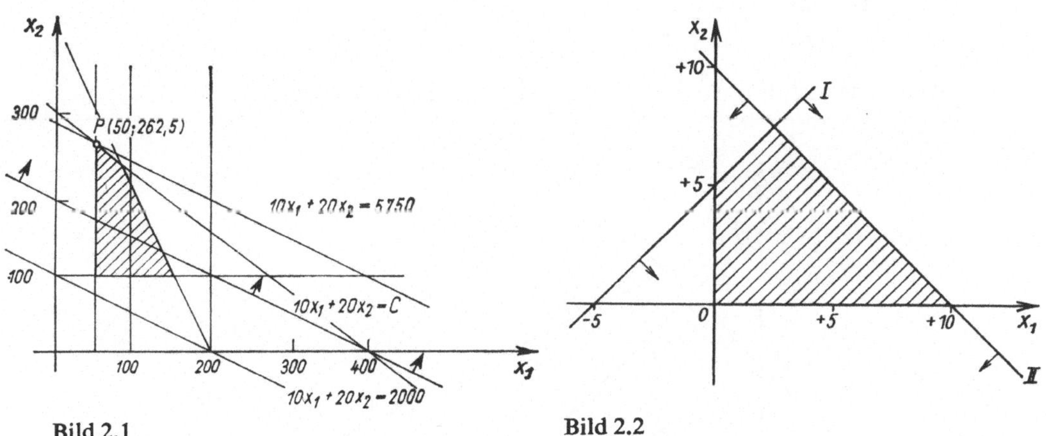

Bild 2.1   Bild 2.2

Die folgenden vier Beispiele sollen einige der möglichen Formen des Lösungsbereiches aufzeigen:

Beispiel 2.3.:

$$-x_1 + x_2 \leqq 5,$$
$$x_1 + x_2 \leqq 10,$$
$$x_i \geqq 0 \quad (i = 1, 2).$$

Bild 2.2 zeigt den Lösungsbereich.

Beispiel 2.4:

$$x_1 - x_2 \leqq -6,$$
$$x_1 + x_2 \leqq 1,$$
$$x_i \geqq 0 \quad (i = 1, 2).$$

Wie Bild 2.3 zeigt, kann die Forderung $x_1 \geqq 0$ nicht erfüllt werden. Der Lösungsbereich ist leer.

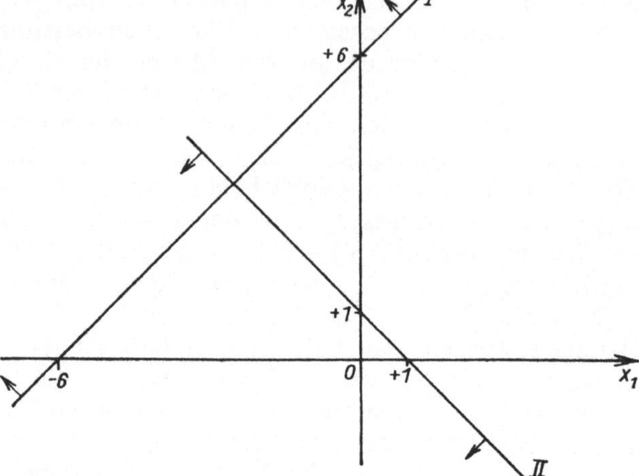

Bild 2.3

Beispiel 2.5:

$$x_1 + x_2 \leqq 5,$$
$$-x_1 + x_2 \leqq 2,$$
$$x_1 + 2x_2 \leqq 10,$$
$$x_i \geqq 0 \quad (i = 1, 2).$$

Die dritte Ungleichung ist überflüssig, wie uns Bild 2.4 zeigt.

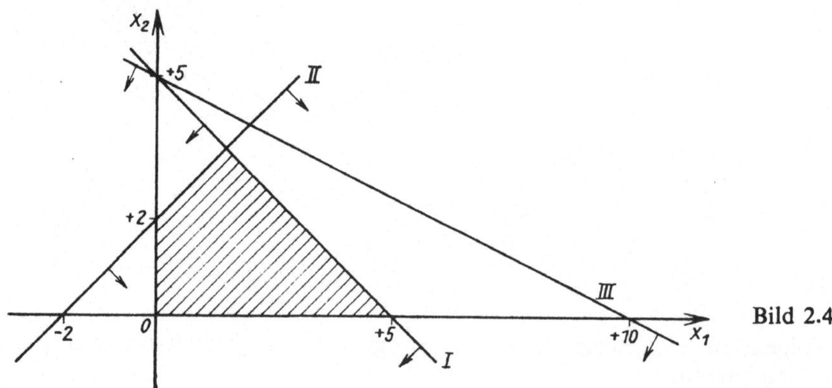

Bild 2.4

Beispiel 2.6:

$$-x_1 + x_2 \leqq 3,$$
$$x_1 - 2x_2 \leqq 2,$$
$$x_i \geqq 0 \quad (i = 1, 2).$$

In diesem Falle wird ein unbeschränkter Lösungsbereich geliefert (vgl. Bild 2.5).

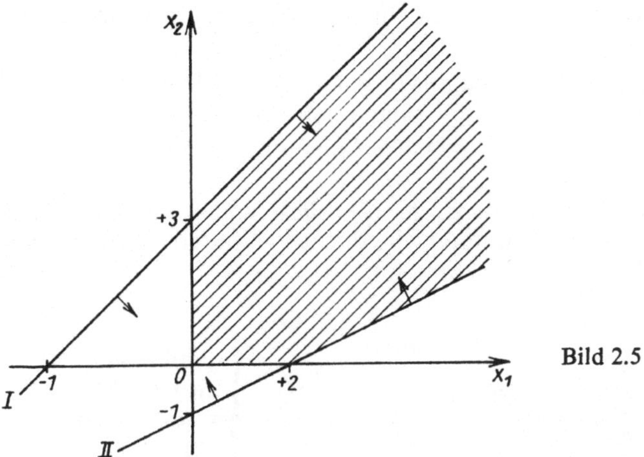

Aufgabe 2.1: Von folgenden Nebenbedingungen ist der zulässige Lösungsbereich gesucht.

a) NB: $-x_1 + x_2 \leqq 2,$
$x_1 - 3x_2 \leqq 3,$
$x_1, x_2 \geqq 0.$

b) NB: $x_1 + x_2 \geqq 2,$
$x_1 - x_2 \geqq 3,$
$x_1 + 2x_2 \leqq 6,$
$x_1, x_2 \geqq 0.$

c) NB: $-x_1 + 2x_2 \leqq 10,$
$x_1 + x_2 \leqq 10,$
$-x_1 - 2x_2 \leqq -4,$
$x_1, x_2 \geqq 0.$

Aufgabe 2.2: Ein Betrieb produziert aus drei Rohstoffen die Produkte P_1 und P_2. Aus den nachstehenden Daten ist ein Produktionsprogramm anzugeben, das maximalen Gewinn sichert. Die Optimierungsaufgabe ist zeichnerisch zu lösen.

| | Verbrauch pro Einheit | | Verfügbare |
	P_1	P_2	Rohstoffmenge
Rohstoff 1	2	4	16
Rohstoff 2	2	1	10
Rohstoff 3	4	0	20
Gewinn	2	3	

Aufgabe 2.3: Die Produkte P_1 und P_2 werden auf den Maschinengruppen M_1 und M_2 bearbeitet. Der Maschinengruppe M_1 steht höchstens 6 Zeiteinheiten (ZE), M_2 höchstens 4 ZE zur Verfügung. Der Gewinn von Produkt P_1 beträgt 3 Mark (M) pro Mengeneinheit (ME), von P_2 2 M/ME. Gesucht ist der Produktionsplan mit maximalem Gewinn. Für eine Mengeneinheit von P_1 werden 3 ZE auf M_1 und 1 ZE auf M_2 benötigt. Für eine ME von P_2 werden 1 ZE auf M_1 und 1 ZE auf M_2 benötigt. Gesucht ist das mathematische Modell und die Lösung des Problems durch graphisches Vorgehen.

2.1.3. Weitere Beispiele mit Aufgaben aus der Praxis

Beispiel 2.7: Nehmen wir an, daß für die Realisierung eines Produktionsprogramms mehrere Maschinen zur Verfügung stehen, die gegeneinander austauschbar sind. Bei den einzelnen Maschinen stehen die folgenden Produktionskapazitäten zur Verfügung:

Maschine M_1 180 Minuten
Maschine M_2 100 Minuten
Maschine M_3 150 Minuten
Maschine M_4 100 Minuten

Die genannten freien Kapazitäten sollten für die Herstellung folgender Erzeugnisse in Anspruch genommen werden:

Erzeugnis E_1 mit 30 Stück; ein Erzeugnis E_1 kann auf der Maschine M_1 in 7 Minuten, auf M_2 in 5 Minuten, auf M_3 in 4 Minuten oder auf M_4 in 4 Minuten hergestellt werden.

Erzeugnis E_2 mit 30 Stück; ein Erzeugnis E_2 kann auf M_1 in 4 oder auf M_2 in 3 Minuten hergestellt werden.

Erzeugnis E_3 mit 50 und Erzeugnis E_4 mit 40 Stück, die in analoger Weise auf verschiedenen Austauschmaschinen in unterschiedlicher Minutenzahl hergestellt werden können, wie der Tabelle 2.3 zu entnehmen ist.

Tabelle 2.3.

Erzeugnis	Maschine				geplante Stückzahl
	M_1	M_2	M_3	M_4	
E_1	7	5	4	4	30
E_2	4	3	–	–	30
E_3	–	2	4	5	50
E_4	6	5	–	3	40
Freie Produktionskapazität	180	100	150	100	

E_2 kann nicht auf den Maschinen M_3 und M_4 hergestellt werden, E_3 nicht auf M_1 und E_4 nicht auf M_3. Die entsprechenden Felder der Tabelle 2.3 sind durch einen Querstrich markiert.

Die Aufgabe besteht in der Aufstellung eines optimalen Maschinenbelegungsplanes, d.h., die Erzeugnisse E_1 bis E_4 sind in der Weise den erwähnten Maschinen zuzuordnen, daß die geringstmögliche Inanspruchnahme freier Produktionskapazität zur Erfüllung der gegebenen Aufgabe erreicht wird. Das bedeutet, daß die verschiedenen Felder der Tabelle 2.3 in der Weise mit der Stückzahl der einzelnen Erzeugnisse zu besetzen sind, daß die Summe der Erzeugungsmenge in jeder Zeile gleich der geplanten Anzahl der einzelnen Erzeugnisse ist, daß die zur Herstellung dieser Erzeugnisse auf den einzelnen Maschinen benötigten Bearbeitungszeiten die freien Produktionskapazitäten nicht überschreiten und daß die Gesamtbearbeitungszeit ein Minimum annimmt.

Wird mit $x_{ij} \geqq 0$ die Stückzahl des Erzeugnisses E_i bezeichnet, die auf der Maschine M_j hergestellt werden soll, so können die folgenden linearen Nebenbedingungen aufgestellt werden.

$$\begin{aligned}
\text{NB:} \quad x_{11} + x_{12} + x_{13} + x_{14} &= 30, & 7x_{11} + 4x_{21} \qquad\quad + 6x_{41} &\leqq 180, \\
x_{21} + x_{22} \qquad\qquad\quad &= 30, & 5x_{12} + 3x_{22} + 2x_{32} + 5x_{42} &\leqq 100, \\
x_{32} + x_{33} + x_{34} &= 50, & 4x_{13} \qquad\quad + 4x_{33} \qquad\quad &\leqq 150, \\
x_{41} + x_{42} \qquad\quad + x_{44} &= 40, & 4x_{14} \qquad\quad + 5x_{34} + 3x_{44} &\leqq 100, \\
& & \text{alle } x_{ij} &\geqq 0.
\end{aligned}$$

Die Gesamtbearbeitungszeit ist zu minimieren:

ZF: $Z = 7x_{11} + 4x_{21} + 6x_{41} + 5x_{12} + 3x_{22} + 2x_{32} + 5x_{42} + 4x_{13} + 4x_{33}$

$$+ 4x_{14} + 5x_{34} + 3x_{44} \doteq \min.$$

Damit wurde die aufgeworfene praktische Problemstellung durch ein mathematisches Modell der linearen Optimierung erfaßt. Das vorliegende Modell ist ein spezielles lineares Optimierungsproblem, ein sogenanntes Verteilungsproblem. Für diese und ähnliche Problemstellungen wird in Abschnitt 4.3. eine besondere Lösungsmethode dargelegt.

Beispiel 2.8: Wenn auf verschiedenen Maschinen in einem Produktionsbetrieb mehrere Aufträge mit unterschiedlicher Zeitdauer bearbeitet werden, indem jeder Auftrag hintereinander einige Maschinen durchläuft, so tritt das Problem der Reihenfolgewahl der einzelnen Aufträge für den gesamten Fertigungsablauf auf.

Wir betrachten drei Aufträge P_1, P_2, P_3, die der Reihe nach zuerst auf der Maschine M_1, anschließend auf der Maschine M_2 bearbeitet werden sollen.

Für jeden Auftrag ist auf jeder Maschine eine ganz bestimmte Bearbeitungszeit vorgesehen; diese Zeiten sind in einer Bearbeitungsmatrix $\mathbf{T}$ zusammengefaßt:

$$\mathbf{T} = \begin{bmatrix} 4 & 3 \\ 2 & 1 \\ 2 & 5 \end{bmatrix} = \begin{bmatrix} t_{11} & t_{12} \\ t_{21} & t_{22} \\ t_{31} & t_{32} \end{bmatrix}.$$

In der ersten Zeile sind die Bearbeitungszeiten des Auftrages P_1 der Reihe nach für die Maschinen M_1 und M_2 mit 4 und 3 Zeiteinheiten vermerkt, in den restlichen beiden Zeilen sind die Bearbeitungszeiten der Aufträge P_2 und P_3 angegeben. Gesucht ist die Reihenfolge der Bearbeitung der Aufträge auf den beiden Maschinen, damit die Gesamtbearbeitungszeit minimal wird.

Um das mathematische Modell dieser Problemstellung aufzustellen, wird mit t_{ij}^* $(i = 1, 2, 3; j = 1, 2)$ die Bearbeitungszeit eines Auftrages bezeichnet, der in einer gewählten Bearbeitungsreihenfolge auf der Maschine M_j an i-ter Stelle steht. Die Wartezeit des i-ten Auftrages, die nach der Fertigstellung des Auftrages auf der Maschine M_1 bis zur Aufnahme der Bearbeitung auf der Maschine M_2 vergeht, sei w_{i1}. Die Stillstandszeit der Maschine M_j, die nach der Bearbeitung des Auftrages P_{i-1} bis zur Aufnahme der Bearbeitung des Auftrages P_i vergeht, sei $S_{i-1,j}$ $(i = 2, 3; j = 1, 2)$.

Die eben eingeführten Bezeichnungen sind in Bild 2.6 geometrisch verdeutlicht. In einem kartesischen Koordinatensystem sind in der Abbildung auf der y-Achse die

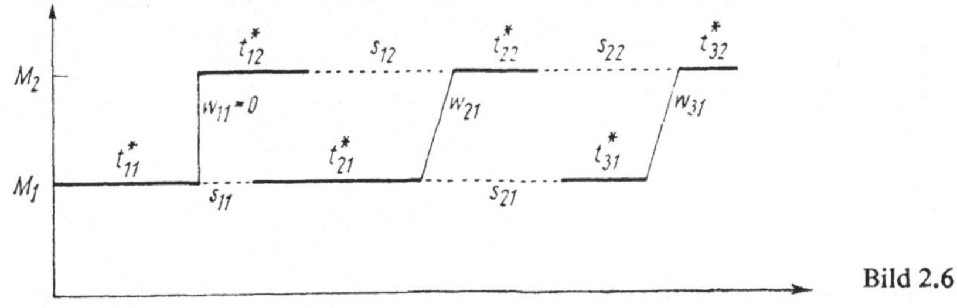

Bild 2.6

Maschinen M_1 und M_2 markiert. Auf der x-Achse sind die Zeiteinheiten abgetragen. Die Bearbeitungszeiten sind durch die dick ausgezogenen Linien, die Stillstandzeiten der Maschinen durch die Unterbrechungen zwischen den dicken Linien und die Wartezeiten durch die schräg ansteigenden Linien zwischen den einzelnen Maschinen dargestellt. (Der Wert von w_{ij} ist gleich der Länge der Projektion der schräg aufsteigenden Linien auf die x-Achse.)

Aus der geometrischen Darstellung sind unmittelbar die folgenden Beziehungen abzuleiten:

$$S_{11} + t_{21}^* + w_{21} = w_{11} + t_{12}^* + S_{12},$$

$$S_{21} + t_{31}^* + w_{31} = w_{21} + t_{22}^* + S_{22}.$$

Der Zusammenhang mit den fest vorgegebenen Bearbeitungszeiten t_{ij} und den Bearbeitungszeiten t_{ij}^* kann folgendermaßen beschrieben werden:

$$t_{ij}^* = \sum_{r=1}^{3} x_{ir} t_{rj}, \quad i = 1, 2, 3, \; j = 1, 2,$$

oder, in Matrizenschreibweise,

$$\mathbf{T}^* = \mathbf{XT},$$

wobei $\mathbf{X}$ eine quadratische dreireihige Matrix mit den folgenden Eigenschaften ist:

$$\sum_{i=1}^{3} x_{ij} = 1, \quad j = 1, 2, 3;$$

$$\sum_{j=1}^{3} x_{ij} = 1, \quad i = 1, 2, 3;$$

$$x_{ij} = 0 \quad \text{oder} \quad x_{ij} = 1.$$

Wie leicht zu sehen ist, enthält die Matrix $\mathbf{X}$ in jeder Zeile und Spalte genau eine Eins, die restlichen Zahlen sind Nullen. Durch Multiplikation der Matrix $\mathbf{T}$ mit allen möglichen $\mathbf{X}$, deren Elemente den eben genannten Bedingungen genügen, entstehen Matrizen $\mathbf{T}^*$, die aus möglichen Zeilenpermutationen von $\mathbf{T}$ hervorgehen. Die Elemente der Permutationsmatrix $\mathbf{X}$ sind dann so zu bestimmen, daß die Gesamtfertigungszeit

$$Z = t_{11}^* + t_{12}^* + t_{22}^* + t_{32}^* + S_{12} + S_{22}$$

ein Minimum wird. Die Summe für Z ist unmittelbar aus Bild 2.6 abzulesen.

Werden alle Bedingungen ausführlich zusammengestellt, so folgt:

ZF: $\quad Z = S_{12} + S_{22} + 7x_{11} + 3x_{12} + 7x_{13} + 3x_{21} + 1x_{22} + 5x_{23}$

$\qquad\qquad + 3x_{31} + 1x_{32} + 5x_{33} \doteq \min.$

NB: $\qquad S_{11} - S_{12} + w_{21} - 3x_{11} - 1x_{12} - 5x_{13} + 4x_{21} + 2x_{22} + 2x_{23} = 0,$

$\qquad S_{21} - S_{22} + w_{31} - w_{21} - 3x_{21} - 1x_{22} - 5x_{23} + 4x_{31} + 2x_{32} + 2x_{33} = 0,$

$$\sum_{i=1}^{3} x_{ij} = 1, \quad j = 1, 2, 3,$$

$$\sum_{j=1}^{3} x_{ij} = 1, \quad i = 1, 2, 3,$$

$$S_{ij} \geqq 0, \quad w_{ij} \geqq 0, \quad x_{ij} = 0 \quad \text{oder} \quad x_{ij} = 1.$$

Damit ist das lineare Optimierungsmodell des speziellen Beispiels aufgestellt, welches allerdings mit der zusätzlichen Forderung behaftet ist, daß die x_{ij} entweder gleich 0 oder gleich 1 sein müssen. Lösungsmöglichkeiten dieser und ähnlicher Problemstellungen sind im Abschnitt 4.5. angegeben.

Die optimalen Reihenfolgen des betrachteten Beispiels lauten: 1. P_3, P_1, P_2 und 2. P_3, P_2, P_1; die optimale Bearbeitungszeit ist $Z = 11$. In Bild 2.7 ist der Bearbeitungsablauf der optimalen Reihenfolge P_3, P_1, P_2 geometrisch veranschaulicht.

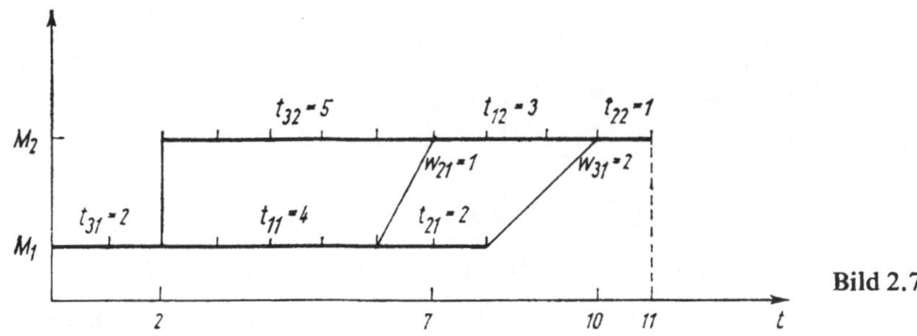

Bild 2.7

2.2.   Die Normalform

Als Normalform eines linearen Optimierungsproblems wird die folgende Optimierungsaufgabe bezeichnet: Die lineare Funktion

$$Z(x_1, x_2, ..., x_{n+m}) = c_1 x_1 + c_2 x_2 + \cdots + c_{n+m} x_{n+m} \tag{2.5a}$$

ist unter Berücksichtigung der folgenden linearen Gleichungen zu maximieren:

$$
\begin{aligned}
a_{11} x_1 + a_{12} x_2 + \cdots + a_{1n} x_n + x_{n+1} &= b_1, \\
a_{21} x_1 + a_{22} x_2 + \cdots + a_{2n} x_n \qquad + x_{n+2} &= b_2, \\
\cdots\cdots\cdots\cdots\cdots\cdots\cdots\cdots\cdots\cdots\cdots\cdots\cdots\cdots\cdots \\
a_{m1} x_1 + a_{m2} x_2 + \cdots + a_{mn} x_n \qquad\qquad + x_{n+m} &= b_m, \\
x_j \geqq 0 \quad \text{für} \quad j = 1, 2, ..., n+m, & \\
b_i \geqq 0 \quad \text{für} \quad i = 1, 2, ..., m. &
\end{aligned}
\tag{2.5b}
$$

Oder in Matrixschreibweise:

$$
\begin{aligned}
\text{ZF:} \qquad & Z = Z(\mathbf{x}) = \mathbf{c}^{\mathrm{T}} \mathbf{x} \overset{!}{=} \max; \\
\text{NB:} \qquad & \mathbf{Ax} = \mathbf{b}, \\
& \mathbf{x} \geqq \mathbf{o}, \\
& \mathbf{b} \geqq \mathbf{o}.
\end{aligned}
\tag{2.5'}
$$

Oder in Vektorschreibweise:

$$
\begin{aligned}
\text{ZF:} \qquad & Z = Z(\mathbf{x}) = \mathbf{c}^{\mathrm{T}} \mathbf{x} \overset{!}{=} \max; \\
\text{NB:} \qquad & \mathbf{a}^{(1)} x_1 + \mathbf{a}^{(2)} x_2 + \cdots + \mathbf{a}^{(n+m)} x_{n+m} = \mathbf{b}, \\
& \mathbf{x} \geqq \mathbf{o}, \qquad\qquad \mathbf{b} \geqq \mathbf{o}.
\end{aligned}
\tag{2.5''}
$$

Dabei gilt:

$$\mathbf{c}^{\mathrm{T}} = [c_1, c_2, \ldots, c_n, \ldots, c_{n+m}],$$

$$\mathbf{x} = \begin{bmatrix} x_1 \\ x_2 \\ \vdots \\ x_{n+m} \end{bmatrix}, \qquad \mathbf{b} = \begin{bmatrix} b_1 \\ b_2 \\ \vdots \\ b_m \end{bmatrix},$$

$$\mathbf{A} = \begin{bmatrix} a_{11} \cdots a_{1n} & 1 & 0 \cdots 0 \\ a_{21} \cdots a_{2n} & 0 & 1 \cdots 0 \\ \cdots\cdots\cdots\cdots\cdots\cdots \\ a_{m1} \cdots a_{mn} & 0 & 0 \cdots 1 \end{bmatrix} (m, n+m)$$

$\mathbf{a}^{(i)}$ bedeutet den i-ten Spaltenvektor der Koeffizientenmatrix $\mathbf{A}$ ($i = 1, \ldots, n + m$).

Jedes lineare Optimierungsproblem läßt sich durch geeignete Umformungen auf eine Normalform der Gestalt (2.5) zurückführen. Hierzu sind im allgemeinen die folgenden sechs Umformungsschritte erforderlich, die gleichzeitig an einem Beispiel erläutert werden.

Gegeben ist die Optimierungsaufgabe:

ZF: $\qquad Z_1 = -2x_1 + 4x_2 \doteq \min;$

NB: $\qquad\quad 2x_1 + 3x_2 \leqq -1,$

$$x_1 - x_2 \leqq 2, \tag{2.6}$$

$$-6x_1 + 2x_2 = -4,$$

$$x_1 \geqq 0, \ x_2 \text{ beliebig.}$$

Diese Aufgabe weicht von der Normalform (2.5) erheblich ab. Die Veränderliche x_2 kann auch negative Werte annehmen. Es liegt keine Maximierungs-, sondern eine Minimierungsaufgabe vor. Die rechten Seiten der Nebenbedingungen sind nicht alle $\geqq 0$. Schließlich sind die Nebenbedingungen Ungleichungen. Die Aufgabe besteht in der Bestimmung eines äquivalenten LOP, das so wie die Normalform (2.5) aufgebaut ist und dessen optimale Lösung mit der optimalen Lösung des Ausgangsproblems übereinstimmt.

1. *Umformungsschritt:* Einführung von Nichtnegativitätsbedingungen.

Falls die Veränderliche x_i auch negative Werte annehmen darf, wird x_i durch eine Differenz zweier nichtnegativer Veränderlicher ersetzt:

$$x_i = x_i{}^* - x_i{}^{**} \quad \text{mit} \quad x_i{}^* \geqq 0, \ x_i{}^{**} \geqq 0. \tag{2.7}$$

Diese Substitution ist möglich, da x_i jeden beliebigen Wert annimmt, wenn $x_i{}^*$ und $x_i{}^{**}$ unabhängig voneinander alle nichtnegativen Werte durchlaufen.

Im Beispiel ist x_1 bereits nichtnegativ gefordert; x_2 dagegen ist beliebig wählbar, kann also insbesondere auch negative Werte annehmen. Aus (2.6) entsteht somit durch Substitution

$$x_2 = x_2{}^* - x_2{}^{**} \tag{2.8}$$

das folgende Optimierungsproblem:

ZF: $\qquad Z_2 = -2x_1 + 4x_2{}^* - 4x_2{}^{**} \doteq \min;$

NB: $\qquad\quad 2x_1 + 3x_2{}^* - 3x_2{}^{**} \le -1,$

$\qquad\qquad\quad x_1 - x_2{}^* + x_2{}^{**} \le 2,$ $\hfill (2.9)$

$\qquad\qquad -6x_1 + 2x_2{}^* - 2x_2{}^{**} = -4,$

$\qquad x_1 \ge 0, \quad x_2{}^* \ge 0, \quad x_2{}^{**} \ge 0.$

Die Lösung, die der optimalen Lösung von (2.9) vermittels der Substitution (2.8) zugeordnet ist, ist die gesuchte optimale Lösung des Ausgangsproblems (2.6).

2. *Umformungsschritt:* Überführung einer Minimierungs- in eine Maximierungsaufgabe.

Die Aufgabe, die lineare Funktion $c_1x_1 + c_2x_2 + \cdots + c_nx_n$ zu minimieren, ist äquivalent mit der Maximierung der entsprechenden negativen linearen Funktion $-c_1x_1 - c_2x_2 - \cdots - c_nx_n$. Ein LOP, in welchem die Zielfunktion zu minimieren ist, ändert sich daher nicht, wenn die mit -1 multiplizierte Zielfunktion maximiert wird. Das dem LOP (2.9) äquivalente Optimierungsproblem lautet demnach:

ZF: $\qquad Z_3 = -Z_2 = +2x_1 - 4x_2{}^* + 4x_2{}^{**} \doteq \max;$

NB: $\qquad\qquad 2x_1 + 3x_2{}^* - 3x_2{}^{**} \le -1,$

$\qquad\qquad\quad x_1 - x_2{}^* + x_2{}^{**} \le 2,$ $\hfill (2.10)$

$\qquad\qquad -6x_1 + 2x_2{}^* - 2x_2{}^{**} = -4,$

$\qquad x_1 \ge 0, \quad x_2{}^* \ge 0, \quad x_2{}^{**} \ge 0.$

3. *Umformungsschritt:* Einführung nichtnegativer rechter Seiten der Nebenbedingungen.

Die Nebenbedingungen, deren rechte Seite negativ sind, werden mit -1 multipliziert. Durch diese Multiplikation werden positive rechte Seiten erzeugt.

Ist z. B.

$$a_1x_1 + \cdots + a_nx_n \begin{cases} < -b_1 \\ = -b_1 \\ > -b_1 \end{cases} \quad \text{mit} \quad b_1 > 0,$$

so folgt nach der Multiplikation mit -1

$$-a_1x_1 - \cdots - a_nx_n \begin{cases} > b_1 \\ = b_1 \\ < b_1 \end{cases} \quad \text{mit} \quad b_1 > 0.$$

Das LOP (2.10) geht damit über in

ZF: $\qquad Z_3 = +2x_1 - 4x_2{}^* + 4x_2{}^{**} \doteq \max;$

NB: $\qquad\quad -2x_1 - 3x_2{}^* + 3x_2{}^{**} \ge 1,$

$\qquad\qquad\quad x_1 - x_2{}^* + x_2{}^{**} \le 2,$ $\hfill (2.11)$

$\qquad\qquad\; 6x_1 - 2x_2{}^* + 2x_2{}^{**} = 4,$

$\qquad\qquad\quad x_1, x_2{}^*, x_2{}^{**} \ge 0.$

4. *Umformungsschritt:* Überführung von Ungleichungen in Gleichungen.

Die Nebenbedingung

$$a_1 x_1 + a_2 x_2 + \cdots + a_n x_n \leqq b$$

ist mit folgenden beiden Nebenbedingungen äquivalent

$$a_1 x_1 + \cdots + a_n x_n + x_s = b, \quad x_s \geqq 0.$$

x_s ist eine neue eingeführte Veränderliche, die nicht negativ werden darf und als *Schlupfvariable* bezeichnet wird. Sie gibt den Betrag an, um den $a_1 x_1 + \cdots + a_n x_n$ kleiner als b ist.

Ganz analog gilt:

$$a_1 x_1 + \cdots + a_n x_n \geqq b$$

ist mit den beiden Nebenbedingungen

$$a_1 x_1 + \cdots + a_n x_n - x_s = b \quad \text{und} \quad x_s \geqq 0$$

äquivalent. Jetzt gibt x_s den Betrag an, um den $a_1 x_1 + \cdots + a_n x_n$ größer als b ist.

Das LOP (2.11) geht über in

$$
\begin{aligned}
\text{ZF:} \quad & Z_3 = +2x_1 - 4x_2{}^* + 4x_2{}^{**} && \doteq \max; \\
\text{NB:} \quad & -2x_1 - 3x_2{}^* + 3x_2{}^{**} - x_{s1} && = 1, \\
& x_1 - x_2{}^* + x_2{}^{**} + x_{s2} && = 2, \\
& 6x_1 - 2x_2{}^* + 2x_2{}^{**} && = 4, \\
& x_1, x_2{}^*, x_2{}^{**}, x_{s1}, x_{s2} \geqq 0.
\end{aligned}
\tag{2.12}
$$

Mit den soeben dargestellten vier Umformungsschritten kann zu jedem linearen Optimierungsproblem ein entsprechendes äquivalentes LOP von folgender Form angegeben werden:

$$
\begin{aligned}
\text{ZF:} \quad & c_1 x_1 + \cdots + c_n x_n \doteq \max; \\
\text{NB:} \quad & a_{11} x_1 + \cdots + a_{1n} x_n = b_1, \\
& \quad \vdots \qquad\qquad \vdots \\
& a_{m1} x_1 + \cdots + a_{mn} x_n = b_m, \\
& x_j \geqq 0, \quad j = 1, \ldots, n, \\
& b_i \geqq 0, \quad i = 1, \ldots, m.
\end{aligned}
\tag{2.13}
$$

5. *Umformungsschritt:* Einführung von künstlichen Variablen.

Die Normalform (2.5) kann nun aus (2.13) erhalten werden, indem (2.13) künstlich verändert wird. In die Zielfunktion und Nebenbedingungen werden die künstlichen Variablen

$$x_{n+1}, \ldots, x_{n+m} \geqq 0$$

eingeführt, also

$$\text{ZF:} \quad \overline{Z} = c_1 x_1 + \cdots + c_n x_n - M x_{n+1} - \cdots - M x_{n+m} \overset{!}{=} \max;$$

$$\text{NB:} \quad a_{11} x_1 + \cdots + a_{1n} x_n + x_{n+1} = b_1, \qquad (2.14)$$

$$\cdots\cdots\cdots\cdots\cdots\cdots\cdots\cdots\cdots\cdots\cdots\cdots\cdots$$

$$a_{m1} x_1 + \cdots + a_{mn} x_n + x_{n+m} = b_m,$$

$$\left.\begin{array}{l} b_i \geqq 0, \\[4pt] x_{n+i} \geqq 0, \end{array}\right\} \quad i = 1, \ldots, m,$$

$$x_j \geqq 0, \quad j = 1, \ldots, n.$$

Das Problem (2.14) wird als *adjungiertes Problem* zum Ausgangsproblem (2.13) bezeichnet. M ist eine hinreichend große positive Zahl ($M \gg 0$). Das adjungierte Problem ist mit der Normalform (2.5) identisch, wenn

$$c_{n+1} = \cdots = c_{n+m} = -M$$

gesetzt wird.

Wenn die künstlichen Variablen $x_{n+1}, \ldots, x_{n+m} = 0$ sind, so geht das adjungierte Problem in das Ausgangsproblem (2.13) über. Besitzt das Ausgangsproblem eine Lösung, so hat das adjungierte Problem ebenfalls eine Lösung, in der alle künstlichen Variablen gleich null sind, und die restlichen Lösungskomponenten stimmen mit der optimalen Lösung von (2.13) überein. Falls (2.13) überhaupt lösbar ist, müssen in der optimalen Lösung von (2.14) alle $x_{n+1}, \ldots, x_{n+m}$ zufolge der großen Zahlenkoeffizienten M gleich null sein, denn anderenfalls hat die Zielfunktion einen beliebig kleinen Wert. Daraus folgt, daß die Maximallösung vom adjungierten Problem mit der Maximallösung vom Ausgangsproblem identisch ist (falls die Lösungskomponenten $x_{n+1} = 0, \ldots, x_{n+m} = 0$ unberücksichtigt bleiben).

Das adjungierte Problem von (2.12) hat die folgende Form:

$$\text{ZF:} \quad \overline{Z}_3 = + 2x_1 - 4x_2{}^* + 4x_2{}^{**} - M x_{k1} - M x_{k2} \overset{!}{=} \max;$$

$$\text{NB:} \quad \begin{aligned} -2x_1 - 3x_2{}^* + 3x_2{}^{**} - x_{s1} + x_{k1} &= 1, \\ x_1 - x_2{}^* + x_2{}^{**} + x_{s2} &= 2, \\ 6x_1 - 2x_2{}^* + 2x_2{}^{**} + x_{k2} &= 4, \end{aligned} \qquad (2.15)$$

$$x_1, x_2{}^*, x_2{}^{**}, x_{s1}, x_{s2}, x_{k1}, x_{k2} \geqq 0.$$

Es sei hier besonders vermerkt, daß bei dem vorliegenden Beispiel nur zwei künstliche Variable x_{k1} und x_{k2} in die 1. bzw. 3. Nebenbedingung einzuführen sind. In der 2. Nebenbedingung ist die Einführung einer weiteren künstlichen Variablen nicht notwendig, da bereits x_{s2} in der gewünschten eliminierten Form vorhanden ist und in den restlichen Nebenbedingungen nicht vorkommt.

6. *Umformungsschritt:* Umnumerierung der neu eingeführten Variablen.

Schließlich kann durch Umnumerierung der neu eingeführten Variablen die gleiche Bezeichnung wie in der Normalform erreicht werden. Im Problem (2.15) wird daher

$$x_1 = x_1, \; x_2{}^* = x_2, \; x_2{}^{**} = x_3, \; x_{s1} = x_4, \; x_{k1} = x_5, \; x_{s2} = x_6, \; x_{k2} = x_7$$

gesetzt, und es folgt:

ZF: $Z = + 2x_1 - 4x_2 + 4x_3 - Mx_5 - Mx_7 \doteq \max;$

NB: $-2x_1 - 3x_2 + 3x_3 - x_4 + x_5 \qquad\qquad = 1,$

$\qquad\qquad x_1 - x_2 + x_3 \qquad + x_6 \qquad = 2,$ $\qquad\qquad$ (2.16)

$\qquad\qquad 6x_1 - 2x_2 + 2x_3 \qquad\qquad\quad + x_7 = 4,$

$\qquad x_i \geqq 0, \quad i = 1, 2, \ldots, 7.$

Eine optimale Lösung $\mathbf{x}$ von (2.16) lautet (sie wird in 3.1.4. berechnet):

$$\mathbf{x^T} = [x_1 = 0, x_2 = 0, x_3 = 2, x_4 = 5, x_5 = 0, x_6 = 0, x_7 = 0].$$

Damit folgt für die optimale Lösung des Ausgangsproblems (2.6)

$$x_1 = 0, x_2 = -2,$$
$$Z = -8.$$

Durch die Einführung von Schlupf- und künstlichen Variablen ist aus dem ursprünglichen Problem die dazugehörige äquivalente Normalform entstanden. Während im Beispiel (2.6) nur zwei Veränderliche vorliegen, so enthält die entsprechende Normalform (2.16) dagegen 7 Veränderliche. Für praktische Berechnungen gehen die Bestrebungen dahin, den Problemumfang so klein wie möglich zu halten, damit der Rechenaufwand möglichst gering gehalten werden kann. Bei vielen LOP sind künstliche Variable zur Aufstellung der gewünschten Normalform nicht erforderlich, oder die Einführung einer einzigen künstlichen Variablen reicht aus. Diese Eigenschaft haben die folgenden LOP:

1. ZF: $Z = \mathbf{c^T x} \doteq \max;$

NB: $\mathbf{Ax} \leqq \mathbf{b},$

$\qquad \mathbf{x} \geqq \mathbf{o},$

$\qquad \mathbf{b} \geqq \mathbf{o}.$

In diesem ersten Beispiel wird die Normalform sofort erhalten, wenn die Schlupfvariablen $x_{n+1}, \ldots, x_{n+m}$ eingeführt werden.

2. ZF: $Z = \mathbf{c^T x} \doteq \max;$

NB: $\mathbf{Ax} \geqq \mathbf{b},$

$\qquad \mathbf{x} \geqq \mathbf{o},$

$\qquad \mathbf{b} \geqq \mathbf{o}.$

Hier werden zunächst die Schlupfvariablen $x_{n+1}, \ldots, x_{n+m} \geqq 0$ eingeführt. Damit folgt:

ZF: $Z = c_1 x_1 \quad + c_2 x_2 + \cdots + c_n x_n \qquad\qquad\qquad \doteq \max;$

NB: $a_{11} x_1 + \cdots + a_{1n} x_n - x_{n+1} \qquad\qquad = b_1,$

$\qquad a_{21} x_1 + \cdots + a_{2n} x_n \qquad\quad - x_{n+2} \qquad = b_2,$ $\qquad$ (2.17)

$\qquad \cdots\cdots\cdots\cdots\cdots\cdots\cdots\cdots\cdots\cdots\cdots\cdots$

$\qquad a_{m1} x_1 + \cdots + a_{mn} x_n \qquad\qquad - x_{n+m} = b_m.$

Zur Aufstellung der Normalform ist die Einführung nur einer künstlichen Veränderlichen erforderlich, wenn alle Nebenbedingungen bis auf eine mit -1 multipliziert werden. Ausgenommen bleibt die Nebenbedingung mit der größten rechten Seite, die zu allen anderen Gleichungen addiert wird. Wird mit

$$b_e = \max_{1 \leq i \leq m} \{b_i\}$$

bezeichnet, so folgt aus (2.17):

$$
\begin{aligned}
(a_{e1} - a_{11}) x_1 + \cdots + (a_{en} - a_{1n}) x_n - x_{n+e} + x_{n+1} &= b_e - b_1, \\
&\cdots \\
a_{e1} x_1 + \cdots + a_{en} x_n - x_{n+e} &= b_e, \\
&\cdots \\
(a_{e1} - a_{m1}) x_1 + \cdots + (a_{en} - a_{mn}) x_n - x_{n+e} + x_{n+m} &= b_e - b_m.
\end{aligned}
$$

Wird

$$b_{ik} = a_{ek} - a_{ik}, \quad \overline{b}_i = b_e - b_i \geq 0 \quad \text{für} \quad i \neq e$$

und

$$b_{ek} = a_{ek}, \quad \overline{b}_c = b_e$$

gesetzt, so folgt nach Einführung der künstlichen Variablen x_{m+n+1}:

$$
\begin{aligned}
Z = c_1 x_1 + \cdots + c_n x_n - M x_{n+m+1} &\doteq \max; \\
b_{11} x_1 + \cdots + b_{1n} x_n - x_{n+e} + x_{n+1} &= \overline{b}_1, \\
&\cdots \\
b_{e1} x_1 + \cdots + b_{en} x_n - x_{n+e} + x_{n+m+1} &= \overline{b}_e, \\
&\cdots \\
b_{m1} x_1 + \cdots + b_{mn} x_n - x_{n+e} + x_{n+m} &= \overline{b}_m, \\
x_i \geq 0, \quad i = 1, \dots, n + m + 1.
\end{aligned}
$$

Im übrigen wird man immer bemüht sein, die spezielle Gestalt der Nebenbedingungen so zu nutzen, daß möglichst wenige künstliche Variable einzuführen sind.

Die Überführung eines beliebigen LOP in die Normalform hat den Vorteil, daß von der Normalform ausgehend unmittelbar der Simplexalgorithmus mit dem dazugehörenden 1. Rechenblatt begonnen werden kann.

Ein Nachteil der Einführung von künstlichen Variablen ist die damit verbundene Problemvergrößerung. Weitere Möglichkeiten der Bestimmung einer zulässigen Basislösung und damit einer ersten Basisdarstellung sind in der Spezialliteratur zu finden, wie z.B. die Zwei-Phasen-Methode.

Aufgabe 2.4: In einem landwirtschaftlichen Gebiet sollen zwei Geflügelsorten gehalten werden *
(S_1, S_2). Zur Fütterung der Tiere stehen zwei Futtermittel zur Verfügung (F_1, F_2) und zwar 8 Mengeneinheiten (ME) von F_1 und 180 ME von F_2. Der Bedarf an Futter pro Tier ist in der folgenden Tabelle gegeben:

	S_1	S_2
F_1	1	1
F_2	1	2

Es sollen mindestens 2 Tiere der Sorte S_1 gehalten werden. Der Gewinn pro Tier beträgt für S_1 2 und für S_2 3 Geldeinheiten.

Gesucht ist das mathematische Modell mit dem Ziel der Gewinnmaximierung.

***** *Aufgabe 2.5:* Ein Schiff mit einer Ladefähigkeit von 7000 t und einer Laderaumkapazität von 10000 m³ soll drei Güter G_1, G_2 und G_3 in solchen Mengen laden, daß der Frachtertrag möglichst groß wird. Die folgende Tabelle enthält für jedes Gut die angebotene Menge M in t, den benötigten Laderaum R in m³/t und den Frachtertrag F in Mark/t.

Gesucht ist das mathematische Modell. Was bedeuten die Variablen im Modell?

	G_1	G_2	G_3
M	3 500	4 000	2 000
R	1,2	1,1	1,5
F	25	30	35

***** *Aufgabe 2.6:* Aus Rundeisenstangen der Länge $l = 20$ m sollen hergestellt werden:
mindestens 8 000 Stück der Länge $l_1 = 9$ m,
10 000 Stück der Länge $l_2 = 8$ m und
6 000 Stück der Länge $l_3 = 6$ m.
Es ist das mathematische Modell für einen minimalen Materialverbrauch zu ermitteln.

***** *Aufgabe 2.7:* Die folgenden Optimierungsprobleme sind auf die Normalform zu bringen.

a) ZF: $Z = 2x_1 + x_2 - x_3 - x_4 \overset{!}{=} \min;$

   NB: $\quad x_1 - x_2 - 2x_3 - x_4 = 2,$

   $\qquad 2x_1 + x_2 - 3x_3 + x_4 = 6,$

   $\qquad x_1 + x_2 + x_3 + x_4 = 7,$

   $x_i \geqq 0; \quad i = 1, 2, 3, 4.$

b) ZF: $Z = x_4 - x_5 \overset{!}{=} \max;$

   NB: $\qquad 2x_2 - x_3 - x_4 + x_5 \geqq 0,$

   $\qquad -2x_1 \qquad + 2x_3 - x_4 + x_5 \geqq 0,$

   $\qquad x_1 - 2x_2 \qquad - x_4 + x_5 \geqq 0,$

   $\qquad x_1 + x_2 + x_3 \qquad \geqq 1,$

   $x_i \geqq 0, \quad i = 1, 2, 3, 4, 5.$

c) ZF: $Z = x_1 - 2x_2 + 3x_3 \overset{!}{=} \min;$

   NB: $\quad -2x_1 + x_2 + 3x_3 = 2,$

   $\qquad 2x_1 + 3x_2 + 4x_3 = 1,$

   x_i beliebig.

2.3.   Grundlegende Eigenschaften von Lösungen

Für die anschließenden Betrachtungen wird die Normalform eines linearen Optimierungsproblems zugrunde gelegt (vgl. (2.5)).

Die lineare Funktion

$$Z(x_1, x_2, \ldots, x_{n+m}) = c_1 x_1 + \cdots + c_{n+m} x_{n+m}$$

ist unter Berücksichtigung der folgenden linearen Gleichungen zu maximieren:

$$
\begin{aligned}
a_{11} x_1 + a_{12} x_2 + \cdots + a_{1n} x_n + x_{n+1} \qquad\qquad &= b_1, \\
a_{21} x_1 + a_{22} x_2 + \cdots + a_{2n} x_n \qquad\quad + x_{n+2} \qquad &= b_2,
\end{aligned}
$$

$$
\cdots\cdots\cdots\cdots\cdots\cdots\cdots\cdots\cdots\cdots\cdots\cdots\cdots\cdots\cdots
$$

$$
a_{m1} x_1 + a_{m2} x_2 + \cdots + a_{mn} x_n \qquad\qquad + x_{n+m} = b_m, \tag{2.18}
$$

$$
x_j \geqq 0 \quad \text{für} \quad j = 1, 2, \ldots, n + m,
$$

$$
b_i \geqq 0 \quad \text{für} \quad i = 1, 2, \ldots, m.
$$

In Matrixschreibweise (vgl. (2.5′)):

ZF: $\qquad Z = Z(\mathbf{x}) = \mathbf{c}^T\mathbf{x} \overset{!}{=} \max;$

NB: $\qquad \mathbf{A}\mathbf{x} = \mathbf{b},$

$$
\mathbf{x} \geqq \mathbf{o}, \tag{2.18'}
$$

$$
\mathbf{b} \geqq \mathbf{o}.
$$

In Vektorschreibweise (vgl. (2.5″)):

ZF: $\qquad Z = Z(\mathbf{x}) = \mathbf{c}^T\mathbf{x} \overset{!}{=} \max;$

NB: $\qquad \mathbf{a}^{(1)}x_1 + \mathbf{a}^{(2)}x_2 + \cdots + \mathbf{a}^{(n+m)}x_{n+m} = \mathbf{b},$

$$
\mathbf{x} \geqq \mathbf{o}, \tag{2.18''}
$$

$$
\mathbf{b} \geqq \mathbf{o}.
$$

Ohne Beschränkung der Allgemeinheit sei vorausgesetzt, daß der Rang der Koeffizientenmatrix $\mathbf{A}$ des Gleichungssystems von (2.18) gleich dem Rang der erweiterten Matrix $[\mathbf{A}, \mathbf{b}]$ (Voraussetzung für die Lösbarkeit des Gleichungssystems) und gleich m ist.

Es werden die folgenden Begriffe definiert:

Definition 2.1: *Jede Lösung* $\mathbf{x}$ *von* $\mathbf{A}\mathbf{x} - \mathbf{b}$, *die der Bedingung* $\mathbf{x} \geqq \mathbf{o}$ *genügt, wird im* **D.2.1** *folgenden als zulässige Lösung (ZL) bezeichnet.*

Definition 2.2: *Je m linear unabhängige Spaltenvektoren von* $\mathbf{A}$ *bilden eine Basis* $\mathbf{B}$, *die* **D.2.2** *zu diesen Vektoren gehörigen Variablen heißen Basisvariable (BV) und alle restlichen Variablen Nichtbasisvariable (NBV).*

Definition 2.3: *Ist das Gleichungssystem von (2.18) so umgeformt, daß für irgendeine* **D.2.3** *Basis* $\mathbf{B}$ *die BV durch die NBV ausgedrückt sind und die Zielfunktion nur noch von den NBV abhängig ist, so wird von einer Basisdarstellung (BD) der Lösungsmannigfaltigkeit des LOP gesprochen.*

Allgemein hat die BD einer beliebigen Basis $\mathbf{B}$ von (2.18) die folgende Gestalt, wenn ohne Beschränkung der Allgemeinheit die BV der Reihe nach mit $x_{n+1}, \ldots, x_{n+m}$ und die NBV der Reihe nach mit $x_1, \ldots, x_n$ bezeichnet werden:

$$
\begin{aligned}
r_{11} x_1 + r_{12} x_2 + \cdots + r_{1n} x_n + x_{n+1} \qquad\qquad\qquad &= k_1 \\
r_{21} x_1 + r_{22} x_2 + \cdots + r_{2n} x_n \qquad\quad + x_{n+2} \qquad\qquad &= k_2
\end{aligned}
$$

$$
\cdots\cdots\cdots\cdots\cdots\cdots\cdots\cdots\cdots\cdots\cdots\cdots\cdots\cdots\cdots \tag{2.19}
$$

$$
\begin{aligned}
r_{m1} x_1 + r_{m2} x_2 + \cdots + r_{mn} x_n \qquad\qquad + x_{n+m} \qquad &= k_m \\
g_1 x_1 + g_2 x_2 + \cdots + g_m x_n \qquad\qquad\qquad\quad + Z_{\mathbf{B}}(\mathbf{x}) &= c.
\end{aligned}
$$

Mit $Z_B(x)$ wird die Zielfunktion Z bezeichnet, wenn in ihr alle BV zur Basis B eliminiert sind. r_{ij}, k_i, g_j und c $(i = 1, 2, ..., m; j = 1, 2, ..., n)$ sind Zahlenwerte, die bei der Umformung des Gleichungssystems von (2.18) in die Basisdarstellung (2.19) aus den Werten a_{ij}, b_i und c_j hervorgehen.

D.2.4　　**Definition 2.4:** *Gegeben sei eine beliebige Basis B von A und die dazugehörige BD. Eine Lösung x von $Ax = b$, bei der alle NBV gleich null sind, heißt Basislösung (BL). Eine BL heißt darüber hinaus zulässige Basislösung (ZBL), wenn alle BV nicht negativ sind.*

Sind z. B. in (2.19) alle $k_i \geqq 0$, so ist die BL $x_B = \{0, ..., 0, k_1, ..., k_m\}$ eine ZBL; die BD wird dann als zulässige Basisdarstellung bezeichnet (ZBD). Eine BL bzw. ZBL ist also eine Lösung, die nur höchstens m von null verschicdene Lösungskomponenten hat.

D.2.5　　**Definition 2.5:** *Die Zahlen g_j $(j = 1, ..., n)$ in der zur beliebigen Basis B gehörenden BD (2.19) werden als Formkoeffizienten und die Zahl c als Basiszahl bezeichnet.*

In (2.18) bilden z. B. die Vektoren $a^{(n+1)}, ..., a^{(n+m)}$ eine Basis B $[a^{(n+1)}, ..., a^{(n+m)}]$, da sie linear unabhängig sind. $x_{n+1}, x_{n+2}, ..., x_{n+m}$ sind die zu dieser Basis gehörenden BV, und $x_1, ..., x_n$ sind die NBV. Für diese Basis lautet die Basisdarstellung:

$$
\begin{aligned}
a_{11} x_1 + \cdots + a_{1n} x_n + x_{n+1} &= b_1, \\
a_{21} x_1 + \cdots + a_{2n} x_n \phantom{+ x_{n+1}} + x_{n+2} &= b_2, \\
\cdots\cdots\cdots\cdots\cdots\cdots\cdots\cdots\cdots\cdots\cdots\cdots\cdots\cdots \\
a_{m1} x_1 + \cdots + a_{mn} x_n \phantom{+ x_{n+1}} + x_{n+m} &= b_m, \\
\hline
g_1 x_1 + \cdots + g_n x_n \phantom{+ x_{n+1}} + Z &= c
\end{aligned}
\tag{2.20}
$$

mit

$$
\begin{aligned}
c &= c_{n+1} b_1 + \cdots + c_{n+m} b_m, \\
g_1 &= -c_1 + c_{n+1} a_{11} + \cdots + c_{n+m} a_{m1}, \\
g_2 &= -c_2 + c_{n+1} a_{12} + \cdots + c_{n+m} a_{m2}, \\
&\cdots\cdots\cdots\cdots\cdots\cdots\cdots\cdots\cdots\cdots \\
g_n &= -c_n + c_{n+1} a_{1n} + \cdots + c_{n+m} a_{mn}.
\end{aligned}
$$

Dabei ist zu beachten, daß die letzte Gleichung von (2.20) aus der Zielfunktion von (2.18) entstanden ist, indem die BV $x_{n+1}, ..., x_{n+m}$ mit Hilfe der m Nebenbedingungen eliminiert worden sind. Da nach (2.18) die Werte b_i $[i = 1, ..., m]$ nicht negativ sind, ist

$$x_1 = 0, x_2 = 0, ..., x_n = 0, x_{n+1} = b_1, ..., x_{n+m} = b_m$$

eine ZBL der Basis

$$B [a^{(n+1)}, a^{(n+2)}, ..., a^{(n+m)}].$$

Zu jeder BD gehört genau eine BL.

Die Anzahl der Mengen von m linear unabhängigen Vektoren, die man aus den $m + n$ Spaltenvektoren von A bilden kann, d.h. die Anzahl der voneinander verschiedenen Basen bei einem LOP mit m Gleichungen und $m + n$ Variablen, kann höchstens $\binom{n + m}{m}$ sein, so daß es also nur höchstens $\binom{n + m}{m}$ verschiedene BL (eingeschlossen sind die ZBL) geben kann.

An dem folgenden Beispiel werden die angegebenen Definitionen näher erläutert. Gegeben ist das LOP:

ZF: $\qquad Z = 3x_1 + 4x_2 \qquad\qquad \doteq \max;$

NB: $\qquad x_1 + 2x_2 + x_3 \qquad\qquad = 80,$

$$x_2 \quad + x_4 \quad = 30, \qquad\qquad (2.21)$$

$$2x_1 + \ x_2 \qquad\qquad + x_5 = 100,$$

$$x_1, ..., x_5 \qquad\qquad \geqq \ 0.$$

Die Koeffizientenmatrix $\mathbf{A}$ hat die folgende Gestalt:

$$\mathbf{A} = \begin{bmatrix} 1 & 2 & 1 & 0 & 0 \\ 0 & 1 & 0 & 1 & 0 \\ 2 & 1 & 0 & 0 & 1 \end{bmatrix} = [\mathbf{a}^{(1)}, \mathbf{a}^{(2)}, \mathbf{a}^{(3)}, \mathbf{a}^{(4)}, \mathbf{a}^{(5)}].$$

Von den 5 Spaltenvektoren $\mathbf{a}^{(1)}, \mathbf{a}^{(2)}, \mathbf{a}^{(3)}, \mathbf{a}^{(4)}$ und $\mathbf{a}^{(5)}$ lassen sich die folgenden Dreierkombinationen bilden:

1. $\mathbf{a}^{(1)}, \mathbf{a}^{(2)}, \mathbf{a}^{(3)},$ $\qquad$ 6. $\mathbf{a}^{(1)}, \mathbf{a}^{(4)}, \mathbf{a}^{(5)},$

2. $\mathbf{a}^{(1)}, \mathbf{a}^{(2)}, \mathbf{a}^{(4)},$ $\qquad$ 7. $\mathbf{a}^{(2)}, \mathbf{a}^{(3)}, \mathbf{a}^{(4)},$

3. $\mathbf{a}^{(1)}, \mathbf{a}^{(2)}, \mathbf{a}^{(5)},$ $\qquad$ 8. $\mathbf{a}^{(2)}, \mathbf{a}^{(3)}, \mathbf{a}^{(5)},$

4. $\mathbf{a}^{(1)}, \mathbf{a}^{(3)}, \mathbf{a}^{(4)},$ $\qquad$ 9. $\mathbf{a}^{(2)}, \mathbf{a}^{(4)}, \mathbf{a}^{(5)},$

5. $\mathbf{a}^{(1)}, \mathbf{a}^{(3)}, \mathbf{a}^{(5)},$ $\qquad$ 10. $\mathbf{a}^{(3)}, \mathbf{a}^{(4)}, \mathbf{a}^{(5)},$

also genau $\binom{5}{3} = \dfrac{5 \cdot 4 \cdot 3}{1 \cdot 2 \cdot 3}$ Kombinationen. Die 5. Kombination bildet keine Basis, da die Spalten $\mathbf{a}^{(1)}, \mathbf{a}^{(3)}, \mathbf{a}^{(5)}$ nicht linear unabhängig sind; es gilt nämlich:

$$|\mathbf{a}^{(1)}, \mathbf{a}^{(3)}, \mathbf{a}^{(5)}| = \begin{vmatrix} 1 & 1 & 0 \\ 0 & 0 & 0 \\ 2 & 0 & 1 \end{vmatrix} = 0.$$

Die restlichen 9 Kombinationen bilden 9 verschiedene Basen, die im folgenden entsprechend der Kombinationsnummer bezeichnet werden. $\mathbf{B}_5$ ist darunter nicht enthalten.

Die Basisdarstellung und BL bzw. ZBL zu den einzelnen Basen haben die folgende Form:

1. $\mathbf{B}_1 \ [\mathbf{a}^{(1)}, \mathbf{a}^{(2)}, \mathbf{a}^{(3)}]:$

$\mathrm{BD}_1:$ $\qquad\qquad\qquad\qquad\qquad\qquad\qquad\quad$ $\mathrm{BL}_1:$

$$-\tfrac{1}{2} x_4 + \tfrac{1}{2} x_5 + x_1 \qquad\qquad = 35, \qquad \mathbf{x}_{\mathbf{B}_1} = [35, 30, -15, 0, 0];$$

$$+x_4 \qquad\qquad + x_2 \qquad = 30, \qquad Z(\mathbf{x}_{\mathbf{B}_1}) = 225.$$

$$-\tfrac{3}{2} x_4 - \tfrac{1}{2} x_5 \qquad\qquad + x_3 \quad = -15.$$

$$+\tfrac{5}{2} x_4 + \tfrac{3}{2} x_5 \qquad\qquad\qquad + Z = 225.$$

2. $\mathbf{B}_2$ $[\mathbf{a}^{(1)}, \mathbf{a}^{(2)}, \mathbf{a}^{(4)}]$:

BD_2:

$$-\tfrac{1}{3}x_3 + \tfrac{2}{3}x_5 + x_1 \qquad\qquad = 40,$$
$$+\tfrac{2}{3}x_3 - \tfrac{1}{3}x_5 \qquad + x_2 \qquad = 20,$$
$$-\tfrac{2}{3}x_3 + \tfrac{1}{3}x_5 \qquad\qquad + x_4 = 10,$$
$$+\tfrac{5}{3}x_3 + \tfrac{2}{3}x_5 \qquad\qquad + Z = 200.$$

ZBL_2:

$$\mathbf{x}_{\mathbf{B}_2} = [40, 20, 0, 10, 0];$$
$$Z(\mathbf{x}_{\mathbf{B}_2}) = 200.$$

3. $\mathbf{B}_3$ $[\mathbf{a}^{(1)}, \mathbf{a}^{(2)}, \mathbf{a}^{(5)}]$:

BD_3:

$$x_3 - 2x_4 + x_1 \qquad\qquad = 20,$$
$$ + x_4 \qquad + x_2 \qquad = 30,$$
$$-2x_3 + 3x_4 \qquad\qquad + x_5 = 30,$$
$$3x_3 - 2x_4 \qquad\qquad + Z = 180.$$

ZBL_3:

$$\mathbf{x}_{\mathbf{B}_3} = [20, 30, 0, 0, 30];$$
$$Z(\mathbf{x}_{\mathbf{B}_3}) = 180.$$

4. $\mathbf{B}_4$ $[\mathbf{a}^{(1)}, \mathbf{a}^{(3)}, \mathbf{a}^{(4)}]$:

BD_4:

$$\tfrac{1}{2}x_2 + \tfrac{1}{2}x_5 + x_1 \qquad\qquad = 50,$$
$$\tfrac{3}{2}x_2 - \tfrac{1}{2}x_5 \qquad + x_3 \qquad = 30,$$
$$1x_2 \qquad\qquad\qquad + x_4 = 30,$$
$$-\tfrac{5}{2}x_2 + \tfrac{3}{2}x_5 \qquad\qquad + Z = 150.$$

ZBL_4:

$$\mathbf{x}_{\mathbf{B}_5} = [50, 0, 30, 30, 0];$$
$$Z(\mathbf{x}_{\mathbf{B}_5}) = 150.$$

6. $\mathbf{B}_6$ $[\mathbf{a}^{(1)}, \mathbf{a}^{(4)}, \mathbf{a}^{(5)}]$:

BD_6:

$$x_3 + 2x_2 + x_1 \qquad\qquad = 80,$$
$$ + x_2 \qquad + x_4 \qquad = 30,$$
$$-2x_3 - 3x_2 \qquad\qquad + x_5 = -60,$$
$$3x_3 + 2x_2 \qquad\qquad + Z = 240.$$

BL_6:

$$\mathbf{x}_{\mathbf{B}_6} = [80, 0, 0, 30, -60];$$
$$Z(\mathbf{x}_{\mathbf{B}_6}) = 240.$$

7. $\mathbf{B}_7$ $[\mathbf{a}^{(2)}, \mathbf{a}^{(3)}, \mathbf{a}^{(4)}]$:

BD_7:

$$2x_1 + 1x_5 + x_2 \qquad\qquad = 100,$$
$$-3x_1 - 2x_5 \qquad + x_3 \qquad = -120,$$
$$-2x_1 - 1x_5 \qquad\qquad + x_4 = -70,$$
$$5x_1 + 4x_5 \qquad\qquad + Z = 400.$$

BL_7:

$$\mathbf{x}_{\mathbf{B}_7} = [0, 100, -120, -70, 0];$$
$$Z(\mathbf{x}_{\mathbf{B}_7}) = +400.$$

8. $\mathbf{B}_8\ [\mathbf{a}^{(2)}, \mathbf{a}^{(3)}, \mathbf{a}^{(5)}]$:

BD$_8$:

$$
\begin{aligned}
+\ x_4 + x_2 &\qquad\qquad\quad = 30, \\
+\ x_1 - 2x_4 &\ + x_3 \qquad\quad = 20, \\
+2x_1 -\ x_4 &\qquad\quad + x_5 = 70, \\
\hline
-\ 3x_1 + 4x_4 &\qquad\qquad + Z = 120.
\end{aligned}
$$

ZBL$_8$:

$\mathbf{x}_{\mathbf{B}_8} = [0, 30, 20, 0, 70];$

$Z(\mathbf{x}_{\mathbf{B}_8}) = 120.$

9. $\mathbf{B}_9\ [\mathbf{a}^{(2)}, \mathbf{a}^{(4)}, \mathbf{a}^{(5)}]$:

BD$_9$:

$$
\begin{aligned}
\tfrac{1}{2}x_1 + \tfrac{1}{2}x_3 + x_2 &\qquad\qquad = 40, \\
-\tfrac{1}{2}x_1 - \tfrac{1}{2}x_3 &\ + x_4 \qquad = -10, \\
+\tfrac{3}{2}x_1 - \tfrac{1}{2}x_3 &\qquad + x_5 = 60. \\
\hline
-\ x_1 + 2x_3 &\qquad\quad + Z = 160.
\end{aligned}
$$

BL$_9$:

$\mathbf{x}_{\mathbf{B}_9} = [0, 40, 0, -10, 60];$

$Z(\mathbf{x}_{\mathbf{B}_9}) = 160.$

10. $\mathbf{B}_{10}\ [\mathbf{a}^{(3)}, \mathbf{a}^{(4)}, \mathbf{a}^{(5)}]$:

BD$_{10}$:

$$
\begin{aligned}
x_1 + 2x_2 + x_3 &\qquad\qquad = 80, \\
x_2 &\ + x_4 \qquad = 30, \\
2x_1 +\ x_2 &\qquad + x_5 = 100, \\
\hline
-3x_1 - 4x_2 &\qquad + Z = 0.
\end{aligned}
$$

ZBL$_{10}$:

$\mathbf{x}_{\mathbf{B}_{10}} = [0, 0, 80, 30, 100];$

$Z(\mathbf{x}_{\mathbf{B}_{10}}) = 0.$

Die BD zur Basis $\mathbf{B}_1\ [\mathbf{a}^{(1)}, \mathbf{a}^{(2)}, \mathbf{a}^{(3)}]$ kann z.B. folgendermaßen aufgestellt werden:

Es wird das Ausgangsgleichungssystem von (2.21) gelöst, indem die Veränderlichen x_1, x_2 und x_3 in Abhängigkeit von x_4 und x_5 berechnet werden. Aus

$$
\begin{aligned}
1.\quad x_1 + 2x_2 + x_3 &= 80, \\
+\ x_2 &= 30 - x_4, \\
2x_1 +\ x_2 &= 100 - x_5
\end{aligned}
$$

z.B. folgt nach der Cramerschen Regel:

$$
x_1 = \frac{\begin{vmatrix} 80 & 2 & 1 \\ 30 - x_4 & 1 & 0 \\ 100 - x_5 & 1 & 0 \end{vmatrix}}{\begin{vmatrix} 1 & 2 & 1 \\ 0 & 1 & 0 \\ 2 & 1 & 0 \end{vmatrix}} = \frac{30 - x_4 - 100 + x_5}{-2}
$$

$$
x_1 = 35 + \frac{x_4}{2} - \frac{x_5}{2}.
$$

Analog erhält man:

$$x_2 = 30 - x_4,$$
$$x_3 = -15 + \tfrac{3}{2} x_4 + \tfrac{1}{2} x_5.$$

Aus der Zielfunktion werden x_1, x_2 und x_3 eliminiert, indem für diese Veränderlichen die gerade berechneten rechten Seiten eingesetzt werden:

$$Z = 3x_1 + 4x_2 = 120 - 4x_4 + 105 + \tfrac{3}{2} x_4 - \tfrac{3}{2} x_5,$$
$$Z = 225 - \tfrac{5}{2} x_4 - \tfrac{3}{2} x_5.$$

Insgesamt folgt also

$$x_1 = 35 + \tfrac{1}{2} x_4 - \tfrac{1}{2} x_5,$$
$$x_2 = 30 - x_4,$$
$$x_3 = -15 + \tfrac{3}{2} x_4 + \tfrac{1}{2} x_5,$$
$$\overline{}$$
$$Z = 225 - \tfrac{5}{2} x_4 - \tfrac{3}{2} x_5.$$

Durch Umstellung entsteht daraus unmittelbar die BD_1. In entsprechender Weise können die anderen BD berechnet werden.

2.4.   Das Simplextheorem und das Simplexkriterium

Der Zusammenhang zwischen einer ZBL und einem Eckpunkt (Extrempunkt) des zugehörenden Lösungsbereiches wird durch folgenden Satz gegeben:

S.2.1   **Satz 2.1:** *Eine zulässige Lösung* $\mathbf{x}$ *von* (2.18) *aus 2.3. ist dann und nur dann ein Eckpunkt, wenn* $\mathbf{x}$ *ZBL ist.*[1])

Beweis: 1. Es sei $\mathbf{x}$ eine zulässige Basislösung. Ohne Einschränkung der Allgemeinheit sei $\mathbf{B}$ [$\mathbf{a}^{(1)}, \ldots, \mathbf{a}^{(m)}$] eine Basis von (2.18) aus 2.3.; die BV von $\mathbf{x}$ lauten:

$$x_1 > 0, \ldots, x_m > 0, \quad \text{und die NBV von } \mathbf{x} \text{ sind } \quad x_{m+1} = 0, \ldots, x_{n+m} = 0.$$

Aus (2.18) folgt:

$$\mathbf{a}^{(1)}x_1 + \mathbf{a}^{(2)}x_2 + \cdots + \mathbf{a}^{(m)}x_m = \mathbf{b}.$$

Es wird angenommen, daß $\mathbf{x}$ kein Extrempunkt ist. Daher kann $\mathbf{x}$ folgendermaßen dargestellt werden:

$$\mathbf{x} = \lambda \mathbf{x}^{(1)} + (1 - \lambda) \mathbf{x}^{(2)}, \quad 0 < \lambda < 1;$$

$\mathbf{x}^{(1)}$ und $\mathbf{x}^{(2)}$ sind voneinander verschieden und gehören dem Lösungsbereich von (2.18) an, d.h., es gilt:

$$\mathbf{x}^{(1)} \neq \mathbf{x}^{(2)}, \quad \mathbf{A}\mathbf{x}^{(1)} = \mathbf{b}, \quad \mathbf{A}\mathbf{x}^{(2)} = \mathbf{b}, \quad \mathbf{x}^{(1)} \geq 0, \quad \mathbf{x}^{(2)} \geq 0.$$

Aus diesen Bedingungen folgt für $\mathbf{x}^{(1)}$ und $\mathbf{x}^{(2)}$, daß alle Komponenten außer den ersten m gleich null sind. Also gilt für $\mathbf{x}^{(1)}$ und $\mathbf{x}^{(2)}$

$$\mathbf{x}^{(1)} = [x_1^{(1)}, x_2^{(1)}, \ldots, x_m^{(1)}, 0, \ldots, 0],$$
$$\mathbf{x}^{(2)} = [x_1^{(2)}, x_1^{(2)}, \ldots, x_m^{(2)}, 0, \ldots, 0]$$

---

[1]) Ausschluß des Entartungsfalles, d.h., es sind nur ZBL mit genau m BV größer als null zugelassen. Im Abschnitt 3.1.3. wird der Entartungsfall gesondert behandelt.

und daher

$$\mathbf{a}^{(1)}x_1^{(1)} + \mathbf{a}^{(2)}x_2^{(1)} + \cdots + \mathbf{a}^{(m)}x_m^{(1)} = \mathbf{b},$$
$$\mathbf{a}^{(1)}x_1^{(2)} + \mathbf{a}^{(2)}x_2^{(2)} + \cdots + \mathbf{a}^{(m)}x_m^{(2)} = \mathbf{b}.$$

Durch Subtraktion der letzten beiden Gleichungen folgt:

$$\mathbf{a}^{(1)}(x_1^{(1)} - x_1^{(2)}) + \cdots + \mathbf{a}^{(m)}(x_m^{(1)} - x_m^{(2)}) = 0.$$

Da $\mathbf{a}^{(1)}, \ldots, \mathbf{a}^{(m)}$ linear unabhängig sind, folgt aus der letzten Gleichung schließlich

$$x_i^{(1)} - x_i^{(2)} = 0 \quad \text{für alle} \quad i = 1, \ldots, m, \text{ d.h., } \mathbf{x}^{(1)} = \mathbf{x}^{(2)}.$$

Das ist aber ein Widerspruch zur Annahme. Also ist $\mathbf{x}$ ein Extrempunkt.

2. $\mathbf{x}$ sei Extrempunkt des Lösungsbereiches von (2.18). Dabei wird angenommen, daß die Komponenten $x_1, \ldots, x_r$ von $\mathbf{x}$ größer als null und die restlichen gleich null sind.

Also gilt:

$$\mathbf{a}^{(1)}x_1 + \cdots + \mathbf{a}^{(r)}x_r = \mathbf{b}.$$

In einer Zwischenbetrachtung wird zunächst indirekt gezeigt, daß die $\mathbf{a}^{(1)}, \ldots, \mathbf{a}^{(r)}$ linear unabhängig sind: Es wird angenommen, $\mathbf{a}^{(1)}, \ldots, \mathbf{a}^{(r)}$ seien linear abhängig. Also gilt:

$$\lambda_1\mathbf{a}^{(1)} + \lambda_2\mathbf{a}^{(2)} + \cdots + \lambda_r\mathbf{a}^{(r)} = 0$$

mit $\quad \lambda_1^2 + \cdots + \lambda_r^2 \neq 0.$

Für $c > 0$ folgen aus den beiden letzten die zwei neuen Gleichungen:

$$\mathbf{a}^{(1)}(x_1 + c\lambda_1) + \mathbf{a}^{(2)}(x_2 + c\lambda_2) + \cdots + \mathbf{a}^{(r)}(x_r + c\lambda_r) = \mathbf{b}$$

und $\quad \mathbf{a}^{(1)}(x_1 - c\lambda_1) + \mathbf{a}^{(2)}(x_2 - c\lambda_2) + \cdots + \mathbf{a}^{(r)}(x_r - c\lambda_r) = \mathbf{b}.$

Lösungen dieser beiden neuen Gleichungen sind

$$\mathbf{x}^{(1)} = [x_1 + c\lambda_1, \ldots, x_r + c\lambda_r, 0, \ldots, 0]$$

und $\quad \mathbf{x}^{(2)} = [x_1 - c\lambda_1, \ldots, x_r - c\lambda_r, 0, \ldots, 0].$

Da der Entartungsfall ausgeschlossen ist, existiert ein $c > 0$ hinreichend klein, so daß $\mathbf{x}^{(1)} \geqq 0$ und $\mathbf{x}^{(2)} \geqq 0$ sind, d.h., $\mathbf{x}^{(1)}$ und $\mathbf{x}^{(2)}$ sind ZL von (2.18). Schließlich gilt:

$$\mathbf{x} = \tfrac{1}{2}\mathbf{x}^{(1)} + \tfrac{1}{2}\mathbf{x}^{(2)},$$

d.h., $\mathbf{x}$ ist kein Extrempunkt. Das ist aber ein Widerspruch zur Voraussetzung.

Nunmehr folgt aber aus der linearen Unabhängigkeit der Vektoren $\mathbf{a}^{(1)}, \ldots, \mathbf{a}^{(r)}$, daß $r \leqq m$ ist. Da aber die Entartung ausgeschlossen ist, folgt $r = m$. Also ist $\mathbf{x}$ eine ZBL.∎

Aus dem eben bewiesenen Satz folgt nun unmittelbar die bereits in Kapitel 1. aufgestellte Behauptung:

Wenn der zulässige Lösungsbereich von (2.18) beschränkt ist, dann ist er ein konvexes Polyeder. Da die Anzahl der ZBL kleiner oder gleich $\binom{n+m}{m}$ ist, folgt, daß auch die Anzahl der Eckpunkte des Lösungsbereiches von (2.18) kleiner oder gleich $\binom{n+m}{m}$, also endlich ist.

S.2.2   **Satz 2.2: Simplextheorem.** *Ein lineares Optimierungsproblem*

$$\mathbf{Ax} = \mathbf{b}, \ \mathbf{x} \geqq \mathbf{o}, \ \mathbf{c}^{\mathrm{T}}\mathbf{x} \doteq \max$$

nimmt das Optimum an einer ZBL an, sofern es lösbar ist.[1])

Beweis: Es wird angenommen, daß $\mathbf{x}^{(0)}$ eine optimale Lösung von (2.18) und keine ZBL bzw. kein Eckpunkt ist. Folglich läßt sich $\mathbf{x}^{(0)}$ in der folgenden Form darstellen:

$$\mathbf{x}^{(0)} = \sum_{i=1}^{q} \lambda_i \mathbf{x}^{(i)}, \qquad \sum_{i=1}^{q} \lambda_i = 1, \quad 0 \leqq \lambda_i < 1,$$

$$i = 1, \dots, q,$$

wobei $\mathbf{x}^{(1)}, \dots, \mathbf{x}^{(q)}$ Extrempunkte des Lösungsbereiches von (2.18) sind. Somit gilt:

$$\max \{\mathbf{c}^{\mathrm{T}}\mathbf{x}\} = \mathbf{c}^{\mathrm{T}}\mathbf{x}^{(0)} = \mathbf{c}^{\mathrm{T}} \left\{ \sum_{i=1}^{q} \lambda_i \mathbf{x}^{(i)} \right\}$$

$$= \sum_{i=1}^{q} \lambda_i \mathbf{c}^{\mathrm{T}}\mathbf{x}^{(i)} \leqq \mathbf{c}^{\mathrm{T}}\mathbf{x}^{(k)} \sum_{i=1}^{q} \lambda_i$$

$$= \mathbf{c}^{\mathrm{T}}\mathbf{x}^{(k)}$$

mit

$$\max_{1 \leqq i \leqq q} \{\mathbf{c}^{\mathrm{T}}\mathbf{x}^{(i)}\} = \mathbf{c}^{\mathrm{T}}\mathbf{x}^{(k)}$$

Also folgt:

$$\max (\mathbf{c}^{\mathrm{T}}\mathbf{x}) = \mathbf{c}^{\mathrm{T}}\mathbf{x}^{(k)} = \mathbf{c}^{\mathrm{T}}\mathbf{x}^{(0)}.$$

Damit ist gezeigt, daß der Extrempunkt $\mathbf{x}^{(k)}$ bzw. die ZBL eine optimale Lösung ist. Damit ist das Simplextheorem bestätigt, da zu jeder optimalen Lösung auch eine optimale ZBL angegeben werden kann. ∎

Sind $\mathbf{x}^{(1)}, \mathbf{x}^{(2)}, \dots, x^{(k)}$ optimale Lösungen von (2.18), so ist auch

$$\mathbf{x}^{(0)} = \sum_{i=1}^{p} \lambda_i \mathbf{x}^{(i)} \quad \text{mit} \quad \sum_{i=1}^{p} \lambda_i = 1, 0 \leqq \lambda_i < 1$$

$$\text{für} \quad i = 1, \dots, p$$

eine optimale Lösung von (2.18), d.h., alle Punkte der konvexen Hülle von $\mathbf{x}^{(1)}, \mathbf{x}^{(2)}, \dots, \mathbf{x}^{(p)}$ sind optimale Lösungen, denn es gilt:

$$\mathbf{c}^{\mathrm{T}}\mathbf{x}^{(0)} = \sum_{i=1}^{p} \lambda_i \mathbf{c}^{\mathrm{T}}\mathbf{x}^{(i)} = \mathbf{c}^{\mathrm{T}}\mathbf{x}^{(1)} \sum_{i=1}^{p} \lambda_i = \mathbf{c}^{\mathrm{T}}\mathbf{x}^{(1)} = \max (\mathbf{c}^{\mathrm{T}}\mathbf{x}).$$

Zur Bestimmung einer optimalen Lösung eines linearen Optimierungsproblems sind nach dem Simplextheorem nur die ZBL zu betrachten. Unter diesen Lösungen ist eine Optimallösung enthalten. Es erhebt sich die Frage: Wann ist eine ZBL die gesuchte optimale Lösung?

Das Simplexkriterium gibt darüber eine hinreichende Auskunft:

---

[1]) Der Entartungsfall sei ausgeschlossen, d.h., ZBL mit weniger als m positiven BV sind nicht vorhanden. Durch eine in dem Abschnitt über den Entartungsfall betrachtete Umformung wird gezeigt, daß jedes Problem auf ein nichtentartetes Problem zurückführbar ist.

Satz 2.3: Simplexkriterium. *Ist* $\mathbf{x_B} = [x_1 = 0, x_2 = 0, ..., x_n = 0, x_{n+1} = k_1, ...,$ S.2.3
$x_{n+m} = k_m]$ *eine* ZBL *(alle* $k_i \geq 0$, $i = 1, ..., m$) *des* LOP *und hat die Zielfunktion in der dazugehörenden Basisdarstellung die Form*

$$g_1 x_1 + g_2 x_2 + \cdots + g_n x_n + Z = c,$$

wobei

$$g_j \geq 0 \quad \text{für} \quad j = 1, ..., n$$

gilt, so folgt: $\mathbf{x_B}$ *ist eine Maximallösung.*

Beweis: Ist $\mathbf{x}$ eine beliebige ZL, also gilt: $\mathbf{Ax} = \mathbf{b}$, $\mathbf{x} \geq \mathbf{o}$, so folgt aus der Basisdarstellung (2.19)

$$Z(\mathbf{x}) = c - g_1 x_1 - g_2 x_2 - \cdots - g_n x_n.$$

Außerdem gilt:

$$Z(\mathbf{x_B}) = c.$$

Da $g_j \geq 0$ und $x_j \geq 0$ für alle $j = 1, ..., n$ gilt, so ist $g_j x_j \geq 0$ für alle j, und damit gilt:

$$c - g_1 x_1 - \cdots - g_n x_n \leq c,$$

also

$$Z(\mathbf{x}) \leq Z(\mathbf{x_B}).$$

Die letzte Ungleichung besagt, der Funktionswert jeder beliebigen ZL ist nicht größer als der Funktionswert $Z(\mathbf{x_B})$ der Lösung $\mathbf{x_B}$, also ist $\mathbf{x_B}$ eine maximale Lösung. Damit ist der Beweis erbracht. ∎

Wenn die zu einer ZBL gehörende Basisdarstellung bekannt ist, kann damit sofort auf Grund der Formkoeffizienten entschieden werden, ob die ZBL eine optimale Lösung ist. Der Entartungsfall sei ausgeschlossen.

Beispiel 2.9: In dem Optimierungsproblem

ZF: $Z = -x_1 + 2x_2 + 4x_3 \qquad \doteq \max;$

NB: $2x_1 + x_2 + x_3 \qquad\qquad = 7,$

$$-x_1 - x_2 + x_3 + x_4 \qquad = 1, \qquad\qquad (2.22)$$

$$3x_1 - 2x_2 - x_3 \qquad + x_5 = -8,$$

$$x_i \geq 0, \quad i = 1, 2, ..., 5,$$

ist die folgende ZBL $\mathbf{x_B}$ gegeben (durch Einsetzen in die Nebenbedingungen ist sofort überprüfbar, daß $\mathbf{x_B}$ eine ZBL ist):

$$\mathbf{x_B} \begin{cases} \text{BV:} & x_2 = 3, \quad x_3 = 4, \quad x_5 = 2; \\ \text{NBV:} & x_1 = 0, \quad x_4 = 0. \end{cases}$$

Zu $\mathbf{x_B}$ gehört die folgende Basis:

$$\mathbf{a}^{(2)} = \begin{bmatrix} 1 \\ -1 \\ -2 \end{bmatrix}, \qquad \mathbf{a}^{(3)} = \begin{bmatrix} 1 \\ 1 \\ -1 \end{bmatrix}, \qquad \mathbf{a}^{(5)} = \begin{bmatrix} 0 \\ 0 \\ 1 \end{bmatrix},$$

denn

$$|\mathbf{a}^{(2)}, \mathbf{a}^{(3)}, \mathbf{a}^{(5)}| = \begin{vmatrix} 1 & 1 & 0 \\ -1 & 1 & 0 \\ -2 & -1 & 1 \end{vmatrix} = 2 \neq 0.$$

Werden die BV x_2, x_3, x_5 in Abhängigkeit der NBV x_1 und x_4 ausgedrückt, so folgt:

$$x_3 = 4 - \tfrac{1}{2}x_1 - \tfrac{1}{2}x_4,$$
$$x_2 = 3 - \tfrac{3}{2}x_1 + \tfrac{1}{2}x_4,$$
$$x_5 = 2 - \tfrac{13}{2}x_1 + \tfrac{1}{2}x_4.$$

Damit können die BV x_2 und x_3 aus der ZF eliminiert werden. Es folgt:

$$Z = -x_1 + 2\left(3 - \tfrac{3}{2}x_1 + \tfrac{1}{2}x_4\right) + 4\left(4 - \tfrac{1}{2}x_1 - \tfrac{1}{2}x_4\right).$$
$$Z = 22 - 6x_1 - x_4.$$

Die BD, die zur vorgegebenen ZBL $\mathbf{x_B}$ gehört, lautet damit:

$$\begin{aligned}
\tfrac{1}{2}x_1 + \tfrac{1}{2}x_4 + x_3 \qquad\qquad &= 4, \\
\tfrac{3}{2}x_1 - \tfrac{1}{2}x_4 \qquad + x_2 \qquad &= 3, \\
\tfrac{13}{2}x_1 - \tfrac{1}{2}x_4 \qquad\qquad + x_5 &= 2, \\
\hline
6x_1 + 1x_4 \qquad\qquad + Z &= 22.
\end{aligned}$$

Da $g_1 = 6 > 0$ und $g_4 = 1 > 0$ sind, so folgt aus dem Simplexkriterium, $\mathbf{x_B} = [0, 3, 4, 0, 2]$ ist eine maximale Lösung von (2.22).

Nun bleibt noch offen: Wie kann eine solche optimale ZBL mit ihrer BD bei einem allgemeinen LOP errechnet werden?

Hierüber gibt nun der Simplexalgorithmus Auskunft (s. 3.1.1.)

3. Lösungsmethoden der linearen Optimierung

3.1. Die Simplexmethode

In den folgenden Ausführungen steht die Frage zur Diskussion, wie ein lineares Optimierungsproblem zweckmäßig gelöst werden kann. Es ist eine Extremwertaufgabe mit Nebenbedingungen zu lösen: Eine lineare Funktion von mehreren Veränderlichen ist unter Berücksichtigung linearer Gleichungen und Ungleichungen als Nebenbedingungen zu maximieren oder zu minimieren. Dabei entsteht die Frage: Können die üblichen Lösungsmethoden der Analysis herangezogen werden, d. h. können mit Hilfe der Differentialrechnung unter Benutzung einer Lagrange-Funktion notwendige und hinreichende Bedingungen für das Auffinden optimaler Lösungen angegeben werden? Diese Frage muß sofort verneint werden, weil bestimmte notwendige Voraussetzungen zur Anwendung dieser Methoden nicht erfüllt sind. Mit diesen Methoden können relative (lokale) Maximal- oder Minimallösungen ermittelt werden, die im inneren des zulässigen Lösungsbereiches liegen und wenn Optimierungsprobleme vorliegen, deren Nebenbedingungen nur die Gleichungsform haben. In der linearen Optimierung geht es aber um die Bestimmung von absoluten (globalen) Optimallösungen; diese Forderung entsteht bereits bei der Betrachtung entsprechender Problemstellungen aus der Praxis. Es ist also die Lösung gesucht, die bezüglich des zulässigen Lösungsbereiches den maximalen bzw. minimalen Wert der Zielfunktion besitzt. Darüber hinaus kann gezeigt werden, daß bei einem linearen Optimierungsproblem die optimale Lösung ein Randpunkt des zulässigen Lösungsbereiches ist (vgl. Simplextheorem), d. h. die üblichen Methoden der Analysis sind zur Bestimmung der Optimallösung nicht anwendbar. Schließlich liegen in der LO Nebenbedingungen in Ungleichungsform vor (z. B. die Nichtnegativitätsbedingung der Variablen), die ohnehin eine Verallgemeinerung der diesbezüglichen Lösungsmöglichkeit fordern. Es ist also in der linearen Optimierung eine neue Lösungsmethodik erforderlich.

Die Simplexmethode ist ein Lösungsalgorithmus zur Auffindung einer optimalen Lösung eines LOP. Auf Grund des Simplextheorems reicht es aus, nur die ZBL auf Optimalität zu untersuchen. Bei dem Simplexalgorithmus wird von einer zulässigen Basisdarstellung ZBD (vgl. 2.3.) ausgegangen. In ihr sind alle k_i ($i = 1, \ldots, m$) nichtnegativ. Eine solche ist für jedes LOP nach Überführung in die Normalform (vgl. 2.2.) unmittelbar gegeben. Die zur ZBD gehörende Basis werde mit $\mathbf{B}_0$ und die Basiszahl mit c_0 bezeichnet. Es gilt also, wenn die entsprechende ZBL mit $\mathbf{x}_{\mathbf{B}_0}$ bezeichnet wird,

$$Z(\mathbf{x}_{\mathbf{B}_0}) = c_0.$$

Ein Iterationsschritt des Algorithmus besteht in der Auffindung einer neuen Basis $\mathbf{B}_1$ mit der dazugehörenden ZBL $\mathbf{x}_{\mathbf{B}_1}$, für die der Wert der Zielfunktion $Z(\mathbf{x}_{\mathbf{B}_1}) = c_1$ ($c_1 \geqq c_0$) nicht kleiner als c_0 ist.

Nach p-maliger Anwendung eines solchen Iterationsschrittes (p endlich) wird erreicht, daß alle Formkoeffizienten in der Zielfunktion, die zur zuletzt ermittelten Basisdarstellung gehören, nicht negativ sind.

Auf Grund des Simplexkriteriums ist die zu dieser Basisdarstellung gehörige ZBL $\mathbf{x}_{\mathbf{B}_p}$ dann eine Optimallösung, sofern diese überhaupt existiert.

Beispiel für den Ablauf des Simplexalgorithmus: Am Beispiel (2.21) soll zunächst der Ablauf des Simplexalgorithmus erläutert werden. Dieses LOP lautet:

ZF: $Z = 3x_1 + 4x_2 \qquad\qquad\quad \overset{!}{=} \max;$

NB: $x_1 + 2x_2 + x_3 \qquad\qquad = 80,$

$\qquad\qquad x_2 \quad + x_4 \qquad = 30,$ $\qquad\qquad\qquad\qquad\qquad\qquad\qquad$ (3.1)

$\qquad 2x_1 + \quad x_2 \qquad\qquad + x_5 = 100,$

$x_1, x_2, x_3, x_4, x_5 \geqq 0.$

Da (3.1) bereits in der Normalform vorliegt, kann unmittelbar eine erste ZBD angegeben werden, von der ausgegangen wird.

ZBD_0: $x_1 + 2x_2 + x_3 \qquad\qquad = 80,$

$\qquad\qquad x_2 \quad + x_4 \qquad = 30,$

$\qquad 2x_1 + \quad x_2 \qquad\qquad + x_5 = 100,$ $\qquad\qquad\qquad\qquad$ (3.2)

$\overline{\quad -3x_1 - 4x_2 \qquad\qquad + Z = \quad 0. \quad}$

Die entsprechende ZBL zu (3.2) lautet

$$ZBL_0 : \mathbf{x}_{\mathbf{B}_0}^T = [0, 0, 80, 30, 100]; \quad Z(\mathbf{x}_{\mathbf{B}_0}) = 0. \qquad\qquad (3.3)$$

Es wird nun versucht, aus der ZBD_0 eine andere ZBD_1 mit der Basis $\mathbf{B}_1$ und der ZBL $\mathbf{x}_{\mathbf{B}_1}$ zu erzeugen, deren Basiszahl $c_1 \geqq c_0$ ist, d.h., es soll

$$Z(\mathbf{x}_{\mathbf{B}_1}) \geqq Z(\mathbf{x}_{\mathbf{B}_0})$$

sein.

Zu diesem Zweck wird eine Lösung betrachtet, die aus der Basisdarstellung (3.2) folgt, wenn alle NBV bis auf eine gleich null gesetzt werden. Diese eine Veränderliche wird gleich $\varDelta_1 > 0$ gesetzt, also z.B.

NBV: $x_1 = 0, \quad x_2 = \varDelta_1 > 0.$

Aus (3.2) folgt die Lösung $\mathbf{x}_{\varDelta_1}$:

$$\begin{aligned}
x_1 &= \quad 0 \\
x_2 &= \quad \varDelta_1, \\
x_3 &= \quad 80 - 2\varDelta_1, \\
x_4 &= \quad 30 - \quad \varDelta_1, \\
x_5 &= 100 - \quad \varDelta_1, \\
(Z &= \quad 0 + 4\varDelta_1).
\end{aligned} \qquad\qquad (3.4)$$

Diese Lösung $\mathbf{x}_{\varDelta_1}$ ist eine ZL, solange alle Lösungskomponenten nichtnegativ sind, d.h. also für

$$0 \leqq \varDelta_1 \leqq \min \left\{ \frac{80}{2}, \ \frac{30}{1}, \ \frac{100}{1} \right\} = 30.$$

Andererseits wächst Z um so mehr an, je größer $\varDelta_1$ gewählt wird. Um $Z(\mathbf{x}_{\varDelta_1}) = 4\varDelta_1$ zu maximieren, wird

$$\varDelta_1 = \min \{40, 30, 100\} = 30 > 0$$

gesetzt. Mit $\varDelta_1 = 30$ folgt damit aus (3.4) die Lösung

$$\begin{aligned}
\mathbf{x}_{\mathbf{B}_1} &= [x_1 = 0, \ x_2 = 30, x_3 = 20, \ x_4 = 0, x_5 = 70], \\
Z(\mathbf{x}_{\mathbf{B}_1}) &= 4 \cdot 30 = 120 = c_1.
\end{aligned} \qquad\qquad (3.5)$$

x_{B_1} ist eine weitere ZBL, da die drei den von null verschiedenen Lösungskomponenten entsprechenden Vektoren linear unabhängig sind.

Um die ZBL x_{B_1} auf Optimalität zu prüfen, ist die zu dieser Lösung gehörende BD aufzustellen.

War in x_{B_0} noch x_4 BV und x_2 NBV, so ist dagegen in x_{B_1} x_2 BV und x_4 NBV. x_2 und x_4 haben die Plätze vertauscht. Um die zu x_{B_1} gehörende BD aus (3.2) zu erhalten, sind x_3, x_2 und x_5 zu eliminieren. Diese Elimination wird erreicht, indem die 2. Gleichung von (3.2) nach x_2 aufgelöst wird. Anschließend wird der für x_2 erhaltene Ausdruck in die restlichen Gleichungen eingesetzt. Es ergibt sich:

$$
\begin{aligned}
x_1 + 2\,[30 - x_4] + x_3 \qquad\qquad &= 80,\\
+ x_4 \qquad\qquad + x_2 \qquad &= 30,\\
2x_1 + \quad [30 - x_4] \qquad\quad + x_5 &= 100,\\
\hline
-3x_1 - 4[30 - x_4] \qquad\qquad + Z &= 0.
\end{aligned}
$$

Damit lautet die gesuchte ZBD_1

$$
\begin{aligned}
x_1 - 2x_4 + x_3 \qquad\qquad &= 20,\\
+ x_4 \quad + x_2 \qquad &= 30,\\
2x_1 - \quad x_4 \qquad + x_5 &= 70,\\
\hline
-3x_1 + 4x_4 \qquad\qquad + Z &= 120.
\end{aligned}
\qquad (3.6)
$$

Der 1. Iterationsschritt der Simplexmethode ist mit der Aufstellung der Basisdarstellung der Basis $B_1 = [a^{(3)}, a^{(2)}, a^{(5)}]$ beendet.

Der 2. Iterationsschritt beginnt, indem wiederum versucht wird, aus der nunmehr vorliegenden Basisdarstellung mit der Basis B_1 und der ZBL x_{B_1} eine andere Basisdarstellung mit der Basis B_2 und der ZBL x_{B_2} zu erzeugen, deren Basiszahl $c_2 \geqq c_1$ ist.

Zu diesem Zwecke wird die NBV, die zu dem kleinsten negativen Formkoeffizienten in (3.6) gehört, gleich $\varDelta_2$ gesetzt:

$$x_1 = \varDelta_2 \geqq 0, \quad x_4 = 0.$$

Aus (3.6) folgt die Lösung $x_{\varDelta_2}$

$$
\begin{aligned}
x_1 &= \varDelta_2,\\
x_2 &= 30,\\
x_3 &= 20 - \varDelta_2,\\
x_4 &= 0,\\
x_5 &= 70 - 2\varDelta_2,\\
\hline
Z &= 120 + 3\varDelta_2.
\end{aligned}
$$

Für $0 \leqq \varDelta_2 \leqq \min\left\{\frac{20}{1}, \frac{70}{2}\right\} = 20$ ist $x_{\varDelta_2}$ eine ZL. Um $Z(x_{\varDelta_2})$ zu maximieren, wird $\varDelta_2 = 20$ gesetzt. Es entsteht eine weitere ZBL, die mit x_{B_2} bezeichnet wird:

$$
\begin{aligned}
x_{B_2} &= [x_1 = 20, \; x_2 = 30, \; x_3 = 0, \; x_4 = 0, \; x_5 = 30],\\
Z(x_{B_2}) &= c_2 = 180.
\end{aligned}
\qquad (3.7)
$$

$\mathbf{x_{B_2}}$ ist eine ZBL, da die den von null verschiedenen Lösungskomponenten x_1, x_2 und x_5 entsprechenden Vektoren linear unabhängig sind.

Werden die beiden Lösungen $\mathbf{x_{B_1}}$ und $\mathbf{x_{B_2}}$ verglichen, so haben x_1 und x_3 die Plätze vertauscht. Die BD zu $\mathbf{x_{B_2}}$ wird aus (3.6) erhalten, wenn x_1, x_2 und x_5 eliminiert werden. Es folgt:

$$
\begin{aligned}
x_3 - 2x_4 \qquad\quad + x_1 \qquad\qquad\qquad &= 20, \\
+ x_4 \qquad\qquad + x_2 \qquad\quad &= 30, \\
+ 2\,[20 - x_3 + 2x_4] - \ x_4 \qquad\qquad + x_5 \quad &= 70, \\
\hline
- 3\,[20 - x_3 + 2x_4] + 4x_4 \qquad\qquad\qquad + Z &= 120.
\end{aligned}
$$

Damit lautet die der Lösung (3.7) entsprechende ZBD_2:

$$
\begin{aligned}
x_3 - 2x_4 + x_1 \qquad\qquad\ &= 20, \\
x_4 \qquad + x_2 \qquad\ &= 30, \\
-2x_3 + 3x_4 \qquad\quad + x_5 \ &= 30, \\
\hline
3x_3 - 2x_4 \qquad\qquad + Z &= 180.
\end{aligned}
\qquad (3.8)
$$

Der 2. Iterationsschritt ist mit der Aufstellung der ZBD_2 zur Basis $\mathbf{B}_2\,[\mathbf{a}^{(1)}, \mathbf{a}^{(2)}, \mathbf{a}^{(5)}]$ beendet. Da in (3.8) noch nicht alle Formkoeffizienten ≥ 0 sind, wird analog die 3. Iteration angeschlossen. Es entsteht die folgende ZBD_3 mit der ZBL $\mathbf{x_B}$.

$$
\begin{aligned}
-\tfrac{1}{3} x_3 + \tfrac{2}{3} x_5 + x_1 \qquad\qquad\ &= 40, \\
\tfrac{2}{3} x_3 - \tfrac{1}{3} x_5 \qquad + x_2 \qquad\ &= 20, \\
-\tfrac{2}{3} x_3 + \tfrac{1}{3} x_5 \qquad\qquad + x_4 \ &= 10, \\
\hline
\tfrac{5}{3} x_3 + \tfrac{2}{3} x_5 \qquad\qquad\quad + Z &= 200.
\end{aligned}
\qquad (3.9)
$$

$$
\mathbf{x_{B_3}} = [x_1 = 40, \quad x_2 = 20,\ x_3 = 0, \quad x_4 = 10,\ x_5 = 0], \qquad (3.10)
$$

$$
Z(\mathbf{x_{B_3}}) = 200 = c_3.
$$

Da in (3.9) alle Formkoeffizienten ≥ 0 sind, folgt nach dem Simplexkriterium, daß $\mathbf{x_{B_3}}$ die gesuchte optimale Lösung mit einem maximalen Funktionswert von

$$
Z(\mathbf{x_{B_3}}) = 200
$$

ist.

Der Aufbau des Simplexalgorithmus ist damit zunächst am Beispiel dargelegt. Bei jeder Iteration wird von einer ZBL zu einer solchen ZBL übergegangen, deren Funktionswert nicht kleiner als der vorhergehende ist. Diese Iterationen werden so lange wiederholt, bis eine optimale ZBL erreicht ist, d.h. die Formkoeffizienten alle nichtnegativ sind.

Es besteht bei diesem Vorgehen eine prinzipielle Frage: Bricht das Verfahren nach endlich vielen Schritten ab, weil eine optimale Lösung vorliegt? Diese Frage wird in den anschließenden allgemeinen Ausführungen mit ja beantwortet werden.

3.1.1. Der Simplexalgorithmus

Bei den folgenden Betrachtungen wird das LOP (2.18) zugrunde gelegt und angenommen, daß die k-te Iteration bereits durchgeführt ist und eine ZBD_k mit der entsprechenden ZBL $\mathbf{x}_{B_k}$ vorliegt.

$$
\text{ZBD}_k: \quad
\begin{aligned}
r_{11} x_1 + \cdots + r_{1a} x_a + \cdots + r_{1n} x_n + x_{n+1} &= k_1, \\
r_{21} x_1 + \cdots + r_{2a} x_a + \cdots + r_{2n} x_n \qquad\quad + x_{n+2} &= k_2, \qquad (3.11) \\
\cdots\cdots\cdots\cdots\cdots\cdots\cdots\cdots\cdots\cdots\cdots\cdots\cdots\cdots \\
r_{m1} x_1 + \cdots + r_{ma} x_a + \cdots + r_{mn} x_n \qquad\quad + x_{n+m} &= k_m, \\
\hline
g_1 x_1 + \cdots + g_a x_a + \cdots + g_n x_n \qquad\qquad\quad + Z &= c_k,
\end{aligned}
$$

$$k_i \geqq 0, \quad i = 1, \dots, m;$$

$$\mathbf{x}_{B_k} = [x_1 = 0, \dots, \; x_n = 0, x_{n+1} = k_1, \dots, \; x_{n+m} = k_m], \qquad (3.12)$$

$$Z(\mathbf{x}_{B_k}) = c_k.$$

Weiterhin wird vorausgesetzt, daß alle möglichen m-Tupel von Vektoren der erweiterten Koeffizientenmatrix von (2.18) linear unabhängig sind. Das Problem ist dann nicht entartet.

Es kann der folgende Satz formuliert werden:

Satz 3.1 (Hauptsatz der Simplexmethode): *Gegeben sei eine $\text{ZBL}_k: \mathbf{x}_{B_k}$ (nichtentartet)* S.3.1 *und die dazu gehörende ZBD_k, und für mindestens ein $j = a$ gilt: $g_a < 0$, $r_{ia} > 0$ für mindestens ein $i = 1, \dots, m$; dann folgt:*

Es existiert eine $\text{ZBL}_{k+1}: \mathbf{x}_{B_{k+1}}$ und somit die ZBD_{k+1} mit $Z(\mathbf{x}_{B_{k+1}}) > Z(\mathbf{x}_{k+1})$.

Der *Beweis* dieses Satzes folgt unmittelbar aus dem folgenden konstruktiven Vorgehen:

Es können in (3.11) die folgenden drei – sich gegenseitig ausschließenden – Fälle vorliegen:

1. $g_j \geqq 0$ für alle $j = 1, \dots, n$. Nach dem Simplexkriterium folgt, daß $\mathbf{x}_{B_k}$ eine optimale Lösung von (2.18) mit dem optimalen Funktionswert $Z(\mathbf{x}_{B_k}) = c_k$ ist.
Damit wäre der Iterationsalgorithmus beendet.

2. Es ist für mindestens ein $j = a$

$\quad$ $\alpha)$ $g_a < 0$,

$\quad$ $\beta)$ $r_{ia} \leqq 0$ $\quad$ für $\quad$ $i = 1, \dots, m$.

Unter diesen Voraussetzungen kann man beliebig große Funktionswerte finden, d.h. (2.18) hat keine optimale Lösung; diese existiert nicht.

Beweis: In (3.11) werden für die NBV die folgenden Werte eingesetzt:

$$x_a = \Delta > 0 \quad \text{und} \quad x_i = 0, i = 1, \dots, n, i \neq a.$$

Es entsteht aus (3.11) die folgende ZL:

$$\mathbf{x}_\Delta: \qquad x_a = \Delta > 0, \qquad x_1 = \cdots = x_{a-1} = x_{a+1} = \cdots = x_n = 0,$$

$$x_{n+1} = k_1 - r_{1a}\,\Delta,$$

$$x_{n+2} = k_2 - r_{2a}\,\Delta,$$

$$\dots\dots\dots\dots\dots \tag{3.13}$$

$$x_{n+m} = k_m - r_{ma}\,\Delta$$

mit

$$Z(\mathbf{x}_\Delta) = c_k + \Delta(-g_a).$$

Da $g_a < 0$ und $r_{ia} \leqq 0$ für $i = 1, \dots, m$ sind, kann Δ beliebig groß gewählt werden, ohne die Zulässigkeit der Lösung $\mathbf{x}_\Delta$ zu verletzen ($\mathbf{x}_\Delta \geqq 0$ für alle $\Delta \geqq 0$). Darüber hinaus wächst $Z(\mathbf{x}_\Delta) = c_k - \Delta g_a$ unbeschränkt, sobald Δ beliebig groß gewählt wird. Damit ist die Nichtexistenz einer optimalen Lösung gezeigt.

3. Es ist für mindestens ein $j = a$

$\alpha)\ g_a < 0$,

$\beta)\ r_{ia} > 0$ für mindestens ein $i = 1, 2, \dots, m$.

Unter diesen Voraussetzungen kann eine ZBD_{k+1} mit entsprechender $\text{ZBL}\ \mathbf{x}_{\mathbf{B}_{k+1}}$ gefunden werden, deren Basiszahl $c_{k+1} > c_k$ ist ($>$ gilt nur bei Nichtentartung, sonst $\geqq$). Die Aufstellung von ZBD_{k+1} erfolgt in der $(k+1)$-ten Iteration, die folgendermaßen auszuführen ist:

Es werden in (3.11) die NBV $x_j = 0$ für $j = 1, \dots, n$; $j \neq a$ und die NBV $x_a = \Delta > 0$ gesetzt.

Dann entsteht die folgende Lösung $\mathbf{x}_\Delta$:

$$\mathbf{x}_\Delta: \qquad x_a = \Delta > 0, \qquad x_1 = \cdots = x_{a-1} = x_{a+1} = \cdots = x_n = 0,$$

$$x_{n+1} = k_1 - r_{1a}\,\Delta,$$

$$x_{n+2} = k_2 - r_{2a}\,\Delta,$$

$$\dots\dots\dots\dots\dots \tag{3.14}$$

$$x_{n+m} = k_m - r_{ma}\,\Delta,$$

$$Z(\mathbf{x}_\Delta) = c_k - g_a\,\Delta.$$

$\mathbf{x}_\Delta$ ist nur für

$$0 \leqq \Delta \leqq \min_{\substack{1 \leqq i \leqq m \\ r_{ia} > 0}} \left(\frac{k_i}{r_{ia}} \right) = \frac{k_l}{r_{la}} = \Delta_{k+1} \tag{3.15}$$

eine ZL, denn wenn $\Delta > \dfrac{k_l}{r_{la}}$ gilt, so folgt

$$x_{n+l} = k_l - r_{la} \cdot \Delta < 0,$$

d.h. $\mathbf{x}_\Delta$ ist nicht zulässig. Sind alle $k_i > 0$, so ist auch $\Delta_{k+1} > 0$. Anderenfalls kann Δ_{k+1} gleich null sein. Es wird sich zeigen, daß bei Nichtentartung alle $k_i > 0$ sein müssen.

Um $Z(\mathbf{x}_\Delta)$ möglichst groß zu gestalten, wird

$$\Delta = \Delta_{k+1} = \frac{k_l}{r_{ia}}$$

gesetzt.

Damit ergibt sich die Lösung

$$\mathbf{x}_{B_{k+1}}: \quad x_a = \Delta_{k+1} > 0, \quad x_1 = \cdots = x_{a-1} = x_{a+1} = \cdots = x_n = 0,$$

$$x_{n+1} = k_1 - r_{1a}\Delta_{k+1} \geqq 0,$$

$$x_{n+2} = k_2 - r_{2a}\Delta_{k+1} \geqq 0,$$

$$\cdots\cdots\cdots\cdots\cdots\cdots\cdots$$

$$x_{n+m} = k_m - r_{ma}\Delta_{k+1} \geqq 0.$$

Die BV x_{n+l} von $\mathbf{x}_{B_k}$ nimmt in der Lösung $\mathbf{x}_{B_{k+1}}$ den Wert Null an. Dagegen hat die NBV $x_a = 0$ in der gleichen Lösung den Wert Δ_{k+1}. Darüber hinaus ist $\mathbf{x}_{B_{k+1}}$ eine weitere ZBL, denn die den von null verschiedenen Lösungskomponenten entsprechenden Vektoren von (3.11) sind linear unabhängig.

Die Determinante

$$\begin{vmatrix} 1 & \cdots & 0 & r_{1a} & 0 & \cdots & 0 \\ & \cdots\cdots\cdots\cdots\cdots & & & & \\ 0 & \cdots & 1 & \cdots & 0 & \cdots & 0 \\ 0 & \cdots & 0 & r_{la} & 0 & \cdots & 0 \\ 0 & \cdots & 0 & \cdots & 1 & \cdots & 0 \\ & \cdots\cdots\cdots\cdots\cdots & & & & \\ 0 & \cdots & 0 & r_{ma} & 0 & \cdots & 1 \end{vmatrix}$$

der Vektoren $\mathbf{a}^{(n+1)}$, ..., $\mathbf{a}^{(n+l-1)}$, $\mathbf{a}^{(a)}$, $\mathbf{a}^{(n+l+1)}$, ..., $\mathbf{a}^{(n+m)}$ ist nämlich von null verschieden (wegen $r_{la} \neq 0$). Um die zu $\mathbf{x}_{B_{k+1}}$ gehörende ZBD aus (3.11) zu erhalten, ist nach den neuen BV x_a, x_{n+1}, ..., x_{n+l-1}, x_{n+l+1} ..., x_{n+m} aufzulösen. Diese Elimination wird vollzogen, indem in der l-ten Gleichung von (3.11) x_a eliminiert wird. Da $r_{la} > 0$ ist, folgt:

$$x_a = \frac{k_l}{r_{la}} - \frac{r_{l1}}{r_{la}}x_1 - \cdots - \frac{r_{ln}}{r_{la}}x_n - \frac{1}{r_{la}}x_{n+l}.$$

Anschließend wird der für x_a erhaltene Ausdruck in die restlichen Gleichungen eingesetzt. Nach einer entsprechenden Zusammenfassung liegt die gesuchte ZBD_{k+1} vor.

Die zu dieser Basisdarstellung gehörende Basiszahl c_{k+1} nimmt folgenden Wert an:

$$Z(\mathbf{x}_{B_{k+1}}) = c_{k+1} = c_k - g_a\Delta_{k+1}.$$

Da $g_a < 0$ und $\Delta_{k+1} > 0$ sind, gilt

$$c_{k+1} > c_k,$$

also

$$Z(\mathbf{x}_{B_{k+1}}) > Z(\mathbf{x}_{B_k}).$$

Damit ist die $(k + 1)$-te Iteration beendet.

Für die Lösung eines LOP ist nunmehr entscheidend, daß der angeführte Simplexalgorithmus nach endlich vielen Iterationsschritten abbricht, da ein solches Problem nur endlich viele Basen besitzt, denn eine bereits benutzte Basis kann bei Weiterführung der Iterationen nicht zweimal auftreten, weil die Folge der Basiszahlen $c_0, c_1, ...,$ $c_k,...$ bei Nichtentartung streng monoton ansteigt.

Als Nachtrag zur Nichtentartung wird schließlich bewiesen: Ist ein LOP nicht entartet, so sind alle k_i in der BD jeder beliebigen Basis ungleich null.

Beweis: Ohne Beschränkung der Allgemeinheit wird angenommen, daß in (2.18) die Vektoren $\mathbf{a}^{(1)}, ..., \mathbf{a}^{(m)}$ eine beliebige Basis bilden. Der Vektor $\mathbf{b}$ ist dann durch die folgende eindeutige Linearkombination darstellbar:

$$x_1 \mathbf{a}^{(1)} + x_2 \mathbf{a}^{(2)} + \cdots + x_m \mathbf{a}^{(m)} = \mathbf{b}; \tag{3.16}$$

dabei gilt:

$$x_1 = k_1, \quad x_2 = k_2, ..., x_m = k_m.$$

Ist nun ein k_i gleich null, z.B. $k_1 = 0$, dann folgt aus (3.16)

$$k_2 \mathbf{a}^{(2)} + \cdots + k_m \mathbf{a}^{(m)} - \mathbf{b} = 0.$$

Die Vektoren $\mathbf{a}^{(2)}, ..., \mathbf{a}^{(m)}, \mathbf{b}$ sind also linear abhängig. Das Ergebnis steht aber im Widerspruch zur Nichtentartung.

3.1.2. Rechenblatt zur Simplexmethode

Zur Aufstellung eines Rechenblattes wird von der Normalform

$$\text{ZF:} \quad Z = c_1 x_1 + c_2 x_2 + \cdots + c_n x_n + c_{n+1} x_{n+1} + \cdots + c_{n+m} x_{n+m} \doteq \max;$$

$$\text{NB:} \quad \begin{aligned} a_{11} x_1 + a_{12} x_2 + \cdots + a_{1n} x_n + x_{n+1} &= b_1, \\ a_{21} x_1 + a_{22} x_2 + \cdots + a_{2n} x_n \qquad\quad + x_{n+2} &= b_2, \\ \cdots\cdots\cdots\cdots\cdots\cdots\cdots\cdots\cdots\cdots\cdots\cdots\cdots\cdots\cdots \\ a_{m1} x_1 + a_{m2} x_2 + \cdots + a_{mn} x_n \qquad\qquad\quad + x_{n+m} &= b_m, \end{aligned} \tag{3.17}$$

$$x_j \geqq 0, \quad j = 1, ..., n+m, \quad b_i \geqq 0, \quad i = 1, ..., m$$

ausgegangen (vgl. (2.5)). Nach (3.17) wird das in (3.18) dargestellte *Ausgangsrechenblatt (Simplextableau)* **1** aufgestellt.

1	NBV	x_1	x_2	$\cdots$	x_n	b	
BV	-1	c_1	c_2	$\cdots$	c_n	0	Q
x_{n+1}	c_{n+1}	a_{11}	a_{12}	$\cdots$	a_{1n}	b_1	q_1
x_{n+2}	c_{n+2}	a_{21}	a_{22}	$\cdots$	a_{2n}	b_2	q_2
$\cdots$	$\cdots$		$\cdots\cdots\cdots\cdots$			$\cdots$	$\cdots$
x_{n+m}	c_{n+m}	a_{m1}	a_{m2}	$\cdots$	a_{mn}	b_m	q_m
	G	g_1	g_2	$\cdots$	g_n	c	

$$\tag{3.18}$$

Das Simplextableau 1 ist folgendermaßen aufgebaut:

In der ersten Zeile befinden sich die Nichtbasisvariablen (NBV) $x_1, \ldots, x_n$. In die erste Spalte sind die Basisvariablen (BV) $x_{n+1}, \ldots, x_{n+m}$ eingetragen. In der 2. Zeile und 2. Spalte sind die Koeffizienten der Zielfunktion zu den entsprechenden x_i angegeben. Aus Gründen der Zweckmäßigkeit ist in der 2. Zeile der 1. Koeffizient gleich -1 und der letzte gleich null gesetzt.

Die Mitte des Blattes (d. h. die 3. bis zur $(m + 2)$-ten Zeile und die 3. bis zur $(n + 2)$-ten Spalte) füllen die Koeffizienten der NB von (3.17) aus.

In der vorletzten Spalte sind die rechten Seiten der Nebenbedingungen von (3.17) notiert. Schließlich sind noch eine unbesetzte G-Zeile zum Eintragen der Formkoeffizienten bzw. der Basiszahl und eine Q-Spalte zur Bestimmung der nach (3.15) zu bildenden Quotienten q_i angeführt. Jede Simplexiteration kann durch die Aufstellung eines weiteren Rechenblattes ganz schematisch durchgeführt werden und besteht in den folgenden Umrechnungsschritten. Bevor diese Schritte beginnen, werden die a_{ij}, b_i, c_j in das 1. Tableau eingetragen.

1. Schritt:

Zuerst werden die in der G-Zeile einzutragenden Formkoeffizienten g_k bzw. die Basiszahl c nach folgenden Formeln berechnet:

$$g_k = \sum_{i=1}^{m} c_{n+i}\, a_{ik} - c_k, \quad (k = 1, \ldots, n)$$

$$c = \sum_{i=1}^{m} c_{n+i}\, b_i.$$

Diese Formeln entstehen, wenn in der Ausgangszielfunktion die NBV mit Hilfe der Nebenbedingungen eliminiert werden. Es werden also die Produktsummen der 1. mit den restlichen Spalten gebildet und die Ergebnisse in der G-Zeile eingetragen. Mit diesem einfachen Vorgehen ist das oben vorzeitig erwähnte Eintragen der ,,-1'' und der ,,0'' in die 2. Zeile von (3.18) bereits gerechtfertigt. Anschließend ist zu entscheiden, ob alle Formkoeffizienten nicht negativ sind:

$$\min_{1 \leq k \leq n} \{g_k\} = g_l \geqq 0?$$

Ist $g_l \geqq 0$, so folgt, daß die dem Rechenblatt entsprechende Lösung optimal ist. Sie wird aus dem Tableau abgelesen, indem alle NBV gleich null gesetzt werden. Die Werte der BV sind gleich den entsprechenden in der b-Spalte. Ist $g_l < 0$, so wird die Spalte mit dem g_l als Eingangsspalte markiert. (Die Spaltenelemente können z. B. unterstrichen werden.) Diese Spalte wird im folgenden als Eingangsspalte bezeichnet, weil nämlich die NBV x_l im nächsten Rechenblatt als BV auftritt.

2. Schritt:

Nach der Markierung der Eingangsspalte wird das Minimum (3.15) berechnet, indem man die Zahlen q_i durch Division der Elemente der b-Spalte durch die Elemente der Eingangsspalte bildet und das Minimum aufsucht. Dabei ist zu beachten, daß diese Quotienten nur für positive Elemente der Eingangsspalte zu bilden sind. Diese Quotienten werden in die Q-Spalte eingetragen. Die Positionen der Q-Spalte, für die kein Quotient existiert, bleiben unbesetzt. Falls alle Werte der Eingangsspalte nichtpositiv sind, kann das Verfahren abgebrochen werden, da nach Fall 2 (S. 43) das LOP keine optimale Lösung besitzt. Die Zeile, die dem kleinsten Element der Q-Spalte entspricht, wird im folgenden als Ausgangszeile bezeichnet und entsprechend markiert (z.B. können die Zeilenelemente unterstrichen werden). Die dieser Zeile entsprechende BV erscheint im nächsten Blatt als NBV.

Es wird also berechnet:

$$q_i = \frac{b_i}{a_{ie}} \quad \text{für} \quad a_{ie} > 0 \, ;$$

für $a_{ie} \leqq 0$ existiert kein q_i $(i = 1, \ldots, m)$,

$$\min_{\substack{1 \leqq i \leqq m \\ a_{ie} > 0}} \{q_i\} = q_k \, .$$

In den weiteren Schritten werden die Zahlenwerte des neuen Rechenblattes berechnet, die entsprechend den Ausgangswerten mit $\bar{a}_{ij}$, $\bar{b}_i$, $\bar{c}_j$, $\bar{g}_j$ bezeichnet werden.

3. Schritt:

Die auszutauschenden Variablen und die dazugehörigen Zielfunktionskoeffizienten werden ausgewechselt. Alle anderen Bezeichnungen werden in das neue Rechenblatt übernommen:

$$\text{BV } x_k \longleftrightarrow \text{NBV } x_l, \quad c_k \longleftrightarrow c_l \, .$$

4. Schritt:

Ist a_{kl} das Element, welches sich am Kreuzungspunkt der Eingangsspalte und Ausgangszeile befindet (Kreuzelement), so ist $\frac{1}{a_{kl}}$ das entsprechende Element im neuen Tableau

$$\text{Kreuzelement: } \bar{a}_{kl} = \frac{1}{a_{kl}}; \quad \text{neues Element} = \frac{1}{\text{Kreuzelement}} \tag{3.19a}$$

Die der Ausgangszeile entsprechenden Elemente sind nach den folgenden Formeln zu berechnen:

$$\text{Kreuzzeile: } \bar{a}_{kj} = \frac{a_{kj}}{a_{kl}}, \quad b_k = \frac{b_k}{a_{kl}}, \quad j = 1, \ldots, n, \quad j \neq k;$$

$$\text{neues Element: } = \frac{\text{altes Element}}{\text{Kreuzelement}} \, . \tag{3.19b}$$

Bis auf das Vorzeichen lassen sich die der Eingangsspalte entsprechenden Elemente ebenso berechnen:

$$\text{Kreuzspalte: } \bar{a}_{il} = -\frac{a_{il}}{a_{kl}}, \quad \bar{g}_l = -\frac{g_l}{a_{kl}}, \quad i = 1, \ldots, m, \quad i \neq k;$$

$$\text{neues Element: } = -\frac{\text{altes Element}}{\text{Kreuzelement}} \, . \tag{3.19c}$$

5. Schritt:

Alle restlichen Elemente ergeben sich nach folgenden Formeln:

$$\bar{a}_{ij} = a_{ij} - \frac{a_{il}a_{kj}}{a_{kl}}, \qquad i \neq k, \quad j \neq l;$$

$$\bar{b}_i = b_i - \frac{a_{il}b_k}{a_{kl}}, \qquad i \neq k;$$

$$\bar{g}_j = g_j - \frac{g_l a_{kj}}{a_{kl}}; \qquad j \neq l;$$

$$\bar{c} = c - \frac{g_l b_k}{a_{kl}};$$

(3.19d)

$$\text{neues Element} = \text{altes Element} - \frac{\text{entsprechendes Element der Eingangsspalte} \cdot \text{entsprechendes Element der Ausgangszeile}}{\text{Kreuzelement}}.$$

Nach diesen 5 Schritten ist das neue Rechenblatt ausgefüllt, aus ihm ist die ZBD mit der ZBL zu entnehmen. Die Betrachtungen werden mit dem 2. Schritt weitergeführt. Dabei ist zu beachten, daß nunmehr die Berechnung der Formkoeffizienten bzw. der Basiszahl zur Kontrollrechnung benutzt wird, da bereits nach dem 5. Schritt diese Zahlenwerte vorliegen.

Das Zahlenbeispiel (3.1) wurde bereits ohne Benutzung eines Rechenblattes nach dreimaliger Durchführung der Simplexiteration gelöst. Bei der Lösung wurden die ZBD (3.2), (3.6), (3.8) und (3.9) erhalten. Wird zu dieser Berechnung das Rechenblatt benutzt, so ergeben sich die folgenden, den ZBD entsprechenden Rechenblätter, die nach Anwendung der oben angegebenen Iterationsschritte der Reihe nach auseinander hervorgehen.

Ausgangstableau:

1	NBV	x_1	x_2	b	
BV	-1	3	4	0	Q
x_3	0	1	2	80	40
x_4	0	0	1	30	30
x_5	0	2	1	100	100
G		-3	-4	0	

2	NBV	x_1	x_4	b	
BV	-1	3	0	0	Q
x_3	0	1	-2	20	20
x_2	4	0	1	30	$\cdot/\cdot$
x_5	0	2	-1	70	35
G		-3	4	120	

Das Kreuzelement ist doppelt unterstrichen. Die Elemente der Ein- und Ausgangsreihe sind unterstrichen.

3

NBV	x_3	x_4	b	
BV -1	0	0	0	Q
x_1 3	1	-2	20	·/·
x_2 4	0	1	30	30
x_5 0	-2	3	30	10
G	3	-2	180	

4

NBV	x_3	x_5	b	
BV -1	0	0	0	Q
x_1 3	$-\frac{1}{3}$	$\frac{2}{3}$	40	
x_2 4	$\frac{2}{3}$	$-\frac{1}{3}$	20	
x_4 0	$-\frac{2}{3}$	$\frac{1}{3}$	10	
G	$\frac{5}{3}$	$\frac{2}{3}$	200	

Die optimale Lösung lautet:

$$x_1 = 40, \quad x_3 = 0, \quad x_5 = 0,$$
$$x_2 = 20, \quad x_4 = 10, \quad Z = 200.$$

Das *Rechenblatt bei künstlichen Variablen* wird nun wie folgt aufgestellt (es wird das Beispiel (2.16) bzw. (2.6) betrachtet):

ZF: $\quad Z = + 2x_1 - 4x_2 + 4x_3 - Mx_5 - Mx_7 \quad \overset{!}{=} \max;$

NB: $\quad - 2x_1 - 3x_2 + 3x_3 - x_4 \; + x_5 \qquad\qquad = 1,$

$$x_1 - x_2 + x_3 \qquad\qquad + x_6 \qquad = 2,$$
$$6x_1 - 2x_2 + 2x_3 \qquad\qquad\qquad + x_7 = 4,$$
$$x_i \geqq 0, \quad i = 1, \ldots, 7.$$

Das Ausgangstableau lautet:

1

NBV	x_1	x_2	x_3	x_4	b	
BV -1	2	-4	4	0	0	Q
x_5 $-M$	-2	-3	3	-1	1	$\frac{1}{3}$
x_6 0	1	-1	1	0	2	2
x_7 $-M$	6	-2	2	0	4	2
G	-2	4	-4	0	0	
	-4	5	-5	1	-5	

(3.20)

In (3.20) ist allerdings jetzt die G-Zeile als Doppelzeile vorgesehen. Nach Ausführung des 1. Schrittes ergeben sich nämlich Formkoeffizienten der Form

$$g_i = a_i + b_i \cdot M.$$

In der oberen Hälfte der G-Zeile werden die Anteile a_i eingetragen, die unabhängig von M sind, im unteren Teil analog die Anteile b_i, die mit M multipliziert worden sind. In (3.20) sind diese Zahlenwerte entsprechend eingetragen. Im 1. Schritt ist weiter zu entscheiden, ob alle Formkoeffizienten nichtnegativ sind:

$$\min_{1\leqq k\leqq n} \{g_k\} = \min_{1\leqq k\leqq n} \{a_k + b_k \cdot M\} \geqq 0.$$

Bei der Bestimmung des Minimums ist zunächst das Minimum der unteren Reihe der G-Zeile zu ermitteln, da die Koeffizienten dieser Zeile für die Größe der Formkoeffizienten ausschlaggebend sind. M sei genügend groß gewählt.

Falls es kleiner als null ausfällt, ist die Spalte, die diesem Minimum entspricht, bereits Eingangsspalte. Ist das Minimum gleich null, so sind die entsprechenden a_k in der oberen Reihe der G-Zeile zu minimieren. Es entstehen aus (3.20) die folgenden Tableaus:

2 NBV		x_1	x_2	x_5	x_4	b	
BV	-1	2	-4	$-M$	0	0	Q
x_3	4	$-\dfrac{2}{3}$	-1	$\dfrac{1}{3}$	$-\dfrac{1}{3}$	$\dfrac{1}{3}$	$\cdot/\cdot$
x_6	0	$\dfrac{5}{3}$	0	$-\dfrac{1}{3}$	$\dfrac{1}{3}$	$\dfrac{5}{3}$	1
x_7	$-M$	$-\dfrac{22}{3}$	0	$-\dfrac{2}{3}$	$\dfrac{2}{3}$	$\dfrac{10}{3}$	$\dfrac{10}{22}$
G		$-\dfrac{14}{3}$	0	$\dfrac{4}{3}$	$-\dfrac{4}{3}$	$\dfrac{4}{3}$	
		$-\dfrac{22}{3}$	0	$\dfrac{5}{3}$	$-\dfrac{2}{3}$	$-\dfrac{10}{3}$	

Im Tableau 2 kann die Spalte, die der NBV x_5 entspricht, gestrichen werden, da die künstliche Variable nicht mehr in die Basis aufgenommen wird. In den folgenden Tableaus ist diese Spalte auch nicht mehr berechnet.

Im Tableau 3 kann die Spalte, die der NBV x_7 entspricht, ebenfalls gestrichen werden, da die künstliche Variable x_7 nicht mehr in die Basis aufgenommen wird. Ebenfalls kann nun die untere Zeile der Doppelzeile G weggelassen werden, da keine künstliche Variablen mehr in der Basis enthalten sind:

3

NBV		x_7	x_2	x_4	b	
BV	-1	$-\underline{M}$	-4	$+0$	0	Q
x_3	4	$\dfrac{2}{22}$	-1	$-\dfrac{6}{22}$	$\dfrac{14}{22}$	$\cdot/\cdot$
x_6	0	$\dfrac{5}{22}$	0	$\dfrac{4}{22}$	$\dfrac{20}{22}$	5
x_1	2	$\dfrac{3}{22}$	0	$\dfrac{2}{22}$	$\dfrac{10}{22}$	5
		$\dfrac{14}{22}$	0	$-\dfrac{20}{22}$	$\dfrac{76}{22}$	
G		1	0	0	0	

4

NBV		x_2	x_1	
BV	-1	-4	2	0
x_3	4	-1	3	2
x_6	0	0	2	0
x_4	0	0	11	5
G		0	10	8

Die optimale Lösung lautet:

$$x_1 = 0, \quad x_2 = 0, \quad x_3 = 2, \quad x_4 = 5, \quad x_6 = 0,$$

$$Z = 8 \quad (x_5 = x_7 = 0 \text{ künstl. Variable}).$$

* *Aufgabe 3.1:* Mit der Simplexmethode sind zu lösen: a) Aufgabe 2.4; b) Aufgabe 2.6.

* *Aufgabe 3.2:* Ein Betrieb exportiert drei Plaststoffe P_1, P_2 und P_3, die aus Materialien M_1, M_2, M_3, M_4 hergestellt werden. Der Absatz von 1 kg P_1 bzw. P_2 bringt 2,3 Deviseneinheiten, der von 1 kg P_3 bringt 1 Deviseneinheit. Der Materialbedarf bei der Produktion und die zur Verfügung stehenden Materialmengen sind der folgenden Tabelle zu entnehmen:

	M_1	M_2	M_3	M_4
Materialbedarf für 1 kg P_1	0	3	1	4
Materialbedarf für 1 kg P_2	2	2	2	0
Materialbedarf für 1 kg P_3	2	2	1	1
Zur Verfügung stehende Mengen (kg)	120	150	150	100

Mit der Simplexmethode sind die zu produzierenden Mengen von P_1, P_2 und P_3 so zu bestimmen, daß der Devisengewinn möglichst groß wird.

3.1.3. Nichtlösbarkeit

An den beiden anschließenden Beispielen sollen die zwei möglichen Fälle der Nichtlösbarkeit eines LOP betrachtet und erläutert werden.

Beispiel 3.1:

ZF: $Z = x_1 + 2x_2 \doteq \max;$

NB:
$$-x_1 + x_2 \leqq 1,$$
$$x_1 + x_2 \geqq 1,$$
$$x_1 - 2x_2 \leqq 1,$$
$$x_1, x_2 \geqq 0.$$

Normalform:
$$\overline{Z} = x_1 + 2x_2 - Mx_6 \doteq \max;$$
$$-x_1 + x_2 + x_3 \qquad\qquad = 1,$$
$$+x_1 + x_2 \qquad - x_4 \qquad + x_6 = 1,$$
$$x_1 - 2x_2 \qquad\qquad + x_5 \qquad = 1.$$

Rechentableaus:

1	NBV	x_1	x_2	x_4	b	
BV	-1	1	2	0	0	Q
x_3	0	$\underline{-1}$	$\underline{\underline{1}}$	$\underline{0}$	$\underline{1}$	1
x_6	$-M$	1	$\underline{1}$	-1	1	1
x_5	0	1	$\underline{-2}$	0	1	./.
G		-1	$\underline{-2}$	0	0	
		-1	$\underline{-1}$	$+1$	-1	

2	NBV	x_1	x_3	x_4	b	
BV	-1	1	0	0	0	Q
x_2	2	-1	1	0	1	·/·
x_6	$-M$	2	-1	-1	0	0
x_5	0	-1	2	0	3	·/·
		-3	2	0	2	
G						
		-2	1	1	0	

3	NBV	x_6	x_3	x_4	b	
BV	-1	$-M$	0	0	0	Q
x_2	2	$\frac{1}{2}$	$\frac{1}{2}$	$-\frac{1}{2}$	1	·/·
x_1	1	$\frac{1}{2}$	$-\frac{1}{2}$	$-\frac{1}{2}$	0	·/·
x_5	0	$\frac{1}{2}$	$\frac{3}{2}$	$-\frac{1}{2}$	3	·/·
		$\frac{3}{2}$	$\frac{1}{2}$	$-\frac{3}{2}$	2	
G						
		1	0	0	0	

Abbruch des Verfahrens, da in der Spalte der NBV x_4 alle Koeffizienten negativ sind! Der Lösungsbereich und der Wertevorrat der Zielfunktion sind unbeschränkt (vgl. Bild 3.1).

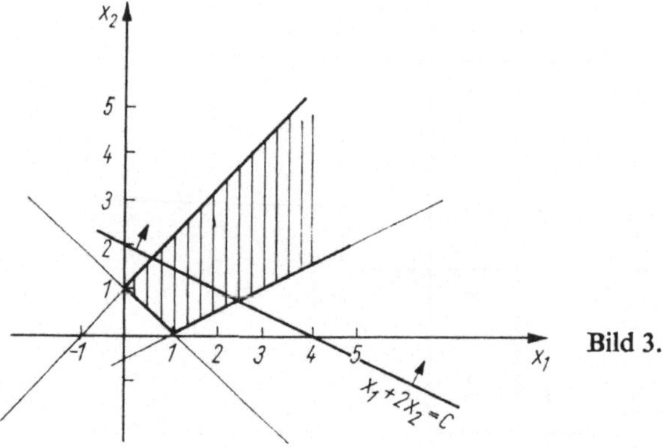

Bild 3.1

Beispiel 3.2:

ZF: $\quad Z = x_1 + x_2 \overset{!}{=} \max;$

NB: $\quad -x_1 + x_2 \geqq 5,$

$ x_1 + x_2 \leqq 1,$

$ x_1 + 2x_2 \leqq 4,$

$ x_1, x_2 \geqq 0.$

Normalform:

$$\overline{Z} = x_1 + x_2 - Mx_4 \overset{!}{=} \max;$$

$$-x_1 + x_2 - x_3 + x_4 = 5,$$
$$x_1 + x_2 + x_5 = 1,$$
$$x_1 + 2x_2 + x_6 = 4,$$
$$x_i \geqq 0.$$

Rechentableaus:

1	NBV	x_1	x_2	x_3	b
BV	-1	1	1	0	0
x_4	$-M$	-1	1	-1	5
x_5	0	1	1	0	1
x_6	0	1	2	0	4
G		1	1	0	0
		$+1$	-1	1	-5

2	NBV	x_1	x_5	x_3	b
BV	-1	1	0	0	0
x_4	$-M$	-2	-1	-1	4
x_2	1	1	1	0	1
x_6	0	-1	-2	0	2
G		0	1	0	1
		2	1	1	-4

Abbruch des Verfahrens, zwar sind alle Formkoeffizienten nichtnegativ, aber es ist noch die künstliche Variable x_4 mit dem positiven Wert 4 in der entsprechenden zulässigen Basislösung als BV vorhanden. Der Lösungsbereich des Ausgangsproblems ist damit die leere Menge (vgl. Bild 3.2).

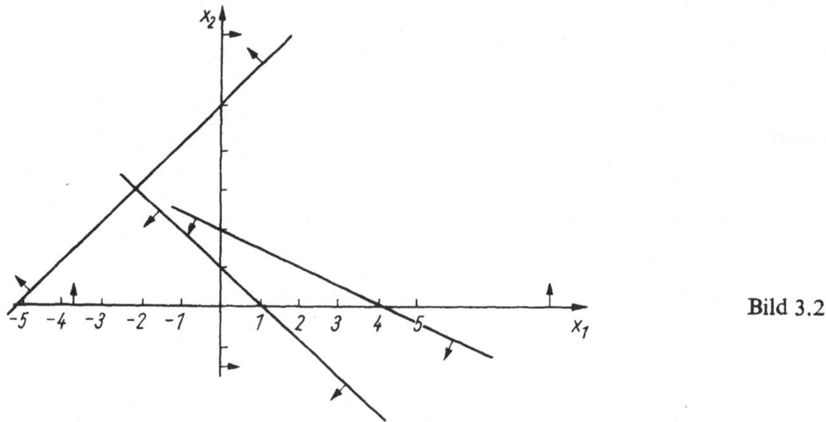

Bild 3.2

3.1.4.   Der Entartungsfall

Der Entartungsfall liegt vor, wenn ZBL mit weniger als m von null verschiedenen BV auftreten. Er tritt immer dann auf, wenn im Minimum (3.15) mindestens zwei Quotienten $\dfrac{k_i}{r_{ia}}$ den kleinsten Wert annehmen. Nach der Ausführung der Transformation entsteht eine ZBL mit weniger als m von null verschiedenen BV. Diese Entartung bedingt, daß möglicherweise mehrere Transformationen auszuführen sind, bei denen sich der Wert der Zielfunktion nicht ändert. Es existieren sogar Beispiele, wo sich von einer Iteration zur anderen einmal der Funktionswert nicht ändert und zum anderen nach einer Reihe von Iterationen die ursprüngliche Basisdarstellung wieder entsteht, d. h., es liegt ein Iterationszyklus vor, und damit kann die Simplexmethode nicht nach endlich vielen Iterationsschritten abbrechen. Die optimale Lösung kann nicht erhalten werden. Allerdings sind bisher nur wenige theoretisch konstruierte Beispiele bekannt, die solche Zyklen enthalten. Bei der Berechnung auf elektronischen Digitalrechnern werden solche Entartungen dadurch vermieden, daß bei mehreren „Möglichkeiten" rein „zufällig" entschieden wird, so daß es unwahrscheinlich ist, den gleichen Zyklus mehrfach zu durchlaufen.

Dieser Entartungsfall und seine Beseitigung soll an folgendem Beispiel erläutert werden:

$$
\begin{aligned}
\text{ZF:} \quad & Z = x_1 + x_2 \doteq \max; \\
\text{NB:} \quad & x_1 + 2x_2 \leqq 70, \\
& 2x_1 + x_2 \leqq 80, \\
& x_1 - 3x_2 \leqq 0, \\
& x_1 \leqq 30, \\
& x_1, x_2 \geqq 0.
\end{aligned}
\tag{3.21}
$$

In Bild 3.3 ist dieses LOP geometrisch veranschaulicht.

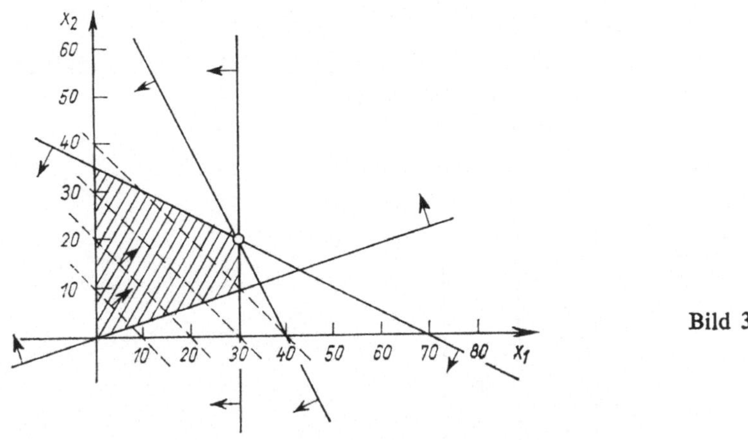

Bild 3.3

Im Bild 3.3 ist festzustellen, daß der Eckpunkt (30,20) des zulässigen Lösungsbereiches überbestimmt ist, d. h. durch diesen verlaufen mehr als zwei Geraden, die durch die Nebenbedingungen (3.21) festgelegt sind.

Die Normalform und das erste und zweite Rechentableau von (3.21) lauten:

$$\text{ZF:} \qquad Z = x_1 + x_2 \doteq \max;$$

$$\text{NB:} \qquad
\begin{aligned}
x_1 + 2x_2 + x_3 \qquad\qquad\quad &= 70, \\
2x_1 + \ x_2 \qquad + x_4 \qquad\quad &= 80, \\
x_1 - 3x_2 \qquad\qquad + x_5 \quad &= \ 0, \\
x_1 \qquad\qquad\qquad\quad + x_6 &= 30, \\
x_1, \dots, x_6 &\geqq 0.
\end{aligned} \qquad (3.22)$$

1

NBV	x_1	x_2	b	
BV	-1	1	1	0	Q
x_3	0	1	2	70	70
x_4	0	2	1	80	40
x_5	0	1	-3	0	0
x_6	0	1	0	30	30
G		-1	-1	0	

2

NBV	x_5	x_2	b	
BV	-1	0	1	0	Q
x_3	0	-1	5	70	$\dfrac{70}{5}$
x_4	0	-2	7	80	$\dfrac{80}{7}$
x_1	1	1	-3	0	$\cdot/\cdot$
x_6	0	-1	3	30	$\dfrac{30}{3}$
G		1	-4	0	

Bereits im ersten Rechenblatt tritt die Entartung des LOP hervor, denn die BV x_5 ist gleich null.

Nur drei von vier BV sind von Null verschieden.

x_1 wird mit x_5 ausgetauscht, dabei ändert sich die Basiszahl Null nicht (s. zweites Rechentableau). Der Funktionswert hat sich nicht vergrößert.

3

NBV		x_5	x_6	b	
BV	-1	0	0	0	Q
x_3	0	$\frac{2}{3}$	$-\frac{5}{3}$	20	30
x_4	0	$\frac{1}{3}$	$-\frac{7}{3}$	10	30
x_1	1	0	1	30	$\cdot/\cdot$
x_2	1	$-\frac{1}{3}$	$\frac{1}{3}$	10	$\cdot/\cdot$
G		$-\frac{1}{3}$	$\frac{4}{3}$	40	

(3.22a)

Das Minimum in der Q-Spalte ist nicht eindeutig bestimmt. BV x_4 wird aus der Basis eliminiert.

4

NBV		x_4	x_6	b	
BV	-1	0	0	0	Q
x_3	0	-2	3	0	0
x_5	0	3	-7	30	$\cdot/\cdot$
x_1	1	0	1	30	30
x_2	1	1	-2	20	$\cdot/\cdot$
G		1	-1	50	

5

NBV		x_4	x_3	b	
BV	-1	0	0	0	Q
x_6	0	$-\frac{2}{3}$	$\frac{1}{3}$	0	
x_5	0	$-\frac{5}{3}$	$\frac{7}{3}$	30	
x_1	1	$\frac{2}{3}$	$-\frac{1}{3}$	30	
x_2	1	$-\frac{1}{3}$	$\frac{2}{3}$	20	
G		$\frac{1}{3}$	$\frac{1}{3}$	50	

BV $x_3 = 0$, weil in **3** keine eindeutige Entscheidung möglich ist.

Der Funktionswert hat sich nicht vergrößert.

Die optimale Lösung lautet:

$$x_1 = 30, \qquad x_4 = 0,$$
$$x_2 = 20, \qquad x_5 = 30,$$
$$x_3 = 0, \qquad x_6 = 0, \quad Z = 50.$$

Diese Entartung wird durch eine Abwandlung des Problems (3.22) behoben. Es werden alle BV x_i (BV der Normalform) durch $x_i - \varepsilon^i$ ersetzt ($\varepsilon^i > 0$):

ZF: $\qquad Z = x_1 + x_2 \overset{!}{=} \max;$

NB: $\qquad$
$$
\begin{aligned}
x_1 + 2x_2 + x_3 \qquad\qquad\;\; &= 70 + \varepsilon^3, \\
2x_1 + x_2 \qquad + x_4 \qquad\quad\; &= 80 \qquad + \varepsilon^4, \\
x_1 - 3x_2 \qquad\qquad + x_5 \quad\; &= 0 \qquad\qquad + \varepsilon^5, \\
x_1 \qquad\qquad\qquad\quad + x_6 &= 30 \qquad\qquad\qquad + \varepsilon^6.
\end{aligned}
$$
$\qquad (3.23)$

$\qquad x_i \geqq 0.$

Die Koeffizienten der ε^i sind gleich denen der x_i der linken Seiten von (3.23). Zahlenmäßig unterscheidet sich das LOP (3.22) nicht wesentlich vom Ausgangsproblem, wenn ε hinreichend klein gewählt wird. Diese Abwandlung verhindert die Entartung. Dabei wird angenommen, daß der Simplexalgorithmus auf das Ausgangssystem (3.23) angewandt wird. Die Rechenblätter nehmen jetzt die folgende Gestalt an:

1 NBV	x_1	x_2	b	ε^3	ε^4	ε^5	ε^6
BV	1	1	0	0	0	0	0
x_3	1	2	70	1	0	0	0
x_4	2	1	80	0	1	0	0
x_5	$\underline{\underline{1}}$	-3	0	0	0	1	0
x_6	1	0	30	0	0	0	1
G	-1	-1	0	0	0	0	0

2 NBV	x_5	x_2	b	ε^3	ε^4	ε^5	ε^6
BV	-1	0	1	0	0	0	0
x_3	0	-1	5	70	1	0	-1	0
x_4	0	-2	7	80	0	1	-2	0
x_1	1	1	-3	0	0	0	1	0
x_6	0	-1	$\underline{\underline{3}}$	30	0	0	-1	1
G	1	-4	0	0	0	1	0

3	NBV	x_5	x_6	b	ε^3	ε^4	ε^5	ε^6
BV	-1	0	0	0	0	0	0	0
x_3	0	$\frac{2}{3}$	$-\frac{5}{3}$	20	1	0	$\frac{2}{3}$	$-\frac{5}{3}$
x_4	0	$\underline{\underline{\frac{1}{3}}}$	$-\frac{7}{3}$	10	0	1	$\frac{1}{3}$	$-\frac{7}{3}$
x_1	1	0	1	30	0	0	0	1
x_2	1	$-\frac{1}{3}$	$\frac{1}{3}$	10	0	0	$-\frac{1}{3}$	$\frac{1}{3}$
G		$-\frac{1}{3}$	$\frac{4}{3}$	40	0	0	$-\frac{1}{3}$	$\frac{4}{3}$

$$(3.24)$$

4	NBV	x_4	x_6	b	ε^3	ε^4	ε^5	ε^6
BV	-1	0	0	0	0	0	0	0
x_3	0	-2	$\underline{\underline{3}}$	0	1	-2	0	3
x_5	0	3	-7	30	0	3	1	-7
x_1	1	0	1	30	0	0	0	1
x_2	1	1	-2	20	0	1	0	-2
G		1	-1	50	0	1	0	-1

5	NBV	x_4	x_3	b	ε^3	ε^4	ε^5	ε^6
BV	-1	0	0	0	0	0	0	0
x_6	0	$-\frac{2}{3}$	$\frac{1}{3}$	0	$\frac{1}{3}$	$-\frac{2}{3}$	0	1
x_5	0	$-\frac{5}{3}$	$\frac{7}{3}$	30	$\frac{7}{3}$	$-\frac{5}{3}$	1	0
x_1	1	$\frac{2}{3}$	$-\frac{1}{3}$	30	$-\frac{1}{3}$	$\frac{2}{3}$	0	0
x_2	1	$-\frac{1}{3}$	$\frac{2}{3}$	20	$\frac{2}{3}$	$-\frac{1}{3}$	0	0
G		$\frac{1}{3}$	$\frac{1}{3}$	50	$\frac{1}{3}$	$\frac{1}{3}$	0	0

An den einzelnen Rechenblättern ist nun zu erkennen, daß die Koeffizienten der ε^i-Spalten gar nicht extra mitzuführen sind, da sie im wesentlichen im nichterweiterten Rechenblatt ebenfalls auftreten. Wenn diese Spalten nicht mitgeführt werden, ergibt sich im Bedarfsfalle die folgende einfache Regel zu ihrer nachträglichen teilweisen Berechnung: Falls das Minimum der Quotientenspalte bei dem Vorgehen der Simplexmethode nicht eindeutig bestimmt ist, wird eine Tabelle aufgestellt (vgl. (3.22a) und (3.25)), in der die BV in der 1. Spalte dieser Tabelle aufgeführt werden, für die der Quotient in der Q-Spalte am kleinsten ist. Zeilenmäßig werden die ε^i nach steigenden Potenzen geordnet abgetragen. Alle Elemente der Spalten ε^i sind bis auf ein Element gleich null, wo der Index i von ε^i mit dem Index der aufgeführten BV übereinstimmt. Dieses eine Element ist gleich 1 und steht dort, wo sich die Zeilen und Spalten mit gleichem Index kreuzen.

Die Elemente der Spalten ε^i, wo der Index i nicht bei den aufgeführten BV auftritt, sind null, falls auch dieser Index i nicht bei den Indizes der NBV auftritt.

Tritt dagegen der Index i bei den Indizes der NBV auf, so werden die entsprechenden Elemente aus dem Rechenblatt (im Beispiel Rechenblatt (3.24)) aus der Spalte zur NBV x_i ausgewählt. Ausgewählt werden diejenigen Elemente, die zu den aufgeführten BV gehören.

Nach (3.22a) bzw. (3.24) entsteht so die Tabelle:

$$
\begin{array}{c|cccc}
 & \varepsilon^3 & \varepsilon^4 & \varepsilon^5 & \varepsilon^6 \\
\hline
x_3 & 1 & 0 & \frac{2}{3} & -\frac{5}{3} \\
x_4 & 0 & 1 & \frac{1}{3} & -\frac{7}{3}
\end{array}
\tag{3.25}
$$

Anschließend wird jede Zeile der Tabelle durch das entsprechende Element der Eingangsspalte dividiert. Eingangsspalte ist in diesem Falle die Spalte x_5 des Rechenblattes (3.24). Aus (3.25) entsteht auf diese Weise (3.26):

$$
\begin{array}{c|cccc}
 & \varepsilon^3 & \varepsilon^4 & \varepsilon^5 & \varepsilon^6 \\
\hline
x_3 & \frac{3}{2} & 0 & 1 & -\frac{5}{2} \\
x_4 & 0 & 3 & 1 & -7
\end{array}
\tag{3.26}
$$

In der neuen Spalte werden von links nach rechts fortschreitend die Elemente der einzelnen Spalten verglichen. Sobald die Elemente einer Spalte verschieden sind, wird in dieser Spalte das kleinste Element aufgesucht. Ist diese Entscheidung nicht eindeutig, wird sie unter Zuhilfenahme der nachfolgenden Spalten herbeigeführt. Im Beispiel ist es in der 1. Spalte das 2. Element (vgl. (3.26). Folglich wird im Rechenblatt (3.24) die dazugehörende BV (x_4) aus der Basis eliminiert. Diese Entscheidung ist immer eindeutig zu treffen, da anderenfalls die in Frage kommenden Zeilen des Rechenblattes identisch sein müssen, dann könnten sie aber bis auf eine gestrichen werden.

Nichtlösbarkeit:

Wird die Simplexmethode mit dieser Zusatzvorschrift bei Nichteindeutigkeit der Auswahl der Ausgangszeile angewandt, so kann gezeigt werden, daß mit dem Simplexalgorithmus nach endlich vielen Iterationsschritten die optimale Lösung erhalten wird. Eine bereits benutzte Basis kann bei der Weiterführung der Iteration nicht erneut auftreten. Auf den Beweis dieser Sachlage wird nicht eingegangen.

3.1.5. Die revidierte Simplexmethode

Jeder Iterationsschritt nach der Simplexmethode verlangt die vollständige Aufstellung einer ZBD. Aber für den weiteren Entscheidungsprozeß werden nur die Formkoeffizienten, die Koeffizienten der Eingangsspalte und die k_i-Werte (rechte Seiten) benutzt.

Das Vorgehen der revidierten Simplexmethode besteht nun darin, nur diese notwendigen Informationen direkt aus dem Ausgangssystem mit Hilfe der reziproken Basismatrix zu berechnen.

Ausgegangen wird von dem LOP (2.18''):

$$Z = c_1 x_1 + \cdots + c_{n+m}\, x_{n+m} \qquad\qquad \doteq \max;$$

$$\mathbf{a}^{(1)}\, x_1 + \cdots + \mathbf{a}^{(n)}\, x_n + \cdots + \mathbf{a}^{(n+m)} x_{n+m} = \mathbf{b}, \qquad\qquad (3.27)$$

$$\mathbf{x} \geqq \mathbf{o},$$

$$(\mathbf{b} \geqq \mathbf{o}).$$

$\mathbf{b} \geqq \mathbf{o}$ ist in den folgenden Betrachtungen nicht erforderlich. Wenn wir (3.27) umstellen, erhalten wir die Form

$$\mathbf{a}^{(1)} x_1 + \cdots + \mathbf{a}^{(n)} x_n + \cdots + \mathbf{a}^{(n+m)} x_{n+m} = \mathbf{b},$$

$$-c_1 x_1 - \cdots - c_n x_n - \cdots - c_{n+m} x_{n+m} + Z = 0, \qquad\qquad (3.28)$$

$$\mathbf{x} \geqq \mathbf{0}.$$

Die Basisdarstellung einer beliebigen Basis

$$\mathbf{B} = [\mathbf{a}^{(n+1)}, \dots, \mathbf{a}^{(n+m)}]$$

von (3.28) hat die in (2.19) angegebene Form, wenn ohne Beschränkung der Allgemeinheit die BV der Reihe nach mit $x_{n+1}, \dots, x_{n+m}$ und die NBV der Reihe nach mit $x_1, \dots, x_n$ bezeichnet werden. Diese Form lautet:

$$
\begin{aligned}
r_{11} x_1 + r_{12} x_2 + \cdots + r_{1n} x_n + x_{n+1} \phantom{ + x_{n+2}} &= k_1, \\
r_{21} x_1 + r_{22} x_2 + \cdots + r_{2n} x_n \phantom{+ x_{n+1}} + x_{n+2} &= k_2, \\
\cdots\cdots\cdots\cdots\cdots\cdots\cdots\cdots\cdots\cdots\cdots\cdots\cdots\cdots\cdots\cdots & \\
r_{m1} x_1 + r_{m2} x_2 + \cdots + r_{mn} x_n \phantom{+ x_{n+1}} + x_{n+m} &= k_m, \\
g_1 x_1 + g_2 x_2 + \cdots + g_n x_n \phantom{+ x_{n+1} + x_{n+m}} + Z &= c.
\end{aligned}
\qquad (3.29)
$$

In Vektordarstellung kann (3.29) folgendermaßen angegeben werden:

$$\bar{\mathbf{r}}^{(1)}\, x_1 + \cdots + \bar{\mathbf{r}}^{(n)}\, x_n + \bar{\mathbf{x}}^{(B)} = \bar{\mathbf{k}}. \qquad\qquad (3.30)$$

Dabei gilt:

$$\bar{\mathbf{r}}^{(i)} = \begin{bmatrix} \mathbf{r}^{(i)} \\ \\ g_i \end{bmatrix}, \quad \mathbf{r}^{(i)} = \begin{bmatrix} r_{1i} \\ \vdots \\ r_{mi} \end{bmatrix}, \quad \bar{\mathbf{x}}^{(B)} = \begin{bmatrix} \mathbf{x}^{(B)} \\ \\ Z \end{bmatrix},$$

$$\mathbf{x}^{(B)} = \begin{bmatrix} x_{n+1} \\ \vdots \\ x_{n+m} \end{bmatrix}, \quad \bar{\mathbf{k}} = \begin{bmatrix} \mathbf{k} \\ \\ c \end{bmatrix}, \quad \mathbf{k} = \begin{bmatrix} k_1 \\ \vdots \\ k_m \end{bmatrix}.$$

Aus (3.27) folgt weiter mit Hilfe der Basismatrix $\mathbf{B} = [\mathbf{a}^{(n+1)}, \ldots, \mathbf{a}^{(n+m)}]$

$$\mathbf{a}^{(1)} x_1 + \cdots + \mathbf{a}^{(n)} x_n + \mathbf{B}\mathbf{x}^{(B)} = \mathbf{b}. \tag{3.31}$$

Wird (3.31) von links mit $\mathbf{B}^{-1}$ multipliziert, so entsteht

$$\mathbf{B}^{-1}\mathbf{a}^{(1)} x_1 + \cdots + \mathbf{B}^{-1}\mathbf{a}^{(n)} x_n + \mathbf{x}^{(B)} = \mathbf{B}^{-1}\mathbf{b}. \tag{3.32}$$

Wird die Matrix

$$\begin{bmatrix} \mathbf{a}^{(n+1)} & \mathbf{a}^{(n+2)} \ldots & \mathbf{a}^{(n+m)} & 0 \\ & & & \\ -c_{n+1} & -c_{n+2} & \cdots -c_{n+m} & 1 \end{bmatrix} = \left[\begin{array}{c|c} \mathbf{B} & 0 \\ \hline -\mathbf{c}_B^{\mathrm{T}} & 1 \end{array} \right] = \bar{\mathbf{B}}$$

gesetzt, wobei mit $\mathbf{c}_B^{\mathrm{T}}$ der Vektor $[c_{n+1}, \ldots, c_{n+m}]$ bezeichnet wird, so gilt:

$$\bar{\mathbf{B}}^{-1} = \left[\begin{array}{c|c} \mathbf{B}^{-1} & 0 \\ \hline \mathbf{c}_B^{\mathrm{T}}\mathbf{B}^{-1} & 1 \end{array} \right];$$

denn es folgt:

$$\bar{\mathbf{B}}^{-1}\bar{\mathbf{B}} = \left[\begin{array}{c|c} \mathbf{E} & 0 \\ \hline 0 & 1 \end{array} \right].$$

$\bar{\mathbf{B}}^{-1}$ existiert also genau dann, wenn $\mathbf{B}^{-1}$ existiert. Schließlich folgt aus (3.28)

$$\begin{bmatrix} \mathbf{a}^{(1)} \\ -c_1 \end{bmatrix} x_1 + \cdots + \begin{bmatrix} \mathbf{a}^{(n)} \\ -c_n \end{bmatrix} x_n + \bar{\mathbf{B}}\,\bar{\mathbf{x}}^{(B)} = \begin{bmatrix} \mathbf{b} \\ 0 \end{bmatrix}.$$

Aus dieser Gleichung entsteht (nach Multiplikation mit $\bar{\mathbf{B}}^{-1}$)

$$\bar{\mathbf{B}}^{-1}\bar{\mathbf{a}}^{(1)} x_1 + \cdots + \bar{\mathbf{B}}^{-1}\bar{\mathbf{a}}^{(n)} x_n + \bar{\mathbf{x}}^{(B)} = \bar{\mathbf{B}}^{-1}\bar{\mathbf{b}}, \tag{3.33}$$

wenn

$$\bar{\mathbf{a}}^{(i)} = \begin{bmatrix} \mathbf{a}^{(i)} \\ -c_i \end{bmatrix} \quad \text{und} \quad \bar{\mathbf{b}} = \begin{bmatrix} \mathbf{b} \\ 0 \end{bmatrix} \text{ gesetzt werden.}$$

Ein Vergleich der beiden Formeln (3.30) und (3.33) liefert:

$$\bar{\mathbf{r}}^{(i)} = \bar{\mathbf{B}}^{-1}\bar{\mathbf{a}}^{(i)}, \quad i = 1, \ldots, n,$$

bzw.

$$\mathbf{r}^{(i)} = \mathbf{B}^{-1}\mathbf{a}^{(i)},$$
$$g_i = \mathbf{c}_B^{\mathrm{T}}\mathbf{B}^{-1}\mathbf{a}^{(i)} - \mathbf{c}^{(i)} = [\mathbf{c}_B^{\mathrm{T}}\mathbf{B}^{-1}, 1]\,\bar{\mathbf{a}}^{(i)}. \tag{3.34}$$

Für die BV und Basiszahl folgt (NBV: $x_1 = \cdots = x_n = 0$):

$$\bar{\mathbf{x}}^{(B)} = \bar{\mathbf{B}}^{-1}\bar{\mathbf{b}} = \bar{\mathbf{k}}$$

bzw.

$$\mathbf{x}^{(B)} = \mathbf{B}^{-1}\mathbf{b} = \mathbf{k},$$
$$c = Z(\mathbf{x}_B) = \mathbf{c}_B^{\mathrm{T}}\mathbf{B}^{-1}\mathbf{b}. \tag{3.35}$$

Nach den Formeln (3.34) und (3.35) sind damit alle Informationen, die zu einer Simplexiteration erforderlich sind, aus der reziproken Basismatrix zu berechnen.

Damit ist der Iterationsalgorithmus der revidierten Simplexmethode entsprechend dem Vorgehen des Simplexalgorithmus folgendermaßen aufzustellen:

Es wird angenommen, daß die k-te Iteration bereits durchgeführt ist und die reziproke Basismatrix $\mathbf{B}_k^{-1}$ vorliegt.

Nach der Formel (3.34) werden die Formkoeffizienten g_j ($j = 1, \ldots, n$) berechnet. Es wird der kleinste bestimmt:

$$g_a = \min_{1 \leq j \leq n} \{g_i\}. \tag{3.36}$$

Ist a nicht eindeutig bestimmt, so kann der kleinste dieser Indizes genommen werden.

Anschließend wird $\mathbf{r}^{(a)} = \mathbf{B}^{-1}\mathbf{a}^{(a)}$ berechnet. Danach wird ganz wie bei der Simplexmethode die BV bestimmt, die aus der Basis zu entfernen ist, indem das folgende Minimum berechnet wird:

$$0 \leq \Delta \leq \min_{\substack{1 \leq i \leq m \\ r_{ia} > 0}} \left(\frac{k_i}{r_{ia}}\right) = \frac{k_l}{r_{la}} = \Delta_{k+1} \tag{3.37}$$

(vgl. (3.15)).

Ist wiederum der Index l der aus der Basis zu entfernenden Basisvariablen nicht eindeutig bestimmt, so wird der kleinste dieser Indizes gewählt.

Nunmehr ist die reziproke Matrix $\bar{\mathbf{B}}_{k+1}^{-1}$ zu berechnen, die der neuen Basis

$$\mathbf{B}_{k+1} = [\mathbf{a}^{(n+1)}, \ldots, \mathbf{a}^{(a)}, \ldots, \mathbf{a}^{(n+m)}]$$
$$1, \quad \ldots, \quad l, \quad \ldots, \quad m$$

entspricht. Der Vektor $\mathbf{a}^{(n+l)}$ ist gegen $\mathbf{a}^{(a)}$ auszutauschen. Nach (3.34) gilt:

$$\bar{\mathbf{B}}_k^{-1}\bar{\mathbf{B}}_{k+1} = \begin{array}{c} 1 \quad 2 \qquad l \qquad m\ m+1 \\ \left[\begin{array}{cccccc} 1 & 0 & \cdots & r_{1a} & \cdots & 0 & 0 \\ \vdots & \vdots & & \vdots & & \vdots & \vdots \\ 0 & 0 & \cdots & r_{ma} & \cdots & 1 & 0 \\ 0 & 0 & \cdots & g_a & \cdots & 0 & 1 \end{array}\right] \end{array} = \mathbf{R}. \tag{3.38}$$

Die Matrix $\overline{\mathbf{B}}_{k+1}^{-1}$ entsteht durch linksseitige Multiplikation der Matrix

$$\mathbf{P} = \begin{bmatrix} 1 & 0 & \cdots & -\dfrac{r_{1a}}{r_{la}} & \cdots & 0 & 0 \\[2mm] 0 & 1 & \cdots & -\dfrac{r_{2a}}{r_{la}} & \cdots & 0 & 0 \\[2mm] \vdots & \vdots & & \vdots & & \vdots & \vdots \\[1mm] 0 & 0 & & \dfrac{1}{r_{la}} & & 0 & 0 \\[2mm] \vdots & \vdots & & \vdots & & \vdots & \vdots \\[1mm] 0 & 0 & \cdots & -\dfrac{r_{ma}}{r_{la}} & \cdots & 1 & 0 \\[2mm] 0 & 0 & \cdots & -\dfrac{g_a}{r_{la}} & \cdots & 0 & 1 \end{bmatrix} \quad \begin{matrix} 1 \\[2mm] 2 \\[2mm] \vdots \\[1mm] l \\[2mm] \vdots \\[1mm] m \\[2mm] m+1 \end{matrix} \tag{3.39}$$

mit der reziproken Matrix $\overline{\mathbf{B}}_k^{-1}$. Denn es gilt $\mathbf{R} \cdot \mathbf{P} = \mathbf{E}$, d.h. $\mathbf{P} = \mathbf{R}^{-1}$. Nach (3.38) ist aber

$$\mathbf{R}^{-1} \cdot \overline{\mathbf{B}}_k^{-1} = \overline{\mathbf{B}}_{k+1}^{-1} \,,$$

also

$$\overline{\mathbf{B}}_{k+1}^{-1} = \mathbf{P}\,\overline{\mathbf{B}}_k^{-1}. \tag{3.40}$$

Es ergeben sich daher aus (3.40) die folgenden Transformationsformeln, wenn die Elemente der Matrix $\overline{\mathbf{B}}_k^{-1}$ mit β_{ij} und die Elemente der Matrix $\overline{\mathbf{B}}_{k+1}^{-1}$ mit β_{ij}^* bezeichnet werden:

$$\beta_{lj}^* = \frac{\beta_{li}}{r_{la}}, \quad j = 1, \ldots, m+1;$$

$$\beta_{ij}^* = \beta_{ij} - \beta_{lj} \cdot \frac{r_{ia}}{r_{la}}, \quad i \neq l, \quad i = 1, \ldots, m+1. \tag{3.40 a}$$

Da

$$\overline{\mathbf{x}}^{(\mathbf{B}_{k+1})} = \overline{\mathbf{B}}_{k+1}^{-1}\,\overline{\mathbf{b}} = \mathbf{P}\,\overline{\mathbf{B}}_k^{-1}\,\overline{\mathbf{b}} = \mathbf{P}\,\overline{\mathbf{x}}^{(\mathbf{B}_k)}$$

gilt, folgt entsprechend

$$k_l^* = \frac{k_l}{r_{la}},$$

$$k_i^* = k_i - k_l \cdot \frac{r_{ia}}{r_{la}}, \quad i \neq l, \quad i = 1, \ldots, m,$$

$$c^* = c - k_l \cdot \frac{g_a}{r_{la}},$$

wenn mit $\overline{\mathbf{k}}^* = \begin{bmatrix} k^* \\ c^* \end{bmatrix}$ der transformierte Vektor von $\overline{\mathbf{k}} = \begin{bmatrix} k \\ c \end{bmatrix}$ bezeichnet wird.

Das sind aber bis auf die Bezeichnung die gleichen Transformationsformeln wie bei der Simplexmethode (vgl. (3.17)).

Diese Iteration ist solange zu wiederholen, bis alle $g_a \geqq 0$ sind.

3.1.6.   Rechenblatt zur revidierten Simplexmethode

Kern des Rechenblattes der revidierten SM ist die reziproke Matrix

$$\overline{\mathbf{B}}^{-1} = \left[\begin{array}{c|c} \mathbf{B}^{-1} & 0 \\ \hline c_B^{\mathsf{T}}\mathbf{B}^{-1} & 1 \end{array} \right].$$

Weiterhin sind die Vektoren $\overline{\mathbf{k}}$, $\overline{\mathbf{r}}^{(a)}$ und die Indizes der BV einzutragen. Es wird deshalb zur Aufstellung eines Rechenblattes wieder von der Normalform ausgegangen (vgl. (2.5)).

ZF: $Z = c_1 x_1 + \quad c_2 x_2 + \cdots + c_n x_n + c_{n+1} x_{n+1} + \cdots + c_{n+m} x_{n+m} \doteq \max;$

NB: $a_{11} x_1 + a_{12} x_2 + \cdots + a_{1n} x_n \quad + x_{n+1} \qquad\qquad = b_1,$

$\qquad\quad a_{21} x_1 + a_{22} x_2 + \cdots + a_{2n} x_n \qquad\quad + x_{n+2} \qquad = b_2,$ (3.41)

$\qquad\quad \cdots\cdots\cdots\cdots\cdots\cdots\cdots\cdots\cdots\cdots\cdots\cdots\cdots$

$\qquad\quad a_{m1} x_1 + a_{m2} x_2 + \cdots + a_{mn} x_n \qquad\qquad\quad + x_{n+m} = b_m,$

$\qquad\quad x_j \geqq 0, \quad j = 1, \ldots, n+m; \quad b_i \geqq 0, i = 1, \ldots, m.$

Nach (3.41) wird das in (3.42) dargestellte Ausgangsrechenblatt aufgestellt. Dieses Rechenblatt ist folgendermaßen aufgebaut: In der 1. Spalte sind die Indizes der BV eingetragen. Die anschließenden $m + 1$ Spalten bilden die reziproke Matrix $\overline{\mathbf{B}}^{-1}$ von (3.41):

1 BVJ	$\overline{\mathbf{B}}^{-1}$					$\overline{\mathbf{k}}$	a	Q
$n+1$	1	0	$\cdots$	0	0	b_1	r_{1a}	q_1
$n+2$	0	1	$\cdots$	0	0	b_2	r_{2a}	q_2
$\vdots$	$\vdots$	$\vdots$		$\vdots$	$\vdots$	$\vdots$	$\vdots$	$\vdots$
$n+m$	0	0	$\cdots$	1	0	b_m	r_{ma}	q_m
	c_{n+1}	c_{n+2}	$\cdots$	c_{n+m}	1	c	g_a	

$$(3.42)$$

In die letzte Spalte des stark umrandeten Teiles ist der Vektor $\overline{\mathbf{k}}$ eingetragen. In den folgenden beiden Spalten werden die noch im Laufe der Iteration zu berechnenden Komponenten $\overline{\mathbf{r}}^{(a)}$ und die nach (3.37) zu bildenden Quotienten eingetragen.

Jede Iteration ist durch die Aufstellung eines weiteren Rechenblattes ganz schematisch durchzuführen und besteht in den folgenden Schritten:

1. Schritt:

Nachdem die Daten von (3.41) in der 1. Spalte und in dem stark umrandeten Teil von (3.42) eingetragen sind, werden ausgehend von der Koeffizientenmatrix (3.41) sämtliche Formkoeffizienten nach (3.34) berechnet. Nach (3.35) gilt speziell $c = c_B^T \cdot B^{-1} \cdot b = \sum_{i=1}^{m} c_{n+i} \cdot b_i$. Der kleinste Formkoeffizient g_a und der zugehörige Spaltenindex a werden in die „a"-Spalte eingetragen. Anschließend wird $r^{(a)} = B^{-1} a^{(a)}$ berechnet und in der a-Spalte ergänzend vermerkt. Die a-Spalte stellt bei der noch auszuführenden Simplextransformation die Eingangsspalte dar.

2. Schritt:

Zunächst wird das Minimum (3.37) berechnet, indem die q_i (Minimierungsglieder) durch Division der Elemente der **k**-Spalte durch die Elemente der a-Spalte gebildet werden. Dabei ist zu beachten, daß die Quotienten nur für positive Elemente der a-Spalte zu bilden sind. Diese Quotienten werden in die Q-Spalte eingetragen. Die Elemente der Q-Spalte, für die kein Quotient existiert, bleiben unbesetzt. Falls alle Werte der Eingangsspalte nicht positiv sind, kann das Verfahren abgebrochen werden, da nach (3.13) das LOP keine optimale Lösung besitzt. Die Zeile, die dem kleinsten Element der Q-Spalte entspricht, wird im folgenden als Ausgangszeile bezeichnet und entsprechend markiert. (Diese Zeilenelemente können z. B. wieder unterstrichen werden.)

3. Schritt:

Nun kann das Ausgangsrechenblatt (3.42) nach einer vollständigen Simplextransformation gemäß (3.40a) neu erstellt werden, und ein Iterationsschritt nach der revidierten SM ist ausgeführt. Das gesamte Verfahren ist anhand der beiden folgenden Beispiele durchgerechnet.

Beispiel 3.3 (vgl. (2.21)):

$$Z = 3x_1 + 4x_2 \overset{!}{=} \max;$$
$$x_1 + 2x_2 + x_3 = 80,$$
$$x_2 + x_4 = 30,$$
$$2x_1 + x_2 + x_5 = 100, \qquad x_1, \ldots, x_5 \geqq 0.$$

Dieses Beispiel ist bereits in der Normalform gegeben. Die Koeffizientenmatrix nach (3.28) bzw. (3.33) lautet:

$$[\bar{a}^{(1)}, \bar{a}^{(2)}, \bar{a}^{(3)}, \bar{a}^{(4)}, \bar{a}^{(5)}] = \begin{bmatrix} 1 & 2 & 1 & 0 & 0 \\ 0 & 1 & 0 & 1 & 0 \\ 2 & 1 & 0 & 0 & 1 \\ \hline -3 & -4 & 0 & 0 & 0 \end{bmatrix}$$

Das 1. Rechenblatt wird ausgefüllt:

1 BVJ		$\bar{B}^{-1}$			$\bar{k}$	2	Q
3	1	0	0	0	80	2	40
4	0	1	0	0	30	$\underline{1}$	30
5	0	0	1	0	100	1	100
	0	0	0	1	0	−4	

Das 1. Rechenblatt wird mit der Simplextransformation in das 2. Rechenblatt transformiert. Das Kreuzelement ist in der vorletzten Spalte durch Fettdruck markiert und außerdem unterstrichen[1]):

2   **1**

3	1	-2	0	0	20	**1**	20
2	0	1	0	0	30	0	·/·
5	0	-1	1	0	70	2	35
	0	4	0	1	120	-3	

3   **4**

1	1	-2	0	0	20	-2	·/·
2	0	1	0	0	30	1	30
5	-2	3	1	0	30	**3**	10
	3	-2	0	1	180	-2	

4

1	$-\frac{1}{3}$	0	$\frac{2}{3}$	0	40	
2	$\frac{2}{3}$	0	$-\frac{1}{3}$	0	20	
4	$-\frac{2}{3}$	1	$\frac{1}{3}$	0	10	
	$\frac{5}{3}$	0	$\frac{2}{3}$	1	200	> 0

Das Verfahren bricht mit dem 4. Rechenblatt ab, da der kleinste Formkoeffizient > 0 ist. Die optimale Lösung lautet:

$$x_1 = 40,\ x_2 = 20,\ x_3 = 0,\ x_4 = 10,\ x_5 = 0,$$
$$Z = 200.$$

Beispiel 3.4 (vgl. (2.6) bzw. (2.16)):

$$Z = 2x_1 - 4x_2 + 4x_3 - Mx_5 - Mx_7 \quad \doteq \max;$$
$$-2x_1 - 3x_2 + 3x_3 - x_4 + x_5 \qquad\qquad = 1,$$
$$x_1 - x_2 + x_3 \qquad\quad + x_6 \quad = 2,$$
$$6x_1 - 2x_2 + 2x_3 \qquad\qquad + x_7 = 4,$$
$$x_1, \dots, x_7 \geqq 0.$$

---

[1]) Bei den folgenden Rechenblättern wird der Einfachheit halber die Kopfzeile weggelassen.

Die Koeffizientenmatrix $[\overline{\mathbf{a}}^{(1)}, \ldots, \overline{\mathbf{a}}^{(7)}]$ lautet:

$$\left[\begin{array}{ccccccc}
-2 & -3 & 3 & -1 & 1 & 0 & 0 \\
1 & -1 & 1 & 0 & 0 & 1 & 0 \\
6 & -2 & 2 & 0 & 0 & 0 & 1 \\
\hdashline
-2 & 4 & -4 & 0 & M & 0 & M
\end{array}\right]$$

Das 1. Rechenblatt wird ausgefüllt:

1						3	Q
5	1	0	0	0	1	**3**	$\frac{1}{3}$
6	0	1	0	0	2	1	2
7	0	0	1	0	4	2	2
G	0	0	0	1	0	-4	
	-1	0	-1	0	-5	-5	

$$(3.43)$$

In (3.43) ist allerdings wieder die G-Zeile als Doppelzeile vorgesehen. Im oberen Teil dieser Zeile sind die Koeffizientenanteile der Zielfunktion vermerkt, die nicht mit M behaftet auftreten. Im unteren Teil sind dagegen die mit M behafteten Koeffizientenanteile eingetragen. Die Doppelzeile wird genau wie die Doppelzeile bei der Simplexmethode mitgeführt und entsprechend behandelt. Das Kreuzelement ist in (3.43) wiederum fett gedruckt. Nach Ausführung der Simplextransformation ergibt sich das 2. Tableau:

2						1	Q
3	$\frac{1}{3}$	0	0	0	$\frac{1}{3}$	$-\frac{2}{3}$	$\cdot/\cdot$
6	$-\frac{1}{3}$	1	0	0	$\frac{5}{3}$	$\frac{5}{3}$	1
7	$-\frac{2}{3}$	0	1	0	$\frac{10}{3}$	$\frac{22}{3}$	$\frac{10}{22}$
	$\frac{4}{3}$	0	0	1	$\frac{4}{3}$	$-\frac{14}{3}$	
	$\frac{2}{3}$	0	-1	0	$-\frac{10}{3}$	$-\frac{22}{3}$	

Analog folgen:

3

						4	Q
3	$\frac{6}{22}$	0	$\frac{2}{22}$	0	$\frac{14}{22}$	$-\frac{6}{22}$	./.
6	$-\frac{4}{22}$	1	$-\frac{5}{22}$	0	$\frac{20}{22}$	$\frac{4}{22}$	1
1	$-\frac{2}{22}$	0	$\frac{3}{22}$	0	$\frac{10}{22}$	$\frac{2}{22}$	5
	$\frac{20}{22}$	0	$\frac{14}{22}$	1	$\frac{76}{22}$	$-\frac{20}{22}$	
	0	0	0	0	0	0	

4

3	0	0	$\frac{1}{2}$	0	2	
6	0	1	$-\frac{1}{2}$	0	0	
4	-1	0	$\frac{3}{2}$	2	5	
	0	0	2	1	8	> 0

Sobald alle künstlichen Variablen aus der Basis heraustransformiert sind, enthält die untere Hälfte der G-Doppelzeile nur noch Nullen. Sie ist bei den nachfolgenden Rechnungen wegzulassen.

Die optimale Lösung nach Rechenblatt 4 lautet:

$$x_3 = 2,\ x_6 = 0,\ x_4 = 5,$$
$$x_1 = 0,\ x_2 = 0,$$
$$(x_5 = 0,\ x_7 = 0,\ \text{künstl. Variable}),$$
$$Z = 8.$$

In (3.20) wurde dasselbe Beispiel mit der Simplexmethode durchgerechnet. Ein Vergleich zeigt, daß bei beiden Lösungsmethoden die gleichen Iterationsschritte durchgeführt werden. Die notwendigen Informationen werden nur unterschiedlich ermittelt.

Da mit der (regulären) Simplexmethode jedes beliebige lineare Optimierungsproblem zur Lösung geführt werden kann, erhebt sich die Frage: Warum wurden in der linearen Optimierung neben der Simplexmethode weitere Lösungsalgorithmen entwickelt? Die Beantwortung dieser Frage wird deutlich, wenn man bei einem solchen Problem nach rechentechnischen Vorteilen bei der praktischen Realisierung der Lösung fragt.

So wurde die revidierte Simplexmethode in erster Linie für die Anwendung auf elektronischen Rechenautomaten entwickelt. Rechentechnische Vorteile der revidierten Simplexmethode sind:

1. Es sind weniger Daten zu berechnen und zu speichern. Hierdurch können größere Probleme auf Elektronenrechnern bewältigt werden. Jede Iteration verlangt bei der Simplexmethode $(m + 1) \cdot (n + 1)$ Eintragungen. Bei der revidierten SM reduziert sich diese Anzahl auf $(m + 1)^2$. Ist bei einem Problem die Anzahl der Variablen gegenüber der Zeilenanzahl groß, so erfolgt eine beachtliche Einsparung.

2. Bei vielen LOP treten in der ursprünglichen Koeffizientenmatrix sehr viele Nullen auf. Oft sind es bis zu 90% der Koeffizienten und mehr. Da bei der revidierten SM immer von dieser Ausgangsmatrix ausgegangen wird, reduziert sich die Anzahl der auszuführenden Multiplikationen ganz erheblich. Da man bei den einzelnen Rechenschritten immer wieder auf die Ausgangswerte in der Problemstellung zurückgreift, wird das unkontrollierte Anwachsen von Rundungsfehlern auf ein Minimum herabgedrückt.

3. Es existiert bei der revidierten SM eine sehr einfache Methode, die bei Entartung einen möglichen Zyklus verhindert.

4. Schließlich sind bei der revidierten Simplexmethode die Kontrollmöglichkeiten besser, die durch Multiplikation der Koeffizientenmatrix mit ihrer Inversen zur Einheitsmatrix sehr einfach gegeben sind.

3.2. Duale Optimierungsprobleme

3.2.1. Duale Probleme

Zu jedem linearen Optimierungsproblem kann ein duales lineares Optimierungsproblem angegeben werden.

Es sei folgendes OP gegeben:

ZF: $\qquad Z = c_1 x_1 + c_2 x_2 + \cdots + c_n x_n \overset{!}{=} \max;$

NB: $\qquad a_{11} x_1 + a_{12} x_2 + \cdots + a_{1n} x_n \leqq b_1,$

$\qquad\qquad a_{21} x_1 + a_{22} x_2 + \cdots + a_{2n} x_n \leqq b_2,$ $\qquad\qquad$ (3.44)

$$\cdots\cdots\cdots\cdots\cdots\cdots\cdots\cdots\cdots$$

$\qquad\qquad a_{m1} x_1 + a_{m2} x_2 + \cdots + a_{mn} x_n \leqq b_m,$

$\qquad\qquad x_i \geqq 0, \quad i = 1, \ldots, n,$

oder in Matrizenschreibweise

ZF: $\qquad Z(\mathbf{x}) = \mathbf{c}^{T}\mathbf{x} \overset{!}{=} \max;$

NB: $\qquad \mathbf{A}\mathbf{x} \leqq \mathbf{b},$ $\qquad\qquad$ (3.44′)

$\qquad\qquad \mathbf{x} \geqq \mathbf{o}.$

Aus den Parametern des LOP (3.44), die durch $\mathbf{c}, \mathbf{b}$ und $\mathbf{A}$ gegeben sind, kann das folgende LOP aufgestellt werden. Zunächst in Matrizenschreibweise:

ZF: $W(\mathbf{y}) = \mathbf{b}^T \mathbf{y} \doteq \min;$

NB: $\mathbf{A}^T \mathbf{y} \geqq \mathbf{c},$ (3.45')

   $\mathbf{y} \geqq \mathbf{o}.$

Wenn die Komponenten des veränderlichen Vektors $\mathbf{y}$ von (3.45') mit $y_{n+1}, \ldots, y_{n+m}$ bezeichnet werden, so lautet (3.45') ausführlich geschrieben folgendermaßen:

ZF: $W = b_1 y_{n+1} + b_2 y_{n+2} + \cdots + b_m y_{n+m} \doteq \min;$

NB:

$$a_{11} y_{n+1} + a_{21} y_{n+2} + \cdots + a_{m1} y_{n+m} \geqq c_1,$$
$$a_{12} y_{n+1} + a_{22} y_{n+2} + \cdots + a_{m2} y_{n+m} \geqq c_2,$$
$$\cdots\cdots\cdots\cdots\cdots\cdots\cdots\cdots\cdots\cdots\cdots\cdots$$
$$a_{1n} y_{n+1} + a_{2n} y_{n+2} + \cdots + a_{mn} y_{n+m} \geqq c_n,$$

   (3.45)

$$y_{n+j} \geqq 0, \quad j = 1, 2, \ldots, m.$$

Die zunächst umständlich erscheinende Bezeichnung der $\mathbf{y}$-Komponenten, deren Numerierung nicht mit dem Index 1, sondern mit $(n+1)$ beginnt, ist für spätere Festlegungen zweckmäßig.

Die beiden LOP (3.44) und (3.45) bzw. (3.44') und (3.45') werden als *zueinander dual* bezeichnet. Wird ein Problem als primales OP benannt (Ausgangsproblem), so ist das andere das dazugehörende duale OP. Es kann sowohl das eine als auch das andere als primales OP angesehen werden.

Als Beispiel wird folgendes LOP betrachtet.

Primales OP:

ZF: $Z = 2x_1 + 5x_2 \doteq \max;$

NB:

$$1x_1 + 0x_2 \leqq 4,$$
$$0x_1 + 1x_2 \leqq 3,$$
$$1x_1 + 2x_2 \leqq 8,$$
$$x_1 \geqq 0; \ x_2 \geqq 0.$$

   (3.46)

Das duale Problem von (3.46) lautet:

Duales OP:

ZF: $W = 4y_3 + 3y_4 + 8y_5 \doteq \min;$

NB:

$$1y_3 + 0y_4 + 1y_5 \geqq 2,$$
$$0y_3 + 1y_4 + 2y_5 \geqq 5,$$
$$y_3, y_4, y_5 \geqq 0.$$

   (3.47)

Jedes beliebige LOP, bei dem der eine Teil der Nebenbedingungen aus Gleichungen, der andere Teil aus Ungleichungen besteht (in beiden Richtungen) und bei dem einige Variable nicht vorzeichenbeschränkt sind, kann immer auf ein Problem der Form

(3.44) zurückgeführt werden (vgl. Umformungsschritte zur Herstellung der Normalform 2.2.). Damit kann unmittelbar nach (3.45) das duale Problem erstellt werden.

Bei derartigen gemischten LOP ergeben sich bei der eben erwähnten Zurückführung folgende Zuordnungsregeln.

Primales Problem	*Duales Problem*
(Maximierungsproblem)	(Minimierungsproblem)
Nebenbedingungen	*Variable*
i-te NB: Ungleichung $\leqq 0 \;\rightarrow\; y_{n+i} \geqq 0,$	
$\geqq 0 \;\rightarrow\; y_{n+i} \leqq 0,$	
i-te NB: Gleichung	$\rightarrow\; y_{n+i}$ beliebig.
Variable	*Nebenbedingungen*
$x_j \geqq 0$	$\rightarrow\; j$-te NB: Ungleichung $\geqq 0,$
$x_j \leqq 0$	$\rightarrow\; j$-te NB: Ungleichung $\leqq 0,$
x_j beliebig	$\rightarrow\; j$-te NB: Gleichung.

An dem Beispiel (3.48) werden diese Zuordnungen erläutert (vgl. (2.6)–(2.10)):

ZF:
$$Z_1 = 2x_1 + 4x_2 \doteq \min;$$
$$-2x_1 - 3x_2 \geqq 1,$$
$$x_1 - x_2 \leqq 2,$$
$$-6x_1 + 2x_2 = -4,$$
$$x_1 \geqq 0, \quad x_2 \text{ beliebig.}$$
(3.48)

Die Zurückführung auf die Form (3.44) wird erreicht, indem $x_2 \geqq \bar{x}_2 - x_2$ mit $\bar{x}_2$, $x_2 \geqq 0$ substituiert, die 1. NB mit -1 multipliziert, die 3. NB durch das äquivalente Paar von Ungleichungen

$$-6x_1 + 2x_2 \leqq -4,$$
$$-6x_1 + 2x_2 \geqq -4$$

ersetzt und durch Vorzeichenwechsel in der ZF ein Maximierungsproblem erzeugt wird. Es entsteht das folgende äquivalente primale Problem zu (3.48):

Primales OP:

$$Z = -2x_1 - 4\bar{x}_2 + 4x_2 \doteq \max;$$
$$2x_1 + 3\bar{x}_2 - 3x_2 \leqq -1,$$
$$x_1 - \bar{x}_2 + x_2 \leqq 2,$$
$$-6x_1 + 2\bar{x}_2 - 2x_2 \leqq -4,$$
$$+6x_1 - 2\bar{x}_2 + 2x_2 \leqq 4,$$
$$x_1, \bar{x}_2, x_2 \geqq 0.$$
(3.49)

Das entsprechende duale OP lautet nach (3.45):

Duales OP:

$$W = -1y_4' + 2y_5 - 4y_6' + 4y_7' \doteq \min;$$
$$2y_4' + 1y_5 - 6y_6' + 6y_7' \geqq -2,$$
$$3y_4' - 1y_5 + 2y_6' - 2y_7' \geqq -4, \tag{3.50}$$
$$-3y_4' + 1y_5 - 2y_6' + 2y_7' \geqq +4,$$
$$y_4', y_5, y_6', y_7' \geqq 0.$$

Da in den Nebenbedingungen von (3.50) die Koeffizienten von y_6' und y_7' sich nur um das Vorzeichen unterscheiden, so kann $y_6' - y_7' = y_6$ gesetzt werden, wobei y_6 nicht vorzeichenbeschränkt ist. Weiterhin können die beiden letzten Nebenbedingungen von (3.50) durch die Gleichung

$$3y_4' - 1y_5 + 2y_6 = -4$$

ersetzt werden. Außerdem kann man $y_4 = -y_4'$ setzen, und (3.50) kann in folgender Form geschrieben werden:

$$W = 1y_4 + 2y_5 - 4y_6 \doteq \min;$$
$$-2y_4 + 1y_5 - 6y_6 \geqq -2,$$
$$-3y_4 - 1y_5 + 2y_6 = -4, \tag{3.51}$$
$$y_4 \leqq 0, \quad y_5 \geqq 0, \quad y_6 \text{ beliebig.}$$

Der Vergleich von (3.48) und (3.51) bestätigt die oben angegebenen Zuordnungsregeln.

Sind insbesondere die Nebenbedingungen des primalen Problems Gleichungen, so sind alle Variable des dualen Problems nicht vorzeichenbeschränkt. Hat also das primale Problem die Form

ZF: $Z = \mathbf{c}^T \mathbf{x} \doteq \max;$

NB: $\mathbf{Ax} = \mathbf{b},$ $\tag{3.52}$

      $\mathbf{x} \geqq \mathbf{o},$

so lautet das duale Problem

ZF: $W = \mathbf{b}^T \mathbf{y} \doteq \min;$

NB: $\mathbf{A}^T \mathbf{y} \geqq \mathbf{c},$ $\tag{3.53}$

      (y ist nicht vorzeichenbeschränkt).

Mit den folgenden Bezeichnungen werden die Ungleichungen von (3.44) und (3.45) in Gleichungen umgeformt: Die Schlupfvariablen von (3.44) werden der Reihe nach mit $x_{n+1}, ..., x_{n+m} \geqq 0$ und die Schlupfvariablen von (3.45) der Reihe nach mit $y_1, ..., y_n$ bezeichnet. Es entstehen die beiden Probleme (3.54) und (3.55). (3.54) wird als *erweitertes primales* und (3.55) als *erweitertes duales* Problem bezeichnet.

Erweitertes primales OP (bzw. erweitertes duales OP):

ZF: $Z = c_1 x_1 + c_2 x_2 + \cdots + c_n x_n$ $\qquad\qquad\qquad\quad \overset{!}{=} \max;$

NB: $a_{11} x_1 + a_{12} x_2 + \cdots + a_{1n} x_n + x_{n+1} \qquad\quad = b_1,$

$\qquad\quad a_{21} x_1 + a_{22} x_2 + \cdots + a_{2n} x_n \qquad + x_{n+2} \qquad = b_2, \qquad (3.54)$

$\qquad\quad \cdots\cdots\cdots\cdots\cdots\cdots\cdots\cdots\cdots\cdots\cdots\cdots\cdots\cdots$

$\qquad\quad a_{m1} x_1 + a_{m2} x_2 + \cdots + a_{mn} x_n \qquad\qquad + x_{n+m} = b_m,$

$\qquad x_1, \ldots, x_{n+m} \geqq 0.$

Oder in Matrizenschreibweise:

ZF: $Z = \bar{\mathbf{c}}^{\mathrm{T}} \bar{\mathbf{x}} \overset{!}{=} \max;$

NB: $\bar{\mathbf{A}} \bar{\mathbf{x}} = \mathbf{b},$ $\qquad\qquad\qquad\qquad\qquad\qquad\qquad\qquad\qquad (3.54')$

$\qquad \bar{\mathbf{x}} \geqq \mathbf{o},$

wenn die Bezeichnungen $\bar{\mathbf{A}} = [\mathbf{A}, \mathbf{E}]$, $\bar{\mathbf{c}}^{\mathrm{T}} = [c_1, \ldots, c_n, 0, \ldots, 0]$, $\bar{\mathbf{x}}^{\mathrm{T}} = [x_1, \ldots, x_n, \ldots, x_{n+m}]$ gelten.

Erweitertes duales OP (bzw. erweitertes primales OP):

ZF: $W = b_1 y_{n+1} + b_2 y_{n+2} + \cdots + b_m y_{n+m} \qquad\quad \overset{!}{=} \min;$

NB: $a_{11} y_{n+1} + a_{21} y_{n+2} + \cdots + a_{m1} y_{n+m} - y_1 = c_1,$

$\qquad\quad a_{12} y_{n+1} + a_{22} y_{n+2} + \cdots + a_{m2} y_{n+m} - y_2 = c_2, \qquad (3.55)$

$\qquad\quad \cdots\cdots\cdots\cdots\cdots\cdots\cdots\cdots\cdots\cdots\cdots\cdots\cdots$

$\qquad\quad a_{1n} y_{n+1} + a_{2n} y_{n+2} + \cdots + a_{mn} y_{n+m} - y_n = c_n,$

$\qquad y_1, \ldots, y_{n+m} \geqq 0.$

Das Problem (3.55) ist wiederum zum Problem (3.54) dual, welches die folgende Rechnung sofort bestätigt:

Das duale Problem von (3.54) lautet nach (3.52) und (3.53)

$$W = \mathbf{b}^{\mathrm{T}} \mathbf{y} \overset{!}{=} \min;$$
$$\bar{\mathbf{A}}^{\mathrm{T}} \mathbf{y} \geqq \bar{\mathbf{c}}. \qquad\qquad (3.56)$$

Hieraus folgt aber unmittelbar

$$W = \mathbf{b}^{\mathrm{T}} \mathbf{y} \overset{!}{=} \min;$$
$$\mathbf{A}^{\mathrm{T}} \mathbf{y} \geqq \mathbf{c},$$
$$\mathbf{y} \geqq \mathbf{o},$$

also das Problem (3.45) bzw. (3.55).

3.2.2.   Das Dualitätsprinzip

Zwischen dem primalen und dem dualen Problem besteht eine ganze Reihe von inneren Beziehungen. Einige davon werden im folgenden hergeleitet.

S.3.2   Satz 3.2 (Dualitätssatz): *Existiert eine beliebige Lösung* $\mathbf{x}$ *des primalen und eine beliebige Lösung* $\mathbf{y}$ *des dualen Problems, dann gilt stets*

$$Z(\mathbf{x}) \leqq W(\mathbf{y}),$$

und beide Probleme besitzen eine optimale Lösung. Sind $\mathbf{x}_0$ *bzw.* $\mathbf{y}_0$ *optimale Lösungen des primalen bzw. dualen Problems, so gilt*

$$Z(\mathbf{x}_0) = W(\mathbf{y}_0)$$

und umgekehrt.

Es ist also jeder beliebige Funktionswert des primalen nicht größer als ein beliebiger Funktionswert des dualen Problems. Darüber hinaus ist der optimale Funktionswert des primalen gleich dem optimalen des dualen Problems.

Beweis: Ausgegangen wird von der Existenz zweier beliebiger Lösungen $\mathbf{x}$ und $\mathbf{y}$. Laut Definition gilt zunächst

$$Z(\mathbf{x}_0) \geqq Z(\mathbf{x}),$$

$$W(\mathbf{y}_0) \leqq W(\mathbf{y}),$$

wenn $\mathbf{x}_0$ und $\mathbf{y}_0$ optimale Lösungen sind (deren Existenz wir im folgenden aber noch zu beweisen haben). Nach (3.45) gilt $\mathbf{c}^T \leqq \mathbf{y}^T\mathbf{A}$. Wird (3.44') benutzt, so folgt:

$$Z(\mathbf{x}) = \mathbf{c}^T\mathbf{x} \leqq (\mathbf{y}^T\mathbf{A})\,\mathbf{x} = \mathbf{y}^T(\mathbf{A}\mathbf{x}) \leqq \mathbf{y}^T\mathbf{b} = \mathbf{b}^T\mathbf{y} = W(\mathbf{y}).$$

Also gilt immer

$$Z(\mathbf{x}) \leqq W(\mathbf{y}).$$

Aus dieser Ungleichung folgt, daß die Funktion des primalen Problems nach oben beschränkt ist, und damit existiert eine optimale Lösung des primalen Problems. (Das wurde bereits im Zusammenhang mit der Simplexmethode in Abschnitt 3.1. gezeigt.) Nun ist weiter zu zeigen, daß aus der Existenz $\mathbf{x}_0$ auch die Existenz von $\mathbf{y}_0$ folgt und die Gleichheit

$$Z(\mathbf{x}_0) = W(\mathbf{y}_0)$$

besteht. Ausgegangen wird von dem erweiterten primalen Problem (3.54'). Wenn $\mathbf{x}_0$ eine optimale Lösung von (3.44) ist, so kann die optimale Lösung $\bar{\mathbf{x}}_0$ von (3.54') unmittelbar angegeben werden, indem die Werte der Schlupfvariablen hinzugefügt werden. Werden mit $\mathbf{x}_0{}^*$ die BV und mit $\mathbf{B}$ die Basismatrix der optimalen Lösung $\bar{\mathbf{x}}_0$ bezeichnet, so gilt:

$$\bar{\mathbf{A}}\bar{\mathbf{x}}_0 = \mathbf{b} = \mathbf{B}\mathbf{x}_0{}^*, \quad \bar{\mathbf{c}}^T\bar{\mathbf{x}}_0 = \mathbf{c}^{*T}\mathbf{x}_0{}^*;$$

c^* ist der zu x_0^* gehörende Vektor der Zielfunktionskoeffizienten. Nach dem Simplexkriterium gilt:

$$c^{*\,T}B^{-1}\bar{A} - \bar{c}^T \geqq o \qquad (\text{vgl.}\,(3.34))$$

oder

$$c^{*T}B^{-1}\bar{A} \geqq \bar{c}^T.$$

Aus der letzten Ungleichung folgt nach (3.56), daß

$$c^{*T}B^{-1} = y_0{}^T$$

zunächst eine zulässige Lösung des dualen Problems (3.45′) ist. Weiter gilt für diese Lösung aber

$$W = y_0{}^T b = c^{*T}B^{-1}b = c^{*T}x_0^* = Z.$$

Damit ist gezeigt, daß y_0 existiert und Optimallösung des dualen Problems (3.45) ist und die Funktionswerte gleich sind. Schließlich wird noch gezeigt, daß aus der Gleichheit der Funktionswerte ($c^T x_0 = b^T y_0$) zweier Lösungen x_0 und y_0 ihre Optimalität folgt.

Aus der Gültigkeit $c^T x \leqq b^T y$ für zwei beliebige Lösungen folgt:

1. $b^T y_0 = c^T x_0 \leqq b^T y$,   d.h., y_0 ist optimale Lösung von (3.45);

2. $c^T x \leqq b^T y_0 = c^T x_0$,   d.h., x_0 ist optimale Lösung von (3.44).

Damit ist Satz 3.2 vollständig bewiesen. ∎

Satz 3.3: *Ist $\bar{x}_0$ eine optimale Lösung des erweiterten primalen OP (3.54′), x_0^* der Vektor der Basisvariablen von $\bar{x}_0$, c^* der Vektor mit den Komponenten der entsprechenden Koeffizienten der Zielfunktion von Z, die zu x_0^* gehören, und B^{-1} die reziproke Basismatrix, so ist*   S.3.3

$$y_0^T = c^{*T}B^{-1}$$

eine optimale Lösung des dualen Problems (3.45).

Der Beweis dieses Satzes wurde bereits bei der Beweisführung des Satzes 3.2 mit erbracht. Ebenso gilt die analoge Aussage.

Satz 3.3′: *Ist $\bar{y}_0^T = [y_1, \ldots, y_{n+m}]$ eine optimale Lösung des erweiterten dualen Problems (3.55), y_0^* der Vektor der Basisvariablen von y_0, b^* der Vektor mit den Komponenten der entsprechenden Koeffizienten der Zielfunktion von W, die zu $\bar{y}_0$ gehören, und B^{-1} die reziproke Basismatrix, so ist*   S.3.3′

$$x_0^T = b^{*T}B^{-1}$$

eine optimale Lösung des primalen Problems (3.44).

Der Beweis ist ganz analog zum Beweis des Satzes 3.3 zu führen.

Bei dem folgenden Satz 3.4 wird von dem erweiterten primalen und dualen Problem (3.54) und (3.55) ausgegangen und ohne Beschränkung der Allgemeinheit angenommen, daß $B\,[a^{(n+1)}, \ldots, a^{(n+m)}]$ die optimale Basis sei.

S.3.4 Satz 3.4: *Hat ein optimales Rechenblatt des erweiterten primalen Problems* (3.54) *die Form* (3.57),

NBV	x_1	x_2	...	x_n	
BV $\quad$ -1	c_1	c_2	...	c_n	0
x_{n+1} $\quad$ 0	r_{11}	r_{12}	...	r_{1n}	k_1
x_{n+2} $\quad$ 0	r_{21}	r_{22}	...	r_{2n}	k_2
$\vdots$ $\quad$ $\vdots$					$\vdots$
x_{n+m} $\quad$ 0	r_{m1}	r_{m2}	...	r_{mn}	k_m
G	g_1	g_2	...	g_n	c

$$(3.57)$$

so existiert ein optimales Rechenblatt des erweiterten dualen Problems (3.55), *das die zu* (3.57) *spiegelsymmetrische Gestalt* (3.58) *hat:*

NBV	y_{n+1}	y_{n+2}	...	y_{n+m}	
BV $\quad$ -1	$-b_1$	$-b_2$	...	$-b_m$	0
y_1 $\quad$ 0	$-r_{11}$	$-r_{21}$	...	$-r_{m1}$	g_1
y_2 $\quad$ 0	$-r_{12}$	$-r_{22}$	...	$-r_{m2}$	g_2
$\vdots$ $\quad$ $\vdots$					$\vdots$
y_n $\quad$ 0	$-r_{1n}$	$-r_{2n}$	...	$-r_{mn}$	g_n
G	k_1	k_2	...	k_m	$-c$

$$(3.58)$$

Auf den Beweis dieses Satzes wird verzichtet. Der Zusammenhang der zueinander dualen Rechenblätter (3.57) und (3.58) wird noch einmal durch den Satz 3.5 zusammengefaßt:

S.3.5 $\quad$ **Satz 3.5:** a) *Die Indizes der BV im primalen optimalen Rechenblatt* (3.57) *sind die gleichen wie die Indizes der NBV im dualen optimalen Rechenblatt* (3.58) *und umgekehrt.*

b) *Die Werte der BV der optimalen Lösung von* (3.57) *sind gleich den Werten in der G-Zeile im dualen optimalen Rechenblatt* (3.58), *die zu den NBV mit gleichem Index gehören und umgekehrt.*

Die durch die Sätze angegebenen Ergebnisse werden an den folgenden zwei Beispielen demonstriert.

Beispiel 3.5:

Primales OP

ZF: $\quad Z = 18x_1 + 9x_2 \doteq \max;$

NB: $\qquad 2x_1 + 0x_2 \leqq 1,$

$\qquad\quad 1x_1 + 2x_2 \leqq 1,$ $\qquad\qquad\qquad\qquad\qquad$ (3.59)

$\qquad\quad 0x_1 + 4x_2 \leqq 1,$

$\qquad\qquad\quad x_1, x_2 \geqq 0.$

Die Normalform bzw. das erweiterte primale Problem lautet:

ZF: $\quad Z = 18x_1 + 9x_2 \qquad\qquad \doteq \max;$

NB: $\quad 2x_1 + 0x_2 \ + x_3 \qquad\qquad = 1,$

$\qquad 1x_1 + 2x_2 \qquad\ + x_4 \qquad = 1,$ $\qquad\qquad$ (3.59′)

$\qquad 0x_1 + 4x_2 \qquad\qquad\ + x_5 = 1,$

$\qquad\qquad\quad x_1, ..., x_5 \geqq 0.$

Nach der Simplexmethode ergeben sich die folgenden drei Rechenblätter:

1

NBV		x_1	x_2	
BV	-1	18	9	0
x_3	0	$\underline{\underline{2}}$	0	1	$\tfrac{1}{2}$
x_4	0	$\underline{1}$	2	1	1
x_5	0	$\underline{0}$	4	1	$\cdot/\cdot$
		-18	-9	0	

2

NBV		x_3	x_2	
BV	-1	0	9	0
x_1	18	$\tfrac{1}{2}$	$\underline{0}$	$\tfrac{1}{2}$	$\cdot/\cdot$
x_4	0	$-\tfrac{1}{2}$	$\underline{2}$	$\tfrac{1}{2}$	$\tfrac{1}{4}$
x_5	0	$\underline{0}$	$\underline{\underline{4}}$	$\underline{1}$	$\tfrac{1}{4}$
		9	-9	9	

3   NBV x_3 x_5

BV	-1	0	0	0
x_1	18	$\frac{1}{2}$	0	$\frac{1}{2}$
x_4	0	$-\frac{1}{2}$	$-\frac{1}{2}$	0
x_2	9	0	$\frac{1}{4}$	$\frac{1}{4}$
		9	2,25	11,25

(primales optimales Rechenblatt)

$$(3.60)$$

Das erweiterte duale Problem von (3.59) lautet:

ZF: $W = y_3 + y_4 + y_5 \doteq \min;$

NB:

$$2y_3 + 1y_4 \qquad - y_1 \qquad = 18,$$
$$2y_4 + 4y_5 \qquad - y_2 = 9,$$
$$y_1, \ldots, y_5 \geqq 0.$$

$$(3.61)$$

Von (3.61) wird die Normalform (3.62) erstellt.

$$W = -y_3 - y_4 - y_5 - My_6 - My_7 \doteq \max;$$
$$2y_3 + 1y_4 \qquad - y_1 \qquad + y_6 \qquad = 18,$$
$$2y_4 + 4y_5 \qquad - y_2 \qquad + y_7 = 9,$$
$$y_1, \ldots, y_7 \geqq 0.$$

$$(3.62)$$

Nach der Simplexmethode entstehen die folgenden Rechenblätter:

1   NBV y_3 y_4 y_5 y_1 y_2

BV	-1	-1	-1	-1	0	0	0	
y_6	$-M$	2	1	0	-1	0	18	$\cdot/\cdot$
y_7	$-M$	0	2	4	0	-1	9	$\frac{9}{4}$
		1	1	1	0	0	0	
		-2	-3	-4	1	1	-27	

2

NBV		y_3	y_4	y_1	y_2		
VB	-1	-1	-1	0	0	0	
y_6	$-M$	2	1	-1	0	18	9
y_5	-1	0	$\frac{1}{2}$	0	$-\frac{1}{4}$	$2,25$	$\cdot/\cdot$
		1	$\frac{1}{2}$	0	$\frac{1}{4}$	$-2,25$	
		-2	-1	1	0	-18	

3

NBV		y_4	y_1	y_2	
BV	-1	-1	0	0	0
y_3	-1	$\frac{1}{2}$	$-\frac{1}{2}$	0	9
y_5	-1	$\frac{1}{2}$	0	$-\frac{1}{4}$	$2,25$
		0	$\frac{1}{2}$	$\frac{1}{4}$	$-11,25$

(duales optimales Rechenblatt)

$$(3.63)$$

Der Vergleich der beiden optimalen Rechenblätter (3.60) und (3.63) bestätigt die im Satz 3.4 bzw. Satz 3.5 angeführten Beziehungen.

Beispiel 3.6:

Primales OP:

ZF: $\quad Z = x_1 + x_2 + x_3 + x_4 \doteq \min;$

NB:
$$
\begin{aligned}
x_1 \qquad\qquad + x_4 &\geqq 4, \\
x_1 + x_2 \qquad\qquad &\geqq 8, \\
x_2 + x_3 \qquad &\geqq 7, \\
x_3 + x_4 &\geqq 5, \\
x_i &\geqq 0, \\
i &= 1, 2, 3, 4.
\end{aligned}
\tag{3.64}
$$

Duales OP:

ZF: $\quad W = 4y_5 + 8y_6 + 7y_7 + 5y_8 \doteq \max;$

NB:
$$
\begin{aligned}
y_5 + y_6 \qquad\qquad &\leqq 1, \\
y_6 + y_7 \qquad &\leqq 1, \\
y_7 + y_8 &\leqq 1, \\
y_5 \qquad\qquad + y_8 &\leqq 1, \\
y_i &\geqq 0.
\end{aligned}
\tag{3.65}
$$

Oder das erweiterte duale Problem:

$$W = 4y_5 + 8y_6 + 7y_7 + 5y_8 \doteq \max;$$

$$
\begin{aligned}
y_5 + y_6 \quad\quad + y_1 \quad\quad\quad\quad &= 1, \\
y_6 + y_7 \quad\quad + y_2 \quad\quad\quad &= 1, \\
y_7 + y_8 \quad\quad + y_3 \quad &= 1, \\
y_5 \quad\quad + y_8 \quad\quad\quad + y_4 &= 1.
\end{aligned}
\tag{3.65$'$}
$$

Die optimale Lösung von (3.65) kann ohne Rechentableau durch folgende Überlegung erhalten werden:

Alle optimalen Lösungen müssen die Nebenbedingungen (3.65) wegen der positiven Koeffizienten in der Zielfunktion mit dem Gleichheitszeichen erfüllen, da anderenfalls eine Lösung mit größerem Funktionswert angegeben werden kann.

Alle optimalen Lösungen sind folglich in der Linearkombination

$$\mathbf{y} = \lambda \mathbf{y}_1 + (1 - \lambda)\, \mathbf{y}_2 \quad \text{mit} \quad 0 \leq \lambda \leq 1, \quad \mathbf{y}_1 = \begin{bmatrix} 1 \\ 0 \\ 1 \\ 0 \end{bmatrix}$$

und

$$\mathbf{y}_2 = \begin{bmatrix} 0 \\ 1 \\ 0 \\ 1 \end{bmatrix} = \begin{bmatrix} y_5 \\ y_6 \\ y_7 \\ y_8 \end{bmatrix}$$

enthalten. Da $W(\mathbf{y}_1) = 11$ und $W(\mathbf{y}_2) = 13$ ist, folgt

$$W(\mathbf{y}) = \lambda 11 + (1 - \lambda)\, 13 \leq 13 = W(\mathbf{y}_2),$$

d.h., $\mathbf{y}_2$ ist die einzige optimale Lösung von (3.65).

$\mathbf{y}_2$ ist entartet, da nur $y_6 = 1$ und $y_8 = 1$ positive BV sind. Zur Basis gehören damit die Vektoren

$$\begin{bmatrix} 1 \\ 1 \\ 0 \\ 0 \end{bmatrix} \quad \text{und} \quad \begin{bmatrix} 0 \\ 0 \\ 1 \\ 1 \end{bmatrix},$$

die den Variablen y_6 und y_8 entsprechen. Zwei weitere Vektoren werden beliebig ergänzt. Es seien dies die Vektoren, die zu y_7 und y_4 gehören. Bei der Ergänzung muß darauf geachtet werden, daß die so gewählten Vektoren linear unabhängig sind. Also gilt:

$$\text{BV}\ [y_6, y_7, y_8, y_4];$$

$$\mathbf{B} = \begin{bmatrix} 1 & 0 & 0 & 0 \\ 1 & 1 & 0 & 0 \\ 0 & 1 & 1 & 0 \\ 0 & 0 & 1 & 1 \end{bmatrix}.$$

Es folgt:

$$\mathbf{B}^{-1} = \begin{bmatrix} 1 & 0 & 0 & 0 \\ -1 & 1 & 0 & 0 \\ 1 & -1 & 1 & 0 \\ -1 & 1 & -1 & 1 \end{bmatrix} \cdot$$

Nach Satz 3.3′ kann somit unmittelbar eine optimale Lösung des primalen Problems (3.64) aufgestellt werden:

$$\mathbf{x}_0^T = \mathbf{b}^{*T} \mathbf{B}^{-1} = [8, 7, 5, 0] \begin{bmatrix} 1 & 0 & 0 & 0 \\ -1 & 1 & 0 & 0 \\ 1 & -1 & 1 & 0 \\ -1 & 1 & -1 & 1 \end{bmatrix},$$

$$\mathbf{x}_0 = \begin{bmatrix} 6 \\ 2 \\ 5 \\ 0 \end{bmatrix} \cdot$$

Die Überprüfung der Optimalität kann sofort geschehen. $\mathbf{x}_0$ erfüllt die NB von (3.64). Weiterhin ist $Z(\mathbf{x}_0) = 13$, d.h., $\mathbf{x}_0$ ist optimale Lösung, denn 13 ist von z eine untere Schranke, weil $W(\mathbf{y}_2) = 13$ ist.

3.2.3. Die duale Simplexmethode

Bei den folgenden Betrachtungen wird von dem Satz 3.4, dem erweiterten primalen Problem (3.54) und dem erweiterten dualen Problem (3.55) der vorhergehenden beiden Abschnitte ausgegangen. Es entspricht jedem Simplextableau eines LOP ein duales Rechenblatt, und es ist ganz gleich, ob das duale Problem oder das primale Problem gelöst wird. Liegt also ein LOP als Ausgangsproblem vor, so kann das duale Problem aufgestellt und nach der Simplexmethode gelöst werden. Wird dabei nicht das übliche Simplextableau, sondern das diesem entsprechende duale Rechenblatt ausschließlich als Berechnungsgrundlage benutzt, so bezeichnet man diesen Lösungsalgorithmus als duale Simplexmethode. Vor der Angabe der allgemeinen Transformationsformeln wird dieser Lösungsalgorithmus an dem folgenden Beispiel eingeführt.

Zu lösen ist das primale Problem

$$W = y_3 + y_4 + y_5 \doteq \min;$$
$$2y_3 + 1y_4 \qquad \geqq 18,$$
$$2y_4 + 4y_5 \geqq 9, \tag{3.66}$$
$$y_3, y_4, y_5 \geqq 0.$$

6*

Das erweiterte duale Problem lautet:

$$\begin{aligned}
Z = 18x_1 + 9x_2 &\doteq \max; \\
2x_1 + 0x_2 + x_3 &= 1, \\
1x_1 + 2x_2 \phantom{{}+ 0x_2} + x_4 &= 1, \\
0x_1 + 4x_2 \phantom{{}+ 0x_2 + x_4} + x_5 &= 1, \\
x_1, \ldots, x_5 &\geq 0.
\end{aligned} \qquad (3.67)$$

Dieses Problem wird mit der Simplexmethode gelöst; es ergeben sich die folgenden Rechenblätter:

1 NBV x_1 x_2

BV	-1	18	9	0	Q
x_3	0	2	0	1	$\frac{1}{2}$
x_4	0	1	2	1	$\frac{1}{1}$
x_5	0	0	4	1	$\cdot/\cdot$
G		-18	-9	0	

1* NBV y_3 y_4 y_5

BV	-1	-1	-1	-1	0
y_1	0	-2	-1	0	-18
y_2	0	0	-2	-4	-9
G		1	1	1	0
Q		$\frac{1}{2}$	$\frac{1}{1}$	$\cdot/\cdot$	

2 NBV x_3 x_2

BV	-1	0	0	0	Q
x_1	18	$\frac{1}{2}$	0	$\frac{1}{2}$	$\cdot/\cdot$
x_4	0	$-\frac{1}{2}$	2	$\frac{1}{2}$	$\frac{1}{4}$
x_5	0	0	4	1	$\frac{1}{4}$
G		9	-9	9	

2* NBV y_1 y_4 y_5

BV	-1	0	-1	-1	0
y_3	-1	$-\frac{1}{2}$	$\frac{1}{2}$	0	$+9$
y_2	0	0	-2	-4	-9
G		$\frac{1}{2}$	$\frac{1}{2}$	1	-9
		$\cdot/\cdot$	$\frac{1}{4}$	$\frac{1}{4}$	

3 NBV x_3 x_5

BV	-1	0	0	0
x_1	18	$\frac{1}{2}$	0	$\frac{1}{2}$
x_4	0	$-\frac{1}{2}$	$-\frac{1}{2}$	0
x_2	9	0	$\frac{1}{4}$	$\frac{1}{4}$
G		9	$2{,}25$	$11{,}25$

3* NBV y_1 y_4 y_2

BV	-1	0	-1	0	0
y_3	-1	$-\frac{1}{2}$	$+\frac{1}{2}$	0	9
y_5	-1	0	$+\frac{1}{2}$	$-\frac{1}{4}$	$2{,}25$
G		$\frac{1}{2}$	0	$\frac{1}{4}$	$-11{,}25$

Neben den Rechenblättern **1**, **2** und **3** sind die dualen Rechenblätter beigefügt. Der Übergang von einem solchen dualen Rechenblatt zum folgenden kann nach der dualen Simplexmethode wie folgt durchgeführt werden:

Die Auswahl des Kreuzelementes erfolgt anders als bei der Simplexmethode:

a) Das Kreuzelement wird aus der Zeile gewählt, wo sich in der letzten Spalte des Rechenblattes das kleinste negative Element befindet. (In **1*** ist es in der 2. Zeile -18). Diese Zeile wird wie bei der SM als Ausgangszeile (Kreuzzeile) bezeichnet.

b) Das Kreuzelement muß immer negativ sein.

c) Die Spalte, die das Kreuzelement enthält, wird wie folgt bestimmt: Alle Elemente der G-Zeile werden durch die Beträge der entsprechenden negativen Elemente der Ausgangszeile dividiert (für Elemente der Kreuzzeile, die 0 oder positiv sind, werden keine Quotienten gebildet). Die dabei entstehenden Quotienten werden bei der dualen Simplexmethode in der Q-Zeile vermerkt, die im Gegensatz zur SM jetzt als letzte Zeile im Rechenblatt vermerkt ist (in **1*** entstehen die Quotienten $\frac{1}{2}$, 1). Die Spalte mit dem kleinsten Quotienten in der Q-Zeile wird wieder als Eingangsspalte (Kreuzspalte) bezeichnet (in **1*** ist es die y_3-Spalte; das Kreuzelement ist also gleich -2).

Nun kann die Vertauschung der durch das Kreuzelement festgelegten BV mit der Nichtbasisvariablen und die Berechnung der Elemente des folgenden Rechenblattes wie bei der Simplexmethode erfolgen, denn die Simplextransformationsregeln sind in den Spalten und Zeilen symmetrisch. Es entsteht also nach dieser Transformation das gleiche duale Rechenblatt wie es durch Anwendung der Simplextransformation auf das primale Rechenblatt mit nachfolgender Umschreibung in das duale entstehen würde. Am durchgerechneten Beispiel findet man diese Transformationsregeln unmittelbar bestätigt.

Nunmehr wird folgendes allgemeine LOP vorgegeben:

$$\text{ZF:} \quad Z = c_1 x_1 + c_2 x_2 + \cdots + c_n x_n \doteq \max;$$

$$\text{NB:} \quad
\begin{aligned}
a_{11} x_1 + \cdots + a_{1n} x_n &\geqq b_1, \\
a_{21} x_1 + \cdots + a_{2n} x_n &\geqq b_2, \\
\cdots \cdots \cdots \cdots \cdots \cdots & \\
a_{m1} x_1 + \cdots + a_{mn} x_n &\geqq b_m, \\
x_j &\geqq 0, \\
c_j &\leqq 0,
\end{aligned}
\qquad j = 1, \ldots, n.
\tag{3.68}$$

Vektor **b** der rechten Seiten von (3.68) unterliegt keiner Vorzeichenbeschränkung. Durch Einführung der Schlupfvariablen $x_{n+1}, \ldots, x_{n+m}$ geht (3.68) in das folgende äquivalente Problem über:

$$\text{ZF:} \quad Z = c_1 x_1 + c_2 x_2 + \cdots + c_n x_n \doteq \max;$$

$$\text{ND:} \quad
\begin{aligned}
a_{11} x_1 + \cdots + a_{1n} x_n - x_{n+1} &= b_1, \\
a_{21} x_1 + \cdots + a_{2n} x_n - x_{n+2} &= b_2, \\
\cdots \cdots \cdots \cdots \cdots \cdots \cdots & \\
a_{m1} x_1 + \cdots + a_{mn} x_n - x_{n+m} &= b_m, \\
x_j &\geqq 0, \\
c_j &\leqq 0,
\end{aligned}
\qquad j = 1, \ldots, n+m.
\tag{3.69}$$

Nach (3.69) kann das zulässige Ausgangstableau aufgestellt werden, weil alle Koeffizienten der Zielfunktion $\leqq 0$ sind.

$$
\begin{array}{c|ccccc|c}
\text{NBV} & & x_1 & x_2 & \cdots & x_n & \\
\text{BV} & -1 & c_1 & c_2 & \cdots & c_n & 0 \\
\hline
x_{n+1} & 0 & -a_{11} & -a_{12} & \cdots & -a_{1n} & -b_1 \\
x_{n+2} & 0 & -a_{21} & -a_{22} & \cdots & -a_{2n} & -b_2 \\
\vdots & \vdots & & & \cdots & & \vdots \\
x_{n+m} & 0 & -a_{m1} & -a_{m2} & \cdots & -a_{mn} & -b_m \\
\hline
G & & -c_1 & -c_2 & \cdots & -c_n & 0
\end{array}
\tag{3.70}
$$

Sind in (3.70) alle $b_i \leqq 0$ $(i = 1, \ldots, m)$, so würde bereits die optimale Lösung $x_1 = \cdots = x_n = 0$, $x_{n+i} = -b_i$ vorliegen. Andernfalls wird unmittelbar die duale Simplexmethode zur Lösung herangezogen.

Es wird

$$
\min_{1 \leqq i \leqq m} (-b_i) = -b_r
\tag{3.71}
$$

berechnet. Durch den Index r wird die Ausgangszeile festgelegt. Anschließend werden für alle $k = 1, \ldots, n$ mit $a_{rk} < 0$ die Quotienten

$$
q_k = \frac{g_k}{|a_{rk}|} = \frac{-c_k}{|a_{rk}|}
$$

und

$$
q_e = \min \{q_k\} \ (1 \leqq k \leqq n)
$$

gebildet. Durch den Index e wird die Eingangsspalte festgelegt. Danach folgt eine Simplextransformation. Dieses Vorgehen wird so lange wiederholt, bis das optimale Rechenblatt vorliegt.

Bei verschiedenen praktischen LO-Problemen tritt der Fall ein, daß die rechten Seiten in den Nebenbedingungen variieren. Geht man bei diesen Problemstellungen zum dualen Problem über, so erscheinen die veränderlichen Koeffizienten in der Zielfunktion; ein vorhandenes Rechenblatt kann für die Weiterrechnung benutzt werden, auch wenn sich die Koeffizienten der Zielfunktion ändern. Bei anderen Problemen bewirkt unter Umständen der Übergang zum dualen Problem, daß sofort eine erste zulässige Basislösung mit der entsprechenden zulässigen Basisdarstellung angegeben werden kann.

Schließlich kann das duale Problem mitunter einfacher gelöst werden, und die duale Simplexmethode ist vorteilhaft anzuwenden.

Am anschließenden Beispiel wird die eben dargestellte duale Simplexmethode vollständig zur Lösung benutzt.

$$\begin{aligned}
\text{ZF:} \quad & Z = -5x_1 - 6x_2 & \doteq \max; \\
\text{NB:} \quad & 2x_1 + x_2 - x_3 & = 6, \\
& 2x_1 + 4x_2 \quad\quad - x_4 & = 12, \\
& 4x_2 \quad\quad\quad\quad - x_5 & = 4, \\
& x_1, \ldots, x_5 \geqq 0. &
\end{aligned}$$

(3.72)

Die Rechenblätter lauten:

1 NBV x_1 x_2

BV	-1	-5	-6	0
x_3	0	-2	-1	-6
x_4	0	-2	-4	-12
x_5	0	0	-4	-4
G		5	6	0
Q		$\frac{5}{2}$	$\frac{6}{4}$	

2 NBV x_1 x_4

BV	-1	-5	0	0
x_3	0	$-\frac{3}{2}$	$-\frac{1}{4}$	-3
x_2	-6	$\frac{1}{2}$	$-\frac{1}{4}$	3
x_5	0	2	-1	8
G		2	$\frac{6}{4}$	-18
Q		$\frac{4}{3}$	6	

3 NBV x_3 x_4

BV	-1	0	0	0
x_1	-5	$-\frac{2}{3}$	$\frac{1}{6}$	2
x_2	-6	$\frac{1}{3}$	$-\frac{1}{3}$	2
x_5	0	$\frac{4}{3}$	$-\frac{4}{3}$	4
G		$\frac{4}{3}$	$\frac{7}{6}$	-22

Da im Rechenblatt **3** in der G-Zeile und in der letzten Spalte alle Elemente (ausgenommen -22) nichtnegativ sind, ist **3** das optimale Rechenblatt, und die optimale Lösung von (3.72) lautet:

$$\begin{aligned}
x_1 &= 2, & x_3 &= 0, \\
x_2 &= 2, & x_4 &= 0, \\
x_5 &= 4. &
\end{aligned}$$

$Z = -22$ ist der optimale Wert der Zielfunktion.

* *Aufgabe 3.3:* Ein Werk erhält Bleche von 200 cm Breite und 500 cm Länge. Wie viele dieser Bleche werden zur Herstellung von mindestens

> 30 Blechen von 110 cm Breite und 500 cm Länge,
> 40 Blechen von 75 cm Breite und 500 cm Länge,
> 15 Blechen von 60 cm Breite und 500 cm Länge

gebraucht, damit der Blechabfall minimiert wird? Die Aufgabe ist mit der dualen Simplexmethode zu lösen!

3.2.4.   Dual zulässige Lösung

Der Unterschied zwischen der SM und der DSM liegt in den verschiedenen Anfangsbedingungen. Da in den gegebenen Nebenbedingungen in vielen Fällen aus der Praxis obere und untere Beschränkungen vorliegen, sind die Basiswerte b_j des Gleichungssystems positiv oder negativ. Zwar können entsprechend künstliche Variable eingeführt werden (vgl. Normalform), aber trotzdem ist die DSM der SM vorzuziehen, da die Voraussetzung für eine dual zulässige Basislösung — einheitliche Vorzeichen der g_k — in der Praxis oft durch die Zielfunktion gegeben ist.

Mit Hilfe einer Leitgleichung läßt sich aber auch der Fall sehr vorteilhaft behandeln, bei dem in der Ausgangsform eines Problems gemischte Vorzeichen für die Basiswerte und die Zielfunktion auftreten. Durch Abänderung des Auswahlprinzips für die Leitgleichungen kann in einem ersten Schritt eine dual zulässige Basislösung erzeugt werden. Für das Gleichungssystem wird also vorausgesetzt, daß es eine Leitgleichung enthält, die in die erste Zeile des Ausgangstableaus geschrieben wird und die folgende Bedingungen erfüllt: Für die Leitgleichung

$$\sum_{k=1}^{n} a_{1k}x_k = b_1 \quad \text{gilt} \quad a_{1k} > 0, \quad b_1 > 0, \quad k = 1, \dots, n.$$

Diese Voraussetzung ist einfacher zu erfüllen als die einer zulässigen bzw. dual zulässigen Basislösung. Sie fordert eine Gleichung einheitlicher Vorzeichen der Koeffizienten und ist in den meisten Fällen in der Praxis gegeben. Ist sie nicht vorhanden, so läßt sie sich durch Umformung des Gleichungssystems erreichen. x_{n+1} wird als künstliche Zusatzvariable in die Leitgleichung eingeführt.

Die künstliche Zusatzvariable x_{n+1} dieser Leitgleichung muß im ersten Schritt eliminiert werden. Um die auszutauschende Spalte x_e festzulegen, wird folgendes Auswahlprinzip gewählt:

$$\max_{\substack{1 \leq k \leq n \\ g_k < 0}} \left\{ \frac{|g_k|}{a_{1k}} \right\} = g_{k_0}. \tag{3.73}$$

Es wird also im ersten Schritt entgegen dem üblichen Auswahlprinzip der größte Quotient gesucht, um einheitliche Vorzeichen in der G-Zeile zu erreichen, d.h. eine dual zulässige Basislösung. Nun kann das Auswahlprinzip der DSM angewendet werden.

Mit dem Bestehen einer Leitgleichung und dem vorbereitenden Austauschschritt kann von einer beliebigen Ausgangsmatrix ausgehend ohne größere vorbereitende Rechnung sofort in der beschriebenen Weise vorgegangen werden.

Am folgenden Beispiel soll das Vorgehen demonstriert werden. x_4 wurde als künstliche Zusatzvariable bereits hinzugefügt.

ZF: $\quad Z = -\ x_1 + 2x_2 + 4x_3 \qquad\ \dot{=}\ \max;$

$\quad\qquad 2x_1 +\ x_2 +\ x_3 + x_4 \qquad\ =\ \ 7,\ \text{Leitgleichung}$

$\quad\qquad -x_1 -\ x_2 +\ x_3 \qquad + x_5 \quad =\ \ 1,$

$\quad\qquad 3x_1 - 2x_2 -\ x_3 \qquad\qquad + x_6 = -8,$

$$x_1, \ldots, x_6 \geqq 0.$$

1 NBV $\quad x_1 \quad x_2 \quad x_3$

BV	-1	-1	2	4	0
x_4		2	1	1	7
x_5	0	-1	-1	1	1
x_6	0	3	-2	-1	-8
G		1	-2	-4	0
Q		$\cdot/\cdot$	2	4	

$$(3.74)$$

Austausch der künstlichen BV x_4 nach Auswahlprinzip.

Nach dem Austausch wird die Spalte mit x_4 weggelassen.

2 NBV $\quad x_1 \quad x_2$

BV	-1	-1	2	0
x_3	0	2	1	7
x_5	0	-3	-2	-6
x_6	4	5	-1	-1
G		9	2	28
Q		3	1	

DSM

3 NBV $\quad x_1 \quad x_5$

BV	-1	-1	0	0
x_3	4	$\frac{1}{2}$	$\frac{1}{2}$	4
x_2	2	$\frac{3}{2}$	$-\frac{1}{2}$	3
x_6	0	$\frac{13}{2}$	$-\frac{1}{2}$	2
G		6	1	22

Die optimale Lösung lautet

$$x_2 = 3, \quad x_1 = 0,$$
$$x_3 = 4, \quad x_5 = 0, \quad Z = 22.$$
$$x_6 = 2,$$

3.3.   Parametrische lineare Optimierung

3.3.1.   Problemstellung

Bei praktischen Problemstellungen der linearen Optimierung ändern sich oft die rechten Seiten der Nebenbedingungen oder die Koeffizienten der Zielfunktion. So entstehen Erweiterungen derart, daß entweder die Koeffizienten der Zielfunktion oder die rechten Seiten der Nebenbedingungen linear von einem oder mehreren Parametern abhängen.

Eine Aufgabenstellung mit einer solchen linearen Parameterabhängigkeit wird als *parametrisches lineares Optimierungsproblem* bezeichnet. An einem Beispiel einer parametrischen Optimierungsaufgabe aus einem metallurgischen Betrieb soll die Abhängigkeit der rechten Seiten der Nebenbedingungen von nur einem Parameter λ erläutert werden.

Beispiel 3.7: Der Förderablauf eines Rohstoffbetriebes ist über ein Netz von Transportwegen zu bewältigen.

In Bild 3.4 ist dieses Netz vereinfacht dargestellt. Die rechteckigen Felder bedeuten die Förderbänder, die durch seitlich eingetragene Zahlen numeriert sind. Die Aufgabestellen der Rohstoffe auf die Bandstraße sind durch vertikale bzw. horizontale Pfeile markiert. Diese Aufgabestellen können direkt von Reichsbahnwagen, von einer Schlitzbunkeranlage, von einer Tiefbunkeranlage oder von Rohstoffhalden aus beschickt werden.

Von den Aufgabestellen gehen 11 verschiedene Förderwege aus, die in Bild 3.4 mit A_1, A_2, A_3, B_4, B_5, B_6, B_7, C_8, C_9, D_{10} und D_{11} bezeichnet sind. Durch die eingezeich-

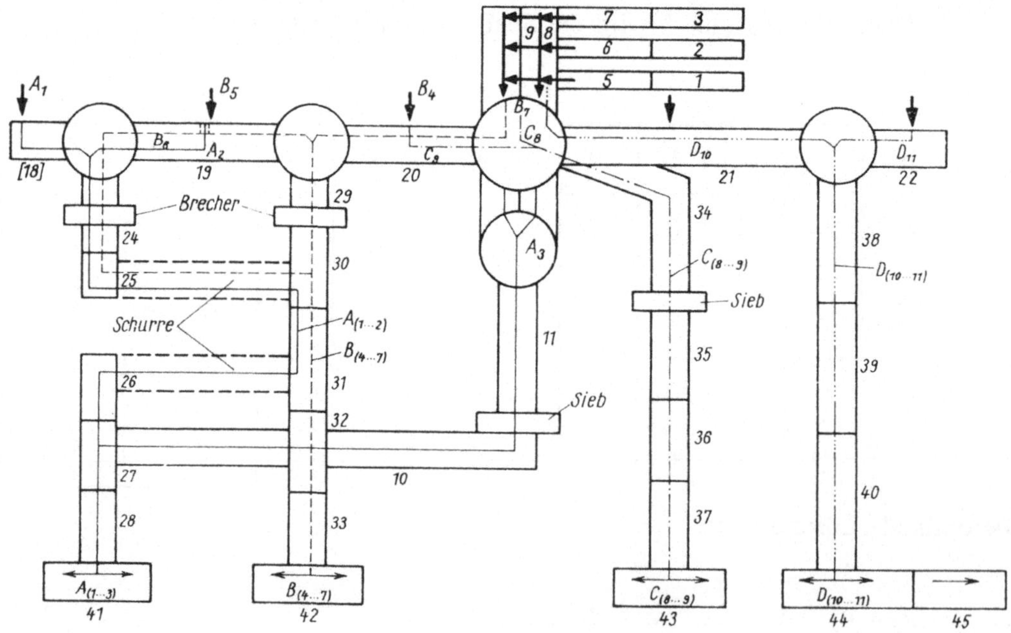

Bild 3.4

neten Kreise sind die Verzweigungen der Bandstraße angedeutet. Die Bänder 41, 42, 43, 44 und 45 münden in eine Möllerbunkeranlage, die aus 28 Doppelbunkertaschen besteht.

Mit den Varianten A_1, A_2 und A_3, die über Band 41 führen, sind die Bunkertaschen 1 bis 9 zu beschicken, mit den Varianten B_4, B_5, B_6 und B_7 über Band 42 die Taschen 5 bis 9, mit den Varianten C_8 und C_9 über Band 43 die Taschen 8 bis 18 und mit den Varianten D_{10} und D_{11} über Band 44 bzw. 45 die Taschen 14 bis 28.

Zwischen den Bändern 23 und 24 bzw. 29 und 30 ist ein Brecher und zwischen den Bändern 11 und 10 bzw. 34 und 35 ein Sieb eingebaut.

Eine Aufgabe des Rohstoffbetriebes ist es, die mit Reichsbahnwagen ankommenden Einsatzstoffe sofort in die Schlitzbunkeranlage, auf Halde, in die Tiefbunkeranlage oder sofort auf die Bandstraße zu entladen. Weiterhin hat der Rohstoffbetrieb den Ofenbetrieb mit den erforderlichen Einsatzmaterialien für die Erzeugung von Gießereiroheisen und Sonderroheisen in den Niederschachtöfen zu beliefern. Hierbei sind einzelne Sortimente nach Menge und Qualität zu berücksichtigen. Für die richtige Versorgung der Niederschachtöfen mit Einsatzstoffen sind die 28 Möllerbunker in der Möllerung nach einem festgelegten Bunkerbeschickungsplan so gefüllt zu halten, daß ein reibungsloser und gleichmäßiger Produktionsablauf im Ofenbetrieb garantiert wird. Eine weitere Aufgabe des Rohstoffbetriebes ist es schließlich, eine gewisse Aufbereitung der Möllerstoffe vorzunehmen. So sind einige Rohstoffe abzusieben bzw. mit Brechern zu zerkleinern.

Zur Bewältigung dieser Aufgaben ist die mengenmäßige Auslastung der Aufgabenbereiche und der Förderwege so zu bestimmen, daß

1. die tägliche Gesamtförderzeit minimal wird und

2. die gesamte Förderung in möglichst kurzer Zeit beendet ist.

Bei den zu fördernden Möllerstoffen handelt es sich um verschiedene Materialien, die in drei Gruppen einzuteilen sind:

a) zu brechende Stoffe R_1,

b) abzusiebende Stoffe R_2,

c) normal zu fördernde Stoffe R_3.

Normal zu fördernde Stoffe können über alle Varianten transportiert werden, abzusiebende Stoffe nur über die Varianten, die ein Sieb enthalten (A_3, C_8, C_9), zu brechende Stoffe nur über Varianten, die einen Brecher enthalten (A_1, A_2, B_4, B_5, B_6 und B_7).

Zur Aufstellung eines mathematischen Modells ist von folgenden Daten auszugehen:

Die zunächst unbestimmten Mengen, die über die einzelnen Varianten zu fördern sind, werden mit x_{ij} bezeichnet. Der Index i ($i = 1, 2, ..., 11$) gibt die Variante und der Index j ($j = 1, ..., 3$) gibt den Rohstoff an. Die Leistungskoeffizienten [min/m³ bzw. min/t] jedes einzelnen Bandes sind als gegeben vorauszusetzen. Der Leistungskoeffizient t_{ij} der i-ten Fördervariante und des j-ten Rohstoffes ist dann durch den kleinsten Leistungskoeffizienten der Bänder, die zu diesem Wege gehören, festgelegt.

Allgemein wird mit m_j, $j = 1, 2, 3$, die Fördermenge in m³/Tag bezeichnet, die man von R_j benötigt. Aus diesem Grunde ist die Tabelle 3.1 in drei Spalten eingeteilt. Die eingesetzten Zeichen M deuten an, daß über die zu diesen Zeilen gehörenden Varianten die in den Spalten dafür in Frage kommenden Rohstoffe nicht zu transportieren sind. M ist ein hinreichend großer Zeitwert.

Bei der Aufstellung eines Modells wird vorausgesetzt, daß an den Aufgabestellen der einzelnen Fördervarianten alle Rohstoffe, die eventuell von dort zu fördern sind,

Tabelle 3.1

Mengen	m³/Tag	zu brechende Rohstoffe m_1	zu siebende Rohstoffe m_2	normal zu fördernde Rohstoffe m_3
A-Lauf	A_1	t_{11}	M	t_{13}
	A_2	t_{21}	M	t_{23}
	A_3	M	t_{32}	t_{33}
B-Lauf	B_4	t_{41}	M	t_{43}
	B_5	t_{51}	M	t_{53}
	B_6	t_{61}	M	t_{63}
	B_7	t_{71}	M	t_{73}
C-Lauf	C_8	M	t_{82}	t_{83}
	C_9	M	t_{92}	t_{93}
D-Lauf	D_{10}	M	M	$t_{10.3}$
	D_{11}	M	M	$t_{11.3}$

vorhanden seien. Diese Voraussetzung ist sehr einschneidend und im besonderen nicht unbedingt erfüllt, wenn z. B. einige Rohstoffe aus irgendwelchen Gründen von der Halde zu fördern sind bzw. an einigen Aufgabeorten die benötigten Rohstoffe fehlen. Endlich können bei Eingangsschwankungen der Rohstoffe, die etwa durch Zugverspätungen hervorgerufen werden, erhebliche Störungen im Förderablauf eintreten, wenn nach der aufgeschlüsselten optimalen Lösung gefördert wird.

Die beiden Optimierungsfunktionen „Minimierung der Gesamtförderzeit" und „Minimierung der maximalen Bandauslastung" können in der folgenden parametrischen Optimierung vereint werden.

Für die M-Felder sind in den folgenden allgemeinen Gleichungen die entsprechenden $x_{ij} = 0$ zu setzen. Werden die Leistungskoeffizienten in min/m³ zugrunde gelegt, so nimmt die Gesamtförderzeit Z als Zielfunktion folgende Gestalt an:

$$Z = \sum_{i=1}^{11} \sum_{j=1}^{3} t_{ij} \cdot x_{ij} \doteq \min.$$

Die Nebenbedingungen (3.75) bis (3.86) haben folgende Form: Die Summe der in den einzelnen Läufen geförderten Stoffe muß den im Möllerplan vorgesehenen Gesamtmengen entsprechen:

$$\sum_{i=1}^{11} x_{ij} = m_j, \quad x_{ij} \geqq 0, \quad j = 1, 2, 3. \tag{3.75}$$

Die Gesamtförderzeit jedes einzelnen Bandlaufs darf λ Minuten nicht übersteigen (λ ist die maximale Bandauslastung). Da sich die einzelnen Varianten gegenseitig ausschließen, ergibt sich die Gesamtförderzeit aus der Summe dieser sich ausschließenden Varianten:

$$\sum_{i=1}^{3} \sum_{j=1}^{3} t_{ij} x_{ij} \leq \lambda, \tag{3.76}$$

$$\sum_{i=4}^{7} \sum_{j=1}^{3} t_{ij} x_{ij} \leq \lambda, \tag{3.77}$$

$$\sum_{i=8}^{9} \sum_{j=1}^{3} t_{ij} x_{ij} \leq \lambda, \tag{3.78}$$

$$\sum_{i=10}^{11} \sum_{j=1}^{3} t_{ij} x_{ij} \leq -1007 + \lambda. \tag{3.79}$$

Bei der Nebenbedingung (3.79) ist zu beachten, daß über die Varianten D_{10} und D_{11} zusammen 1007 Minuten am Tag unbedingt andere Rohstoffe zu fördern sind.

Da die gleichen Arbeitskräfte sowohl die A- als auch als die B-Varianten bedienen, darf die Summe der Förderzeiten all dieser Varianten 21 h $= 1260$ min nicht überschreiten. Diese Zeit entspricht der praktisch erreichbaren Arbeitszeit bei einer dreischichtigen Bedienung:

$$\sum_{i=1}^{7} \sum_{j=1}^{3} t_{ij} x_{ij} \leq 1260. \tag{3.80}$$

Die Gesamtförderzeit der Bänder 8 und 9 darf 2λ nicht übersteigen:

$$\sum_{i=3,\,7,\,8,\,10} \sum_{j=1}^{3} t_{ij} x_{ij} \leq 2\lambda. \tag{3.81}$$

Die Gesamtförderzeit der Varianten A_1, A_2 und A_3 bzw. B_5, A_2 und B_6 bzw. B_4, B_7 und C_9 darf λ nicht übersteigen, da diese drei Varianten gemeinsam gleiche Bänder benutzen. An den übrigen Stellen, an denen mehrere Varianten zusammentreffen, ist eine solche Beschränkung nicht notwendig, weil dort noch weitere Bänder zugeschaltet werden können.

$$\sum_{i=1,\,2,\,3} \sum_{j=1}^{3} t_{ij} x_{ij} \leq \lambda, \tag{3.82}$$

$$\sum_{i=5,\,2,\,6} \sum_{i=1}^{3} t_{ij} x_{ij} \leq \lambda, \tag{3.83}$$

$$\sum_{i=4,\,7,\,9} \sum_{j=1}^{3} t_{ij} x_{ij} \leq \lambda. \tag{3.84}$$

Die Kapazität der Möllerbunker der A- und der B-Varianten ist relativ gering. Bei einem Fassungsvermögen der Bunkertaschen von je 200 m³ können in den Bunkern

5 bis 9 des B-Bereiches nur 2000 m³ gelagert werden, also im A- und B-Bereich zusammen nur 3600 m³:

$$\sum_{i=4}^{7} \sum_{j=1}^{3} x_{ij} \leq 2000, \tag{3.85}$$

$$\sum_{i=1}^{7} \sum_{j=1}^{3} x_{ij} \leq 3600. \tag{3.86}$$

Mit der maximalen Bandauslastung λ sind damit beide Problemstellungen in einem parametrischen Optimierungsproblem mit parameterabhängigen rechten Seiten der Nebenbedingungen vereint. Für jeden möglichen Parameter ist die minimale Förderzeit zu bestimmen.

3.3.2. Die Lösung parametrischer Optimierungsprobleme

Bei vielen mathematischen Problemen können die Lösungen in Abhängigkeit von einigen Problemvariablen in geschlossenen Formeln angegeben werden. So kann z. B. bei einem linearen Gleichungssystem mit beliebigen rechten Seiten eine Lösung mit Hilfe der reziproken Matrix berechnet werden. Sobald die rechten Seiten fest vorgegeben sind, kann die Lösung unmittelbar durch eine Matrizenmultiplikation angegeben werden.

Es erhebt sich die Frage, ob die optimale Lösung eines LOP auch in Abhängigkeit einiger Parameter angegeben werden kann. Besonders einfach ist diese Forderung bei den folgenden LOP (3.87) und (3.88) zu erfüllen, bei denen die Koeffizienten der Zielfunktion bzw. die rechten Seiten linear von einem Parameter t abhängen.

$$\text{ZF:} \qquad Z = (\mathbf{c}^T + \bar{\mathbf{c}}^T t)\, \mathbf{x} \doteq \max; \quad (t_1 \leq t \leq t_2)$$

$$\text{NB:} \qquad\qquad \mathbf{Ax} \leq \mathbf{b}, \tag{3.87}$$

$$\mathbf{x} \geq \mathbf{o}.$$

$$\text{ZF:} \qquad Z = \mathbf{c}^T \mathbf{x} \doteq \max;$$

$$\text{NB:} \qquad\qquad \mathbf{Ax} = \mathbf{b}^T + \bar{\mathbf{b}}^T t \quad (t_1 \leq t \leq t_2) \tag{3.88}$$

$$\mathbf{x} \geq \mathbf{o}.$$

In (3.87) und (3.88) ist

$$\mathbf{c}^T + \bar{\mathbf{c}}^T t = [c_1 + \bar{c}_1 t,\, c_2 + \bar{c}_2 t,\, \dots,\, c_n + \bar{c}_n t] = [c_1{}^*,\, \dots,\, c_n{}^*]$$

und

$$\mathbf{b}^T + \bar{\mathbf{b}}^T t = [b_1 + \bar{b}_1 t,\, \dots,\, b_m + \bar{b}_m t] = [b_1{}^*,\, \dots,\, b_m{}^*]$$

mit beliebigem reellem t.

Die Aufgabenstellung lautet zusammengefaßt: Für jeden Parameter t aus $t_1 \leq t \leq t_2$ ist von (3.87) bzw. (3.88) eine optimale Lösung anzugeben.

Zu (3.87) und (3.88) ist in (3.89) und (3.90) jeweils ein Beispiel angegeben.

ZF: $Z = (1 - t)\,x_1 + (1 - 2t)\,x_2 \doteq \max;$

NB:
$$
\begin{aligned}
x_1 - x_2 &\leqq 1, \\
2x_1 + x_2 &\leqq 5, \\
-2x_1 + 1x_2 &\leqq 1, \\
x_1, \quad x_2 &\geqq 0, \\
-1 \leqq t &\leqq 5.
\end{aligned}
\tag{3.89}
$$

ZF: $Z = -\,x_1 - 5x_2 -\, x_3 \doteq \max;$

NB:
$$
\begin{aligned}
-1x_1 - 2x_2 + 2x_3 &\leqq -1 + t, \\
1x_1 - 1x_2 - 1x_3 &\leqq -1 + 2t, \\
x_1, x_2, x_3 \geqq 0, \quad -7 &\leqq t \leqq 6.
\end{aligned}
\tag{3.90}
$$

Die Parameterabhängigkeit der Koeffizienten der ZF von (3.89) bedeutet, daß die Richtung der Zielfunktion (Gerade!) sich mit dem Parameter t ändert. Somit hängt die optimale Lösung wesentlich vom Parameter t ab. Der Lösungsbereich von (3.89) ist in Bild 3.5 schraffiert. Für die Parameter $t_1 = 1$, $t_2 = 0$ und $t_3 = \frac{1}{2}$ sind die entsprechenden Zielfunktionen für einen beliebigen Z-Wert eingetragen. Die Richtung, in der die Zielfunktion anwächst, ist durch Pfeile gekennzeichnet.

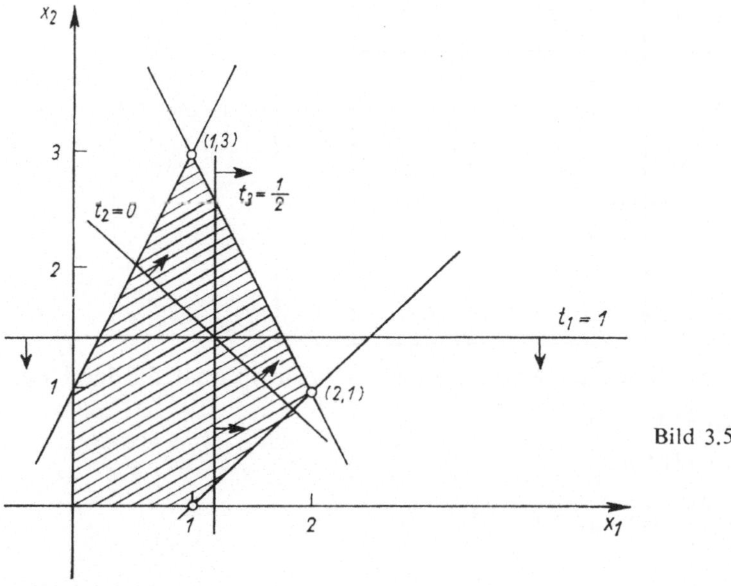

Bild 3.5

Aus Bild 3.5 sind für die einzelnen Parameterwerte t_1, t_2 und t_3 jeweils optimale Lösungen zu entnehmen:

$\quad t_1 = 1$: Optimale Lösung: $x_1 = 1, x_2 = 0, Z = 0;$

$\quad t_2 = 0$: Optimale Lösung: $x_1 = 1, x_2 = 3, Z = 4;$

$\quad t_3 = \frac{1}{2}$: Optimale Lösung: $x_1 = 2. x_2 = 1. Z = 1.$

Die Parameterabhängigkeit der rechten Seite von (3.90) bedeutet, daß die Hyperebenen, durch die der Lösungsbereich begrenzt wird, durch den Parameter parallel verschiebbar sind. Daher hängt wiederum die optimale Lösung wesentlich vom Parameter ab.

Wird für t ein ganz bestimmter Wert t_0 in (3.89) eingesetzt, so kann die optimale Lösung z. B. mit der Simplexmethode berechnet werden.

Die lineare Abhängigkeit der Koeffizienten der Zielfunktion von t bewirkt, daß die Formkoeffizienten g_k $(k = 1, ..., n)$ und die Basiszahl c einer beliebigen Basisdarstellung ebenfalls linear von t abhängen. Sie haben der Reihe nach die Form

$$g_k + \overline{g}_k t \quad \text{und} \quad c + \overline{c} t.$$

Um den Parameter t mit in das Rechenblatt zu übernehmen, ist die letzte Tableauzeile wieder wie bei dem Vorgehen mit künstlichen Variablen als Doppelzeile zu gestalten. Die Anteile g_k und c werden in der oberen und die Anteile $\overline{g}_k$ und $\overline{c}$ in der unteren Hälfte der Doppelzeile vermerkt.

Es sei das optimale Rechenblatt von (3.87) für den Parameter t_0 durch (3.91) dargestellt. Daher sind alle

$$g_j + \overline{g}_j t_0 \geqq 0, \quad j = 1, ..., n,$$

und $c + \overline{c} t_0$ ist der optimale Funktionswert.

	NBV	x_1	$\cdots$	x_n	
BV	-1	$c_1 + \overline{c}_1 t_0$	$\cdots$	$c_n + \overline{c}_n t_0$	0
x_{n+1}	0	r_{11}	$\cdots$	r_{1n}	k_1
$\vdots$	$\vdots$	$\vdots$		$\vdots$	$\vdots$
x_{n+m}	0	r_{m1}	$\cdots$	r_{mn}	k_m
G		g_1	$\cdots$	g_n	c
		$\overline{g}_1$	$\cdots$	$\overline{g}_n$	$\overline{c}$

$$(3.91)$$

Darüber hinaus ist dieses Rechenblatt für alle t-Werte optimal, die den Ungleichungen

$$g_j + \overline{g}_j t \geqq 0, \quad j = 1, ..., n, \tag{3.92}$$

genügen. Aus (3.92) folgt:

$$t \geqq -\frac{g_j}{\overline{g}_j} \quad \text{für} \quad \overline{g}_j > 0 \tag{3.92'}$$

und

$$t \leqq -\frac{g_j}{\overline{g}_j} \quad \text{für} \quad \overline{g}_j < 0. \tag{3.92''}$$

Also sind die Ungleichungen (3.92') gleichzeitig für alle

$$t \geqq \underline{t} = \max_{\overline{g}_j > 0} \left\{ -\frac{g_j}{\overline{g}_j} \right\} \tag{3.93a}$$

und die Ungleichungen (3.92″) gleichzeitig für alle

$$t \le \bar{t} = \min_{\bar{g}_j < 0} \left\{ - \frac{g_j}{\bar{g}_j} \right\} \qquad (3.93\,\mathrm{b})$$

erfüllt. $\underline{t}$ ist eine untere und $\bar{t}$ eine obere Parameterschranke. Da für $t = t_0$ alle Ungleichungen (3.92) erfüllt sind, muß

$$\underline{t} \le t_0 \le \bar{t}$$

sein. Falls kein $\bar{g}_j > 0$ existiert, ist $\underline{t} = -\infty$; gibt es dagegen kein $\bar{g}_j < 0$, so ist $\bar{t} = +\infty$. Andernfalls ist für $t = \underline{t}$ bzw. $t = \bar{t}$ mindestens ein Formkoeffizient von (3.92) gleich null. Wird ein solcher mit $g_l + \bar{g}_l t$ bezeichnet, so kann x_l in die Basis eingeführt werden, falls in (3.91) mindestens ein $r_{il} > 0$ ist ($i = 1, 2, \ldots, m$).

Sind nämlich alle $r_{il} \le 0$, dann hat entsprechend dem Simplexalgorithmus das Problem für alle $t \ge \bar{t}$ bzw. $t \le \underline{t}$ eine unbeschränkte Lösung, da diese t-Werte der Ungleichung $g_l + \bar{g}_l t \le 0$ genügen. Nach der Einführung der Variablen x_l in die Basis kann aus den neuen Formkoeffizienten ein weiteres Parameterintervall mit der entsprechenden optimalen Lösung angegeben werden. Die obere Schranke $\bar{t}$ wird im neuen Rechenblatt untere Schranke bzw. die untere Schranke $\underline{t}$ wird obere Schranke. So können der Reihe nach sich lückenlos anfügende Parameterintervalle mit den dazugehörenden optimalen Lösungen gefunden werden.

Wird in (3.89) $t_0 = 1$ gesetzt, so entsteht das Rechenblatt (3.94), wenn die Schlupfvariablen x_3, x_4 und $x_5 \ge 0$ eingeführt werden.

1	NBV	x_1	x_2	b	
BV	-1	$1 - t$	$1 - 2t$	0	Q
x_3	0	$\frac{1}{2}$	-1	1	1
x_4	0	2	1	5	$\frac{5}{2}$
x_5	0	-2	1	1	$\cdot/\cdot$
		-1	-1	0	
G					
		$+1$	$+2$	0	

$$(3.94)$$

Die Formkoeffizienten lauten:

$$-1 + t_0 = 0 \ge 0, \quad -1 + 2t_0 = 1 \ge 0.$$

Mit (3.94) ist für $t_0 = 1$ bereits ein optimales Rechenblatt gegeben. (3.94) ist darüber hinaus für alle $t \ge 1$ optimal. Ist also

$$1 = \underline{t}_1 \le t < \bar{t}_1 = +\infty,$$

so lautet eine optimale Lösung von (3.89):

$$\mathbf{x}^{(1)}: \quad x_1 = 0, \quad x_2 = 0, \quad Z(\mathbf{x}^{(1)}) = 0, \quad 1 \leq t < +\infty.$$

Da $-1 + \underline{t}_1 = 0$ ist, wird x_1 in die Basis eingeführt.

2	**NBV**	x_3	x_2	b	
BV	-1	0	$1 - 2t$	0	Q
x_1	$1 - t$	1	-1	1	$\cdot/\cdot$
x_4	0	-2	$\underline{3}$	3	1
x_5	0	2	-1	3	$\cdot/\cdot$
G		$+1$	-2	1	
		-1	3	-1	

$$(3.95)$$

Es gilt:

$$1 - \underline{t}_1 \geq 0, \quad -2 + 3\underline{t}_1 \geq 0.$$

(3.95) ist nach (3.93 a) bzw. (3.93 b) für alle

$$\tfrac{2}{3} = \underline{t}_2 \leq t \leq \bar{t}_2 = \underline{t}_1 = 1$$

optimal. Die optimale Lösung von (3.89) lautet für dieses Intervall:

$$\mathbf{x}^{(2)}: \quad x_1 = 1, \quad x_2 = 0, \quad Z(\mathbf{x}^{(2)}) = 1 - t; \quad \tfrac{2}{3} \leq t \leq 1.$$

Ganz analog werden die folgenden Rechenblätter und die dazugehörenden optimalen Lösungen berechnet.

3	**NBV**	x_3	x_4	b	
BV	-1	0	0	0	Q
x_1	$1 - t$	$\tfrac{1}{3}$	$\tfrac{1}{3}$	2	6
x_2	$1 - 2t$	$-\tfrac{2}{3}$	$\tfrac{1}{3}$	1	$\cdot/\cdot$
x_5	0	$\underline{\tfrac{4}{3}}$	$-\tfrac{1}{3}$	4	3
G		$-\tfrac{1}{3}$	$\tfrac{2}{3}$	3	
		1	-1	-4	

$$\mathbf{x}^{(3)}: \quad x_1 = 2, \quad x_2 = 1, \quad Z = 3 - 4t, \quad \tfrac{1}{3} \leq t \leq \tfrac{2}{3}.$$

4	NBV	x_5	x_4	b	
BV	-1	0	0	0	Q
x_1	$1-t$	$-\frac{1}{4}$	$\frac{1}{4}$	1	
x_2	$1-2t$	$\frac{1}{2}$	$\frac{1}{2}$	3	
x_3	0	$\frac{3}{4}$	$\frac{1}{4}$	3	
G		$\frac{1}{4}$	$\frac{3}{4}$	4	
		$-\frac{3}{4}$	$-\frac{5}{4}$	-7	

$$\mathbf{x}^{(4)}:\quad x_1 = 1,\quad x_2 = 3,\quad Z = 4 - 7t,\quad -\infty < t \leq \tfrac{1}{3}.$$

Damit ist nicht nur für $-1 \leq t \leq 5$, sondern für jeden beliebigen reellen Parameterwert die optimale Lösung angegeben, deren Lösungskomponenten und Funktionswert aus einer der vier angeführten Lösungen $\mathbf{x}^{(1)}, \ldots, \mathbf{x}^{(4)}$ zu entnehmen sind.

Liegt ein parametrisches LOP der Form (3.88) vor, so wird die letzte Spalte im Rechenblatt durch eine Doppelspalte ersetzt. Für einen bestimmten Parameter $t = t_0$ kann die Normalform und das optimale Rechenblatt etwa wieder mit der Simplexmethode berechnet werden. Hat dieses optimale Rechenblatt die Gestalt (3.96), so gilt:

$$g_k \geqq 0 \quad \text{für} \quad k = 1, \ldots, n.$$

	NBV	x_1	$\cdots$	x_n		
BV	-1	c_1	$\cdots$	c_n		
x_{n+1}	c_{n+1}	r_{11}	$\cdots$	r_{1n}	k_1	$\bar{k}_1$
$\vdots$	$\vdots$	$\vdots$	$\vdots$	$\vdots$	$\vdots$	$\vdots$
x_{n+m}	c_{n+m}	r_{m1}	$\cdots$	r_{mn}	k_m	$\bar{k}_m$
G		g_1	$\cdots$	g_n	c	$\bar{c}$

$$(3.96)$$

Die optimale Lösung lautet

$$x_j = 0 \quad \text{für} \quad j = 1, \ldots, n$$

und

$$x_{n+1} = k_1 + \bar{k}_1 t_0, \quad \ldots, \quad x_{n+m} = k_m + \bar{k}_m t_0, \quad Z = c + \bar{c} t_0. \tag{3.97}$$

Da alle g_k von t unabhängig sind, ist die Lösung für alle t optimal, für die

$$k_i + \bar{k}_i t \geqq 0 \quad (i = 1, \ldots, m) \tag{3.98}$$

gilt. Aus der letzten Ungleichung folgt:

$$t \geqq - \frac{k_i}{\overline{k}_i} \quad \text{für} \quad \overline{k}_i > 0$$

und

$$t \leqq - \frac{k_i}{\overline{k}_i} \quad \text{für} \quad \overline{k}_i < 0.$$

Eine neue untere Schranke $\underline{t}$ bzw. eine neue obere Schranke $\overline{t}$ folgt damit wieder aus

$$t \geqq \underline{t} = \max_{\overline{k}_i > 0} \left\{ - \frac{k_i}{\overline{k}_i} \right\} \tag{3.99a}$$

bzw.

$$t \leqq \overline{t} = \min_{\overline{k}_i < 0} \left\{ - \frac{k_i}{\overline{k}_i} \right\} \tag{3.99b}$$

[vgl. (3.93)].

Wiederum ist für $t = \underline{t}$ bzw. $t = \overline{t}$ mindestens eine Lösungskomponente von (3.97) gleich null. Wird diese mit $k_l + \overline{k}_l t$ bezeichnet, so kann die BV x_l mit der dualen Simplexmethode (s. 3.2.3.) aus der Basis entfernt werden. Die restlichen $k_i + t\overline{k}_i$ ändern sich dabei wertmäßig für $\underline{t}$ bzw. $\overline{t}$ nicht. Anschließend kann ein neues Parameterintervall mit der dazugehörenden optimalen Lösung angegeben werden.

Wird in (3.90) $t_0 = 1$ gesetzt, so entsteht das Rechenblatt (3.100), wenn die Schlupfvariablen $x_4, x_5 \geqq 0$ eingeführt werden. Es ist gleichzeitig optimal.

1	NBV	x_1	x_2	x_3		
BV	-1	-1	-5	-1		
x_4	0	$\underline{-1}$	-2	$+2$	-1	1
x_5	0	1	-1	-1	-1	2
G		1	5	1	0	0
Q		1	$\frac{5}{2}$	$\cdot/\cdot$		

$$\tag{3.100}$$

Die optimale Lösung lautet:

$$x_1 = 0, \ x_2 = 0, \ x_3 = 0,$$
$$x_4 = -1 + 1t_0 = 0, \quad x_5 = -1 + 2t_0 = 1, \quad Z = 0, \quad t_0 = 1.$$

Weiterhin ist (3.100) für alle $t \geqq 1$ optimal; damit folgt für die optimale Lösung von (3.90) im Intervall $1 \leqq t \leqq +\infty$:

$$\mathbf{x}^{(1)}: \quad x_1 = 0, \quad x_2 = 0, \quad x_3 = 0, \quad Z(\mathbf{x}^{(1)}) = 0.$$

$\underline{t}_1 = 1$ ist eine untere und $\overline{t}_1 = +\infty$ eine obere Schranke. Da $-1 + \underline{t}_1 = 0$ ist, wird

x_4 aus der Basis entfernt. Nach der dualen Simplexmethode folgt das Rechenblatt **2**:

2	NBV	x_4	x_2	x_3		
BV	-1	0	-5	-1	0	
x_1	-1	-1	2	-1	1	-1
x_5	0	1	-3	-1	-2	3
G		1	3	3	-1	1
Q		$\cdot/\cdot$	1	3		

$$(3.101)$$

Es gilt: $1 - \underline{t}_1 \geq 0,\ -2 + 3\underline{t}_1 \geq 0$. (3.101) ist also nach (3.99) für alle

$$\tfrac{2}{3} = \underline{t}_2 \leq t \leq \overline{t}_2 = \underline{t}_1 = 1$$

optimal. Es folgt:

$$\mathbf{x}^{(2)}:\ x_1 = 1 - t,\ x_2 = 0,\ x_3 = 0,\ Z(\mathbf{x}^{(2)}) = t - 1,\ \tfrac{2}{3} \leq t \leq 1.$$

Ganz analog sind die folgenden Rechenblätter und die dazugehörenden optimalen Lösungen zu berechnen.

3	NBV	x_4	x_5	x_3		
BV	-1	0	0	-1	0	
x_1	-1	$-\tfrac{1}{3}$	$\tfrac{2}{3}$	$-\tfrac{4}{3}$	$-\tfrac{1}{3}$	1
x_2	-5	$-\tfrac{1}{3}$	$-\tfrac{1}{3}$	$-\tfrac{1}{3}$	$\tfrac{2}{3}$	-1
G		2	1	4	-3	4
Q		6	$\cdot/\cdot$	3		

$$\mathbf{x}^{(3)}:\ x_1 = -\tfrac{1}{3} + t,$$
$$x_2 = \tfrac{2}{3} - t,$$
$$Z = -3 + 4t,$$
$$\tfrac{1}{3} \leq t \leq \tfrac{2}{3}.$$

4	NBV	x_4	x_5	x_1		
BV	-1	0	0	-1	0	
x_3	-1	$\tfrac{1}{4}$	$-\tfrac{1}{2}$	$-\tfrac{3}{4}$	$\tfrac{1}{4}$	$-\tfrac{3}{4}$
x_2	-5	$-\tfrac{1}{4}$	$-\tfrac{1}{2}$	$-\tfrac{1}{4}$	$\tfrac{3}{4}$	$-\tfrac{5}{4}$
G		1	3	3	-4	7

$$\mathbf{x}^{(4)}:\ x_1 = 0,$$
$$x_2 = \tfrac{3}{4} - \tfrac{5}{4}t,$$
$$-\infty < t \leq \tfrac{1}{3},$$
$$Z = -4 + 7t.$$

Damit ist wiederum nicht nur für $-7 \leqq t \leqq 6$, sondern für jeden beliebigen reellen Parameterwert die optimale Lösung angegeben, deren Lösungskomponenten und Funktionswert aus einer der vier angegebenen Lösungen $x^{(1)}, ..., x^{(4)}$ zu entnehmen sind.

3.4.   Ganzzahlige lineare Optimierung

3.4.1.   Problemstellung

Bei vielen linearen Optimierungsproblemen besteht die zusätzliche Einschränkung, daß einige oder alle Lösungskomponenten der optimalen Lösung ganzzahlig sein müssen. Bei einem solchen Problem ist also von allen ganzzahligen Lösungen eines Systems mehrerer linearer Gleichungen oder Ungleichungen eine solche Lösung zu bestimmen, für die der Funktionswert der linearen Zielfunktion optimal ist. Diese Aufgabenstellung wird als *ganzzahliges lineares Optimierungsproblem* bezeichnet.

Haben nur einige Lösungskomponenten der optimalen Lösung ganzzahlig zu sein, so wird die Aufgabenstellung ein *gemischtganzzahliges Optimierungsproblem* genannt. Ein gemischtganzzahliges lineares Optimierungsproblem kann wie folgt formuliert werden:

Die lineare Funktion

$$Z(\mathbf{x}, \mathbf{y}) = \mathbf{c}^\mathrm{T}\mathbf{x} + \bar{\mathbf{c}}^\mathrm{T}\mathbf{y}$$

ist unter Berücksichtigung der folgenden Nebenbedingungen zu maximieren:

$$\mathbf{A}\mathbf{x} + \bar{\mathbf{A}}\mathbf{y} \leqq \mathbf{b};$$

$$\mathbf{x} \geqq \mathbf{o}, \quad \text{ganzzahlig},$$

$$\mathbf{y} \geqq \mathbf{o}.$$

Dabei ist $\mathbf{x}$ ein n_1-zeiliger Spaltenvektor mit nichtnegativen ganzzahligen Komponenten, $\mathbf{y}$ ein $(n - n_1)$-zeiliger und $\mathbf{b}$ ein m-zeiliger Vektor. $\mathbf{c}^\mathrm{T}$ ist ein n_1-spaltiger und $\bar{\mathbf{c}}^\mathrm{T}$ ein $(n - n_1)$-spaltiger Zeilenvektor. $\mathbf{A}$ und $\bar{\mathbf{A}}$ sind Koeffizientenmatrizen mit dem Format $[m, n_1]$ und $[m, n - n_1]$. Ist $n_1 = n$, so liegt ein („reines") ganzzahliges lineares Optimierungsproblem vor. Viele praktische Problemstellungen sind auf ganzzahlige Optimierungsprobleme zurückführbar. Die Variablen stellen dabei ganzzahlige Einheiten dar wie z.B. Zahl der Arbeiter, Zahl der Fahrten mit einem Fahrzeug, Stückzahlen von Produkten oder möglichen Varianten. Darüber hinaus sind auch bestimmte nichtlineare Optimierungsprobleme auf ganzzahlige lineare Probleme zurückführbar.

In den beiden folgenden Beispielen werden spezielle Probleme behandelt.

Beispiel 3.8: 3 Leisten sind zur Herstellung eines bestimmten Erzeugnisses notwendig. 2 Leisten müssen je 1,5 m (Meter) und eine muß 2 m lang sein. Zur Verfügung stehen 300 Leisten mit einer Länge von je 6,5 m und 80 Leisten mit einer Länge von je 5,5 m. Wie sind die zur Verwendung stehenden Leisten zu schneiden, damit eine maximale Stückzahl des obengenannten Erzeugnisses hergestellt werden kann?

Eine 6,5 m lange Leiste kann nach den folgenden 4 Varianten in 2 m bzw. 1,5 m Stücke geteilt werden:

1 Leiste zu 6,5 m	Anzahl der 2-m-Leisten	Anzahl der 1,5-m-Leisten
1. Variante	3	0
2. Variante	2	1
3. Variante	1	3
4. Variante	0	4

Analog:

1 Leiste zu 5,5 m	Anzahl der 2-m-Leisten	Anzahl der 1,5-m-Leisten
5. Variante	2	1
6. Variante	1	2
7. Variante	0	3

Wird mit x_i $(i = 1, ..., 7)$ die Anzahl der Leisten bezeichnet, die nach der i-ten Variante zerschnitten werden, so gelten die beiden Gleichungen

$$x_1 + x_2 + x_3 + x_4 = 300,$$
$$x_5 + x_6 + x_7 = 80.$$

Sie besagen, daß die Anzahl der zu teilenden Leisten 300 bzw. 80 sein muß. Die Anzahlen der 2-m-Leisten und 1,5-m-Leisten sind der Reihe nach durch

$$3x_1 + 2x_2 + 1x_3 + 2x_5 + 1x_6$$

und

$$1x_2 + 3x_3 + 4x_4 + 1x_5 + 2x_6 + 3x_7$$

gegeben. Die Gleichung

$$2\,(3x_1 + 2x_2 + 1x_3 + 2x_5 + 1x_6) = 1x_2 + 3x_3 + 4x_4 + 1x_5 + 2x_6 + 3x_7$$

gewährleistet, daß die Anzahl der Leisten von 1,5 m Länge doppelt so groß ist, wie die Anzahl der 2-m-Leisten. Die Anzahl der 2-m-Leisten kann als Zielfunktion benutzt werden, da diese mit der Anzahl der Erzeugnisse übereinstimmt. Schließlich müssen in der optimalen Lösung alle Variablen ganzzahlig sein.

Zusammengestellt folgt als mathematisches Modell dieser Optimierungsaufgabe:

ZF: $\quad Z = 3x_1 + 2x_2 + x_3 + 2x_5 + x_6 \;\doteq\; \max;$

NB: $\quad x_1 + x_2 + x_3 + x_4 = 300,$

$$x_5 + x_6 + x_7 = 80, \tag{3.102}$$

$$6x_1 + 3x_2 - x_3 - 4x_4 + 3x_5 - 3x_7 = 0,$$

$$x_i \geqq 0, \text{ ganzzahlig für } i = 1, ..., 7.$$

Beispiel 3.9: Eine Betriebsabteilung arbeitet in vier Schichten zu je 6 Stunden. Die erste Schicht beginnt um 4.00 Uhr. Die Schichten sind mit einer Mindestanzahl von 3 bzw. 7 bzw. 10 bzw. 4 Arbeitskräften zu besetzen. Jede Arbeitskraft arbeitet während zweier Schichten hintereinander und hat am folgenden Arbeitstag frei. Es ist ein Schichtplan mit einer Mindestanzahl von Arbeitskräften aufzustellen.

Das mathematische Modell dieses Optimierungsproblems wird folgendermaßen aufgestellt: x_i bezeichnet die Anzahl der Arbeitskräfte, die mit Beginn der i-ten Schicht ihre Arbeit aufnehmen ($i = 1, 2, 3, 4$).

Die Variablen x_i müssen also ganzzahlig sein und den folgenden Nebenbedingungen genügen:

$$x_1 + x_4 \geqq 3,$$

$$x_2 + x_1 \geqq 7,$$

$$x_3 + x_2 \geqq 10,$$

$$x_4 + x_3 \geqq 4,$$

$$x_i \geqq 0.$$

Die benötigte Gesamtanzahl der Arbeitskräfte ist $2(x_1 + x_2 + x_3 + x_4)$, da jede Arbeitskraft am folgenden Tage nicht einsetzbar ist.

Das Modell dieser Optimierungsaufgabe lautet demnach:

ZF: $Z = 2(x_1 + x_2 + x_3 + x_4) \doteq \min;$

NB: $x_1 \qquad\qquad + x_4 \geqq 3,$

$\qquad x_1 + x_2 \qquad\qquad \geqq 7,$

$\qquad\qquad x_2 + x_3 \qquad \geqq 10,$

$\qquad\qquad\qquad x_3 + x_4 \ \geqq 4,$

$x_i \geqq 0, x_i$ ganzzahlig,

$i = 1, ..., 4.$

3.4.2. Die Lösung ganzzahliger Optimierungsprobleme

Ein ganzzahliges Optimierungsproblem kann zunächst ohne Berücksichtigung der Forderung der Ganzzahligkeit aller oder einiger Variabler gelöst werden. Anschließend können die in der optimalen Lösung auftretenden gebrochenen Variablen auf die nächsten ganzen Zahlen auf- oder abgerundet werden. Dabei ist zu beachten, daß die entstehende ganzzahlige Lösung dem Lösungsbereich angehört. Nur wenn die Werte der nichtganzzahligen Variablen sehr groß sind, wird durch das Auf- oder Abrunden eine ganzzahlige Lösung erhalten, deren Funktionswert wenig vom optimalen abweicht. Bei kleinen nichtganzzahligen Variablen kann der Funktionswert der abgerundeten Lösung erheblich vom optimalen abweichen.

Von dem LOP

ZF: $Z = 8x_1 + 4x_2 \doteq \max;$

NB: $-2x_1 + 3x_2 \leqq 6,$

$\qquad\qquad 8x_1 + 3x_2 \leqq 20,$ \hfill (3.103)

$\qquad\qquad x_1 \geqq 0,\ x_2 \geqq 0,$ ganzzahlig,

ist der Lösungsbereich in Bild 3.6 angegeben. Ohne Ganzzahligkeitsbedingung lautet die optimale Lösung:

$$x_1 = \frac{21}{15}, \quad x_2 = \frac{44}{15}, \quad Z = \frac{344}{15} \approx 23.$$

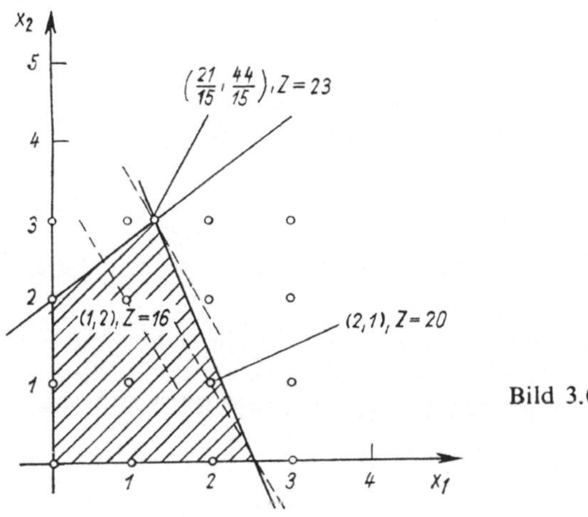

Bild 3.6

Werden x_1 und x_2 abgerundet, so entsteht die ganzzahlige Lösung

$\qquad x_1 = 1, x_2 = 2; \quad Z = 16.$

Die optimale ganzzahlige Lösung lautet aber:

$\qquad x_1 = 2, x_2 = 1; \quad Z = 20.$

Hierbei ist x_1 aufgerundet und x_2 über 2 hinweg abgerundet.

Gomory[1]) hat sowohl für das ganzzahlige als auch für das gemischt-ganzzahlige Problem eine Lösungsmethode angegeben. Beide Probleme werden nach Gomory so gelöst, daß zunächst die Ganzzahligkeit von einigen oder von allen Variablen unberücksichtigt bleibt. Das Problem wird mit der Simplexmethode bis zum optimalen Endtableau durchgerechnet. Falls bestimmte oder alle Variable die Forderung der Ganzzahligkeit nicht erfüllen, wird durch Hinzufügen von weiteren Nebenbedingungen der zulässige Lösungsbereich so verkleinert, daß der dabei entstehende kleinere

---

[1]) Gomory, R. E., Outline of an Algorithm for Integer Solutions to Linear Programs. Bulletin of the American Mathematical Society, Vol. **64**, 1958, S. 275–278.

Lösungsbereich nur noch Eckpunkte mit ganzzahligen Koordinaten hat und daß aber auch keine ganzzahligen Punkte des ursprünglichen Lösungsbereiches ausgeschlossen werden (vgl. die Bilder 3.6 und 3.7). Der Lösungsbereich in Bild 3.6 des Beispieles (3.103) ist durch die zusätzlichen Nebenbedingungen I, II, III in Bild 3.7 auf einen Lösungsbereich mit nur ganzzahligen Eckpunkten verkleinert.

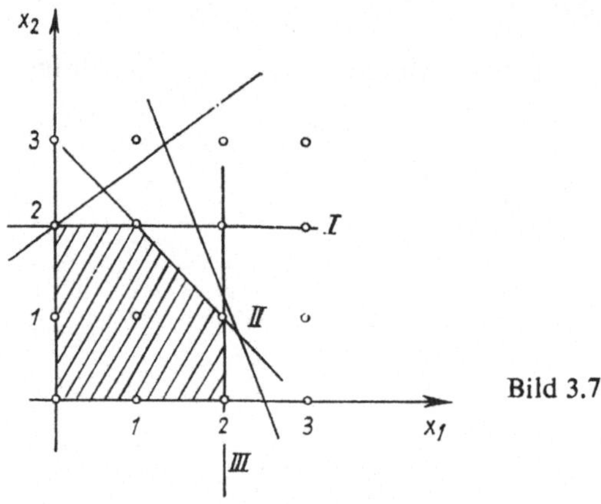

Bild 3.7

Das Hinzufügen von zusätzlichen Nebenbedingungen wird im Verfahren von Gomory systematisch durchgeführt.

Es sei angenommen, daß die Basisdarstellung der Optimallösung ohne Ganzzahligkeitsbedingung eines ganzzahligen LOP die folgende Gestalt habe (ohne Beschränkung der Allgemeinheit werden die letzten m Variablen als BV betrachtet):

$$
\begin{aligned}
r_{11}x_1 + \cdots + r_{1n}x_n + x_{n+1} \qquad\qquad\qquad &= k_1, \\
r_{21}x_1 + \cdots + r_{2n}x_n \qquad + x_{n+2} \qquad\qquad &= k_2, \\
\cdots\cdots\cdots\cdots\cdots\cdots\cdots\cdots\cdots\cdots\cdots\cdots\cdots\cdots\cdots\cdots& \\
r_{m1}x_1 + \cdots + r_{mn}x_n \qquad\qquad\qquad + x_{n+m} &= k_m, \\
g_1x_1 + \cdots + g_nx_n \qquad\qquad\qquad\qquad + Z &= c.
\end{aligned}
\tag{3.104}
$$

Die Optimallösung lautet: $[0, \dots, 0, k_1, \dots, k_m]$. Die Basiszahl c ist der optimale Funktionswert, und die Formkoeffizienten g_j $[j = 1, \dots, n]$ sind nichtnegativ.

Mit $[k]$ wird diejenige ganze Zahl bezeichnet, die der Ungleichung $k - 1 < [k] \leqq k$ genügt. Um eine zusätzliche Nebenbedingung zu formulieren, sei $x_{n+i} = k_i$ eine Variable, die die Ganzzahligkeitsbedingung nicht erfüllt.

Liegt ein ganzzahliges LOP vor, so wird folgende neue Gleichung zum Gleichungssystem (3.104) hinzugefügt:

$$
-\bar{r}_{i1}x_1 - \bar{r}_{i2}x_2 - \cdots - \bar{r}_{in}x_n + \bar{x}_{n+i} = -\bar{k}_i.
\tag{3.105}
$$

Hierbei ist $\bar{x}_{n+i}$ eine neue nichtnegative Schlupfvariable,

$$
\bar{k}_i = k_i - [k_i] \quad \text{und} \quad \bar{r}_{ij} = r_{ij} - [r_{ij}]
$$

für $j = 1, \dots, n$.

Liegt dagegen ein gemischt ganzzahliges LOP vor und wird angenommen, daß die

Variablen $x_j, j = 1, \ldots, n_1; n_1 \leq n$ ganzzahlig sein sollen, so wird ebenfalls die Gleichung (3.105) hinzugefügt, allerdings gilt jetzt:

$$
\bar{r}_{ij} =
\begin{cases}
\{r_{ij}\}, & j \leq n_1, \quad \{r_{ij}\} \leq \{k_i\}, \\[2mm]
\dfrac{\{k_i\}}{1 - \{k_i\}} \cdot (1 - \{r_{ij}\}), & j \leq n_1, \quad \{r_{ij}\} > \{k_i\}, \\[2mm]
r_{ij}, & j \geq n_1 + 1, \quad r_{ij} \geq 0, \\[2mm]
\dfrac{\{k_i\}}{1 - \{k_i\}} \cdot (- r_{ij}), & j \geq n_1 + 1, \quad r_{ij} < 0,
\end{cases}
$$

mit $\qquad \{r_{ij}\} = r_{ij} - [r_{ij}] \quad$ und $\quad \{k_i\} = k_i - [k_i]$.

Somit entsteht die folgende Basisdarstellung:

$$
\begin{aligned}
r_{11} x_1 + \cdots + r_{1n} x_n + x_{n+1} &= k_1, \\
&\ \cdots\cdots\cdots\cdots\cdots\cdots\cdots\cdots\cdots \\
r_{m1} x_1 + \cdots + r_{mn} x_n + x_{n+m} &= k_m, \\
-\bar{r}_{i1} x_1 - \cdots - \bar{r}_{in} \bar{x}_n + \bar{x}_{n+i} &= -\bar{k}_i, \\
g_1 x_1 + \cdots + g_n x_n + Z &= c.
\end{aligned}
\tag{3.106}
$$

Die ursprüngliche Optimallösung ist unzulässig, da $-\bar{k}_i < 0$ ist. Mit Hilfe der dualen Simplexmethode (s. 3.2.3.) kann eine neue ZBL gefunden werden. Ist in dieser Lösung für noch eine weitere bzw. mehrere Unbekannte die Ganzzahligkeitsforderung nicht erfüllt, so wird der beschriebene Algorithmus wiederholt.

Das Gomory-Verfahren ist unter gewissen Zusatzbedingungen als endlich erwiesen. Entsprechende Einzelheiten und die Beweise hierzu sind der Spezialliteratur zu entnehmen.

Beispiel 3.10: Das optimale Tableau der Zuschnittaufgabe (3.102) aus 3.4.1. ohne Berücksichtigung der Ganzzahligkeit der Variablen ist in (3.107) gegeben.

NBV	x_2	x_4	x_6	x_7	
-1	2	0	1	0	0
$x_3 \quad 1$	$\frac{3}{7}$	$\frac{10}{7}$	$\frac{3}{7}$	$\frac{6}{7}$	$291 + \frac{3}{7}$
$x_5 \quad 2$	0	0	1	1	80
$x_1 \quad 3$	$\frac{4}{7}$	$-\frac{3}{7}$	$-\frac{3}{7}$	$-\frac{6}{7}$	$8 + \frac{4}{7}$
	$\frac{1}{7}$	$\frac{1}{7}$	$\frac{1}{7}$	$\frac{2}{7}$	$477 + \frac{1}{7}$

$$\tag{3.107}$$

Die nicht-ganzzahlige optimale Lösung lautet:

$$x_1 = 8 + \tfrac{4}{7}, \quad x_2 = 0, \quad x_3 = 291 + \tfrac{3}{7}, \quad x_4 = 0, \quad x_5 = 80,$$

$$x_6 = 0, \quad x_7 = 0, \quad Z = 477 + \tfrac{1}{7}.$$

$x_1 = 8 + \frac{4}{7}$ ist z. B. nicht ganzzahlig. Daher wird zur Basisdarstellung, die zu (3.107) gehört, die folgende Nebenbedingung hinzugefügt, die aus den Koeffizienten der x_1-Zeile von (3.107) nach (3.105) gebildet worden ist.

$$-\tfrac{4}{7} x_2 - \tfrac{4}{7} x_4 - \tfrac{4}{7} x_6 - \tfrac{1}{7} x_7 + \bar{x}_1 = -\tfrac{4}{7}.$$

Es entsteht das ergänzte Tableau (3.108):

NBV		x_2	x_4	x_6	x_7	
BV	-1	2	0	1	0	0
x_3	1	$\frac{3}{7}$	$\frac{10}{7}$	$\frac{3}{7}$	$\frac{6}{7}$	$291 + \frac{3}{7}$
x_5	2	0	0	1	1	80
x_1	3	$\frac{4}{7}$	$-\frac{3}{7}$	$-\frac{3}{7}$	$-\frac{6}{7}$	$8 + \frac{4}{7}$
$\bar{x}_1$	0	$-\frac{4}{7}$	$-\frac{4}{7}$	$-\frac{4}{7}$	$-\frac{1}{7}$	$-\frac{4}{7}$
G		$\frac{1}{7}$	$\frac{1}{7}$	$\frac{1}{7}$	$\frac{2}{7}$	$477 + \frac{1}{7}$

(3.108)

Mit der dualen Simplexmethode wird $\bar{x}_1$ aus der Basis entfernt. Nach dieser Elimination liegt das optimale ganzzahlige Tableau (3.109) vor:

NBV		$\bar{x}_1$	x_4	x_6	x_7	
	-1	0	0	1	0	0
x_3	1	$\frac{3}{4}$	1	0	$\frac{3}{4}$	291
x_5	2	0	0	1	1	80
x_1	3	1	-1	-1	-1	8
x_2	2	$-\frac{7}{4}$	1	1	$\frac{1}{4}$	1
G		$\frac{1}{4}$	0	0	$\frac{1}{4}$	477

(3.109)

Eine ganzzahlige optimale Lösung lautet damit nach (3.109):

$$x_1 = 8, \ x_2 = 1, \ x_3 = 291, \ x_4 = 0, \ x_5 = 80, \ x_6 = x_7 = 0, \ Z = 477.$$

Am Tableau (3.109) ist schließlich noch zu erkennen, daß ebenfalls x_1 bzw. x_6 in die Basis eingeführt werden können, ohne daß sich der Funktionswert ändert. Daher ergeben sich noch die beiden anderen ganzzahligen optimalen Lösungen:

1. $x_1 = 9$, $x_2 = 0$, $x_3 = 290$, $x_4 = 1$, $x_5 = 80$,
$x_6 = x_7 = 0$, $Z = 477$;

2. $x_1 = 9$, $x_2 = 0$, $x_3 = 291$, $x_4 = 0$, $x_5 = 79$,
$x_6 = 1$, $x_7 = 0$, $Z = 477$.

4. Spezielle lineare Optimierungsprobleme

Jedes lineare Optimierungsproblem ist mit der Simplexmethode oder einem anderen Algorithmus (revidierte SM oder duale SM) zu lösen. Die lineare Optimierung wäre damit überhaupt nicht problematisch, wenn die Anzahl der Veränderlichen bei Problemstellungen nicht so groß wären und wenn die genannten Lösungsalgorithmen schneller konvergieren würden. Aus diesem Grunde ist es verständlich, daß zur Lösung derartiger Aufgaben, die aus praktisch relevanten Problemstellungen resultieren, es unbedingt erforderlich ist, Elektronenrechner zur Hilfe zu nehmen. Um also ein größeres lineares Optimierungsproblem zu lösen, ist es daher zweckmäßig, diesbezügliche Programmpakete zur Lösung linearer Optimierungsprobleme zu nutzen. Bei der Nutzung solcher Programme bezogen auf einen Rechner sind nur noch die Problemparameter anzugeben (Koeffizienten der Zielfunktion, Koeffizienten der Nebenbedingungen usw.). Vom Rechner wird dann die gesuchte optimale Lösung ermittelt.

Die Ausmaße derartiger Probleme bedingen eine große Anzahl von Rechenoperationen und einen großen Speicherbedarf bei der Benutzung von Elektronenrechnern, so daß der Rechenaufwand für viele praktische Berechnungen trotzdem noch zu hoch wird. Dabei ist noch von den Schwierigkeiten abgesehen, die bei der Aufstellung eines solchen Modells aus einer praktischen Aufgabe resultieren können. Schon ein für praktische Belange nicht sehr großes Transportproblem von 20 Erzeugern, die ein ganz bestimmtes Erzeugnis in gewisser Menge herstellen, und 20 Verbrauchern, die in bestimmten Mengen das Erzeugnis beziehen, führt auf ein lineares Optimierungsproblem von ca. 40 Nebenbedingungen mit 400 Veränderlichen, wenn die Verteilung so erfolgen soll, daß die Gesamttransportkosten möglichst klein sind. Um allein die Daten der Koeffizientenmatrix dieses Problems zu speichern, werden normalerweise schon ca. 16000 Speicherplätze benötigt. So sind in den letzten Jahren für derartige spezielle Probleme besondere Algorithmen entwickelt worden, die den Rechenaufwand erheblich reduzieren. Es gibt insbesondere gleich mehrere z. T. gleichwertige Algorithmen für die Lösung des angeführten Transportproblems. Diese Möglichkeiten der besonderen Berücksichtigung der speziellen Struktur der Nebenbedingungen bei einigen linearen Optimierungsproblemen sind zur Zeit bei weitem noch nicht restlos ausgeschöpft.

4.1. Transportprobleme

Das Transportproblem ist eine von den mannigfaltigen Aufgabenstellungen der linearen Optimierung, deren Nebenbedingungen eine spezielle Struktur aufweisen und somit eine Lösungsvereinfachung gestatten.

Bereits 1939 bearbeitete L. V. Kantorowitsch eine Klasse von Optimierungsproblemen, die eng mit dem klassischen Transportproblem verwandt ist. Die Anwendung dieser Probleme war auf die Zuteilung von Arbeiten auf Maschinen gerichtet. Gleichzeitig wurde von ihm ein zu dieser Zeit aber noch unvollständiger Lösungsalgorithmus aufgestellt. Die nunmehrige Normalform des Problems mit einer konstruktiven Lösungsmethode wurde zuerst von L. Hitchcock 1941 erarbeitet. Während des zweiten Weltkrieges beschäftigte sich T. C. Koopmanns mit der Untersuchung von Lösungen des Transportproblems und deren Anwendungsmöglichkeiten. In den letzten 30 Jahren wurden eine ganze Reihe von Problemerweiterungen und weiteren Lösungsalgorithmen zum Transportproblem entwickelt.

Im folgenden wird ein spezieller Lösungsalgorithmus angegeben.

4.1.1. Problemstellung und mathematisches Modell des Transportproblems

Erklärung am Beispiel

Gegeben seien drei Erzeuger, E_1, E_2 und E_3, die ein Erzeugnis von gleicher Qualität produzieren. Zum Beispiel seien die Erzeuger E_1, E_2 und E_3 drei Ziegeleibetriebe, die normale Mauersteine herstellen. E_1, E_2 und E_3 erzeugen während einer fest vorgegebenen Zeitdauer (z. B. in einem Monat oder in einem Quartal) der Reihe nach $a_1 = 11 \cdot 10^4$, $a_2 = 11 \cdot 10^4$ und $a_3 = 8 \cdot 10^4$ Mauersteine als Erzeugungseinheiten. Weiterhin sind vier Verbraucher V_1, V_2, V_3 und V_4 vorhanden, die das Produkt in ganz

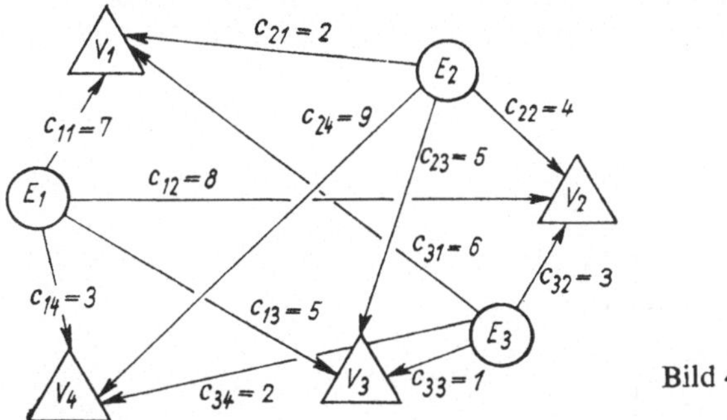

Bild 4.1

bestimmter Menge benötigen. V_1, V_2, V_3 und V_4 seien z. B. vier Großbaustellen, die während der gleichen Zeitdauer der Reihe nach $b_1 = 5 \cdot 10^4$, $b_2 = 9 \cdot 10^4$, $b_3 = 9 \cdot 10^4$ und $b_4 = 7 \cdot 10^4$ Mauersteine benötigen. In Bild 4.1 sind E_1, E_2 und E_3 durch kleine Kreise und V_1, V_2, V_3 und V_4 durch kleine Dreiecke schematisch dargestellt.

Tabelle 4.1

		Verbraucher				
		V_1	V_2	V_3	V_4	
Erzeuger	E_1	c_{11} 7	c_{12} 8	c_{13} 5	c_{14} 3	$11 = a_1$
	E_2	c_{21} 2	c_{22} 4	c_{23} 5	c_{24} 9	$11 = a_2$
	E_3	c_{31} 6	c_{32} 3	c_{33} 1	c_{34} 2	$8 = a_3$
		$5 = b_1$	$9 = b_2$	$9 = b_3$	$7 = b_4$	30

Erzeugungsmengen in Einheiten

Gesamterzeugung = Gesamtverbrauch

Verbrauchsmengen in Einheiten

Die Gesamterzeugung von $30 \cdot 10^4$ Mauersteinen ist gleich dem Gesamtverbrauch. Schließlich sind von jedem Erzeuger zu jedem Verbraucher die Transportkosten pro Einheit gegeben. Sie sind als Zahlen bzw. c_{ij}-Koeffizienten mit den entsprechenden Zuordnungsrichtungen in Bild 4.1 eingetragen. c_{ij} sind die Transportkosten (z.B. in 100 M Einheiten), die anfallen, wenn eine Einheit des Produktes (z. B. 10^4 Mauersteine) vom Erzeuger E_i zum Verbraucher V_j transportiert wird ($i = 1, 2, 3; j = 1, 2, 3, 4$). Zum Beispiel erfordert der Transport von 10^4 Mauersteinen von E_1 nach V_1 7 Transportkosteneinheiten (z. B. $7 \cdot 100$ M).

In der Tabelle 4.1 sind die Einheitskosten zusammengestellt. Das Transportproblem besteht in der Aufstellung eines Transportplanes, nach dem jeder Verbraucher seine benötigten Mengen unter Berücksichtigung minimaler Gesamttransportkosten erhält.

Wird die noch zu bestimmende Menge (eine Einheit betrage 10^4 Mauersteine), die vom Erzeuger E_i zum Verbraucher V_j geliefert wird, mit x_{ij} bezeichnet ($i = 1, 2, 3;$ $j = 1, 2, 3, 4$), so kann ein Verteilungsplan nach Tabelle 4.2 aufgestellt werden.

Tabelle 4.2

	V_1	V_2	V_3	V_4	
E_1	x_{11}	x_{12}	x_{13}	x_{14}	a_1
E_2	x_{21}	x_{22}	x_{23}	x_{24}	a_2
E_3	x_{31}	x_{32}	x_{33}	x_{34}	a_3
	b_1	b_2	b_3	b_4	

Hiernach bedeuten z. B. x_{11}, x_{12}, x_{13} und x_{14} die Mengen, die der Reihe nach von E_1 an die Verbraucher V_1, V_2, V_3 und V_4 zu transportieren sind. Die Summe dieser Mengen muß gleich der gesamten Erzeugungsmenge von E_1 sein, also

$$x_{11} + x_{12} + x_{13} + x_{14} = a_1 = 11.$$

Analog gilt:

$$\begin{aligned}
x_{21} + x_{22} + x_{23} + x_{24} &= a_2 = 11, \\
x_{31} + x_{32} + x_{33} + x_{34} &= a_3 = 8.
\end{aligned} \tag{4.1}$$

Weiterhin bezeichnen x_{11}, x_{21} und x_{31} die Mengen, die der Verbraucher V_1 der Reihe nach von den Erzeugern E_1, E_2 und E_3 erhält. Die Summe dieser Mengen muß gleich der Bedarfsmenge von V_1 sein, also

$$x_{11} + x_{21} + x_{31} = b_1 = 5.$$

Analog gilt:

$$\begin{aligned}
x_{12} + x_{22} + x_{32} &= b_2 = 9, \\
x_{13} + x_{23} + x_{33} &= b_3 = 9, \\
x_{14} + x_{24} + x_{34} &= b_4 = 7.
\end{aligned} \tag{4.2}$$

Alle Liefermengen x_{ij} sind größer oder mindestens gleich null. Wird von E_1 nach V_1 die Menge x_{11} transportiert, so entstehen $c_{11} \cdot x_{11} = 7 \cdot x_{11}$ Transportkosteneinheiten (100 M sei eine Transportkosteneinheit). Für den Transport der Menge x_{ij} von E_i nach V_j werden $c_{ij} \cdot x_{ij}$ Transportkosteneinheiten benötigt. Die Gesamttransportkosten Z ergeben sich als Summe aller Einzelkosten. Also gilt:

$$Z = c_{11} x_{11} + c_{12} x_{12} + \cdots + c_{33} x_{33} + c_{34} x_{34}. \tag{4.3}$$

Die im Verteilungsplan angegebenen x_{ij} sind so zu bestimmen, daß die Kostenfunktion Z nach (4.3) als Zielfunktion unter Berücksichtigung der Nebenbedingungen (4.1) und (4.2) ein Minimum annimmt. Das mathematische Modell des angeführten Beispiels hat damit zusammengefaßt die folgende Form:

ZF:
$$Z = 7x_{11} + 8x_{12} + 5x_{13} + 3x_{14} + 2x_{21} + 4x_{22} + 5x_{23} + 9x_{24} + 6x_{31} + 3x_{32}$$
$$+ 1x_{33} + 2x_{34} \overset{!}{=} \min;$$

NB:
$$
\begin{aligned}
x_{11} + x_{12} + x_{13} + x_{14} & & & = 11, \\
x_{21} + x_{22} + x_{23} + x_{24} & & & = 11, \\
x_{31} + x_{32} + x_{33} + x_{34} & & & = 8, \\
x_{11} \quad + x_{21} \quad\quad x_{31} & & & = 5, \\
x_{12} \quad + x_{22} \quad\quad + x_{32} & & & = 9, \\
x_{13} \quad + x_{23} \quad\quad + x_{33} & & & = 9, \\
x_{14} \quad + x_{24} \quad\quad + x_{34} & & & = 7, \\
x_{ij} & & & \geqq 0.
\end{aligned}
\tag{4.4}
$$

Werden die allgemeinen Koeffizienten c_{ij}, a_i und b_j benutzt, so folgt unter Verwendung der Summenschreibweise:

ZF:
$$Z = \sum_{i=1}^{3} \sum_{j=1}^{4} c_{ij} \cdot x_{ij} \overset{!}{=} \min;$$

NB:
$$\sum_{j=1}^{4} x_{ij} = a_i, \quad i = 1, 2, 3; \tag{4.5}$$

$$\sum_{i=1}^{3} x_{ij} = b_j, \quad j = 1, 2, 3, 4;$$

$$x_{ij} \geqq 0.$$

Da alle Elemente der Koeffizientenmatrix der Nebenbedingungen (4.4) die Werte 0 oder 1 annehmen und in jeder Spalte dieser Matrix nur zwei Werte gleich 1 und die restlichen gleich 0 sind, wird der besondere Aufbau eines Transportproblems als lineares Optimierungsmodell deutlich. Schließlich ist irgendeine Nebenbedingung von (4.4) eine Linearkombination der restlichen; sie kann also — ohne damit die Lösungsmannigfaltigkeit einzuschränken — unberücksichtigt bleiben. So entsteht z. B. die 7. Gleichung aus (4.4), wenn die 1., 2. und 3. Gleichung addiert und davon die 4., 5. und 6. Gleichung subtrahiert werden. Das lineare Optimierungsmodell (4.4) umfaßt also $3 + 4 - 1 = 6$ Nebenbedingungen mit $3 \cdot 4 = 12$ Unbekannten x_{ij}.

Allgemeine Darstellung

Von den m Erzeugern $E_1, \ldots, E_m$ erzeugt jeder während einer bestimmten Zeit der Reihe nach ein Produkt gleicher Qualität von $a_1, \ldots, a_m$ Produktionseinheiten. Während dieser Zeit benötigen die n Verbraucher $V_1, \ldots, V_n$ der Reihe nach $b_1, \ldots, b_n$ Einheiten dieses Produktes. Zu den Voraussetzungen „gleiche Qualität" und „feste Zeitdauer" wird die Voraussetzung „Gesamterzeugung gleich Gesamtverbrauch" hinzugefügt, d.h., es gilt die folgende Gleichung:

$$\sum_{i=1}^{m} a_i = \sum_{j=1}^{n} b_j.$$

Es sind ferner die Transporteinheitskosten c_{ij} ($i = 1, \ldots, m; j = 1, \ldots, n$) gegeben, die zum Transport einer Einheit des Produktes vom Erzeuger E_i zum Verbraucher V_j benötigt werden. In der Tabelle 4.3 sind diese eingetragen.

Gesucht ist ein Transportplan, nach dem jeder Verbraucher seine geforderten Mengen unter Berücksichtigung minimaler Gesamttransportkosten erhält.

Tabelle 4.3

	V_1	V_2	$\cdots$	V_n	
E_1	c_{11}	c_{12}	$\cdots$	c_{1n}	a_1
E_2	c_{21}	c_{22}	$\cdots$	c_{2n}	a_2
$\vdots$	$\vdots$	$\vdots$	$\cdots$	$\vdots$	$\vdots$
E_m	c_{m1}	c_{m2}	$\cdots$	c_{mn}	a_m
	b_1	b_2	$\cdots$	b_n	$\sum_{i=1}^{m} a_i = \sum_{j=1}^{n} b_j$

Die einzelnen noch zu bestimmenden Transportmengen werden — wie bereits am Beispiel erläutert — mit x_{ij} bezeichnet ($i = 1, \ldots, m; j = 1, \ldots, n$), und ein allgemeiner Verteilungsplan kann nach Tabelle 4.4 gegeben werden:

Tabelle 4.4

	V_1	V_2	$\cdots$	V_n	
E_1	x_{11}	x_{12}	$\cdots$	x_{1n}	a_1
E_2	x_{21}	x_{22}	$\cdots$	x_{2n}	a_2
$\vdots$	$\vdots$	$\vdots$	$\cdots$	$\vdots$	$\vdots$
E_m	x_{m1}	x_{m2}	$\cdots$	x_{mn}	a_m
	b_1	b_2	$\cdots$	b_n	

Für die Zielfunktion und die Nebenbedingungen gelten die folgenden Gleichungen

ZF: $\qquad Z = \sum\limits_{i=1}^{m} \sum\limits_{j=1}^{n} c_{ij}\, x_{ij} \doteq \min;$

NB: $\qquad \sum\limits_{j=1}^{n} x_{ij} = a_i, \quad i = 1, \ldots, m;$ $\qquad\qquad\qquad$ (4.6)

$\qquad\qquad \sum\limits_{i=1}^{m} x_{ij} = b_j, \quad j = 1, \ldots, n;$

$\qquad\qquad\qquad x_{ij} \geqq 0,$

oder ausführlich:

ZF: $\quad Z = c_{11}\, x_{11} + c_{12}\, x_{12} + \cdots \qquad\qquad\qquad \cdots + c_{mn}\, x_{mn} \doteq \min;$

NB: $\quad x_{11} + x_{12} + \cdots + x_{1n} \qquad\qquad\qquad\qquad\qquad\qquad = a_1,$

$$\begin{aligned}
x_{11} + x_{12} + \cdots + x_{1n} &= a_1,\\
x_{21} + x_{22} + \cdots + x_{2n} &= a_2,\\
&\ \ \vdots\\
x_{m1} + x_{m2} + \cdots + x_{mn} &= a_m,\\
x_{11} \qquad\ \dotplus\ x_{21} \qquad\qquad \cdots + x_{m1} &= b_1,\\
x_{12} \qquad\qquad + x_{22} \qquad \cdots \qquad + x_{m2} &= b_2,\\
&\ \ \vdots\\
x_{1n} \qquad\qquad\qquad + x_{2n} \cdots \qquad\qquad + x_{mn} &= b_n,\\
x_{ij} &\geqq 0.
\end{aligned}$$

$$(4.7)$$

Wiederum kann eine Gleichung der Nebenbedingungen weggelassen werden, da sie sich, wie im Beispiel angedeutet, aus den restlichen Gleichungen (4.7) linear kombinieren läßt. Daß die restlichen linear unabhängig sind, wird im folgenden Abschnitt gezeigt. Ein allgemeines Transportproblem mit m Erzeugern E_i und n Verbrauchern V_j ist somit auf ein lineares Optimierungsmodell mit $m \cdot n$ nicht negativen Veränderlichen und $m + n - 1$ Gleichungen als Nebenbedingungen zurückzuführen. Dabei haben die Nebenbedingungen einen speziellen Aufbau. Wird der zur Veränderlichen x_{ij} gehörende Spaltenvektor der Koeffizientenmatrix von (4.7) mit $\mathbf{p}^{(ij)}$ bezeichnet, so sind alle Komponenten von $\mathbf{p}^{(ij)}$ bis auf die i-te und $(m + j)$-te gleich null, und die beiden von Null verschiedenen Komponenten sind gleich 1.

4.1.2. Lösungsalgorithmen zum Transportproblem

Grundlagen

Zum besseren Verständnis der folgenden Lösungsmöglichkeiten werden zunächst einige Sätze zum Transportproblem angeführt.

Werden die Veränderlichen x_{ij} zu der Matrix $\mathbf{X} = [x_{ij}]$ und die Transporteinheitskosten c_{ij} zu der Matrix $\mathbf{C} = [c_{ij}]$ zusammengefaßt, so gelten die folgenden Sätze:

S.4.1   Satz 4.1: *Eine Lösung des Transportproblems existiert immer.*

Beweis: Wird $\sum\limits_{i=1}^{m} a_i = \sum\limits_{j=1}^{n} b_j = a$ gesetzt, so ist $\mathbf{X} = [x_{ij}]$ mit $x_{ij} = \dfrac{a_i \cdot b_j}{a} \geqq 0$ eine Lösung $(i = 1, \ldots, m;\ j = 1, \ldots, n)$, denn es gilt:

$$\sum_{j=1}^{n} x_{ij} = \sum_{j=1}^{n} \frac{a_i b_j}{a} = \frac{a_i}{a} \sum_{j=1}^{n} b_j = a_i\, \frac{a}{a} = a_i,$$

$$\sum_{i=1}^{m} x_{ij} = \sum_{i=1}^{m} \frac{a_i b_j}{a} = \frac{a}{a} \cdot b_j = b_j.$$

Damit ist der Beweis erbracht, da alle geforderten Bedingungen erfüllt sind. ∎

S.4.2   Satz 4.2: *Eine Lösung mit höchstens $m + n - 1$ positiven x_{ij} existiert immer.*

Beweis: Zum Beweis wird die „Nordwestecken-Regel" (NWR) benutzt. Diese Regel wurde von Dantzig aufgestellt und ist von Charnes und Cooper unter diesem Namen eingeführt worden. Eine Lösung wird nach der NWR folgendermaßen aufgebaut:

In der Lösungsmatrix wird in der linken oberen Ecke mit x_{11} als erster Variablen begonnen, die als Basisvariable aufgefaßt wird. Es wird $x_{11} = \min(a_1, b_1)$ gesetzt und in den Verteilungsplan eingetragen. Dabei können die drei folgenden Möglichkeiten auftreten:

1. Wenn $a_1 < b_1$ ist, wird allen anderen Variablen in der 1. Zeile der Wert null gegeben; sie werden als Nichtbasisvariable aufgefaßt und nicht in den Verteilungsplan eingetragen. Die 1. Zeile wird von den weiteren Betrachtungen ausgeschlossen.

2. Wenn $a_1 > b_1$ ist, werden dagegen alle restlichen Variablen in der 1. Spalte gleich null gesetzt und ebenfalls als Nichtbasisvariable nicht in den Verteilungsplan eingetragen. Die 1. Spalte wird von den weiteren Betrachtungen ausgeschlossen.

3. Wenn schließlich $a_1 = b_1$ ist, werden entweder alle restlichen Variablen der 1. Zeile oder der 1. Spalte gleich null gesetzt, als Nichtbasisvariable aufgefaßt und nicht in den Verteilungsplan eingetragen. Die entsprechende Zeile oder Spalte wird von den weiteren Betrachtungen ausgeschlossen. Liegt nur noch eine Zeile, aber mehrere Spalten vor, dann ist eine Spalte zu streichen. Liegt dagegen nur noch eine Spalte, aber mehrere Zeilen vor, so ist eine Zeile zu streichen.

Anschließend wird in allen drei Fällen

$$a_1 \text{ durch } a_1 - x_{11} = a_1 - \min(a_1, b_1) \text{ und}$$

$$b_1 \text{ durch } b_1 - x_{11} = b_1 - \min(a_1, b_1) \text{ ersetzt.}$$

Die Berechnungen beginnen erneut in der NW-Ecke der reduzierten Lösungsmatrix und werden solange wiederholt, bis alle Variablen als Basisvariable (BV) bzw. Nichtbasisvariable (NBV) festgelegt sind. Im ganzen werden $m + n - 1$ Eintragungen vorgenommen. Falls einer der $m + n - 1$ Werte null ist, so ist diese Null unbedingt einzutragen, da diese Null eine BV ist, die von den NBV zu unterscheiden ist.

Nach dieser Regel werden genau $m + n - 1$ Variable ausgewählt, denn diese Anzahl stimmt mit der Anzahl der Zeilen und Spalten überein, wenn von ihr 1 subtrahiert wird, da bei dem letzten Schritt sowohl die Spalte als auch die Zeile gestrichen wird. Damit ist Satz 4.2 bewiesen. ∎

Wird die **NWR** auf das Beispiel angewendet, so entstehen der Reihe nach die in den folgenden Matrizen eingetragenen Lösungskomponenten:

$$
\mathbf{X} = \begin{bmatrix} 5 & & & 11\ 6 \\ & & & 11 \\ & & & 8 \\ \not{5}\ 9\ 9\ 7 \end{bmatrix}
$$

$$
\mathbf{X} = \begin{bmatrix} 5\ 6 & & & \not{6}\ 0 \\ & & & 11 \\ & & & 8 \\ \not{5}\ \not{9}\ 9\ 7 \\ 0\ 3 \end{bmatrix}
$$

$$
\mathbf{X} = \begin{bmatrix} 5\ 6 & & & \not{6}\ 0 \\ 3 & & & 11\ 8 \\ & & & 8 \\ \not{5}\ \not{9}\ 9\ 7 \\ 0\ \not{3} \\ 0 \end{bmatrix}
$$

$$
\mathbf{X} = \begin{bmatrix} 5\ 6 & & & \not{6}\ 0 \\ 3\ 8 & & & 11\ \not{8}\ 0 \\ & & & 8 \\ \not{5}\ \not{9}\ \not{9} \\ 0\ \not{3}\ 1 \\ 0 \end{bmatrix}
$$

(4.8)

$$
\mathbf{X}_0 = \begin{bmatrix} 5 & 6 & & 11 \\ & 3 & 8 & 11 \\ & & 1 & 7 & 8 \\ 5 & 9 & 9 & 7 \end{bmatrix}
$$

(4.9)

Die Matrix $\mathbf{X}_0$ aus (4.9) ist die sich nach der NWR ergebende Ausgangslösung.

S.4.3

Satz 4.3: *Eine Lösung* $\mathbf{X} = [x_{ij}]$ *ist dann und nur dann optimale Lösung eines Transportproblems mit der Kostenmatrix* $\mathbf{C} = [c_{ij}]$, *wenn* $\mathbf{X}$ *optimale Lösung des gleichen Transportproblems, aber mit der Kostenmatrix*

$$\mathbf{D} = [d_{ij}] = [c_{ij} + p_i + q_i]$$

ist, wobei p_i, q_j *beliebige Zahlen sind. Die Matrizen* $\mathbf{C}$ *und* $\mathbf{D}$ *heißen äquivalent.*

Beweis: Die Zielfunktion zur Kostenmatrix $\mathbf{D} = [d_{ij}]$ wird mit Z^+ und die zur Kostenmatrix $\mathbf{C}$ mit Z bezeichnet.

$$
\begin{aligned}
Z^+(\mathbf{X}) &= \sum_{i=1}^{m} \sum_{j=1}^{n} d_{ij} x_{ij} = \sum_i \sum_j [c_{ij} + p_i + q_j]\, x_{ij} \\
&= \sum_i \sum_j c_{ij}\, x_{ij} + \sum_i \sum_j p_i x_{ij} + \sum_i \sum_j q_j x_{ij} \\
&= \sum_i \sum_j c_{ij}\, x_{ij} + \sum_i p_i \left(\sum_j x_{ij}\right) + \sum_j q_j \left(\sum_i x_{ij}\right) \\
&= \sum_i \sum_j c_{ij}\, x_{ij} + \sum_i p_i a_i + \sum_j q_j b_j.
\end{aligned}
$$

Der Ausdruck $\sum_i p_i a_i + \sum_j q_j b_j$ ist konstant (unabhängig von X) und wird mit c bezeichnet. Es gilt also

$$Z^+(X) = Z(X) + c.$$

Damit ist gezeigt, daß die Zielfunktionen Z und Z^+ sich für jede beliebige Lösung X nur um den gleichen konstanten Faktor c unterscheiden, also:

Ist X zur Kostenmatrix $[c_{ij}]$ optimal, so ist X auch zur Kostenmatrix $[d_{ij}]$ optimal und umgekehrt. ∎

Auf Grund dieses Satzes kann folgendes Vorgehen bei der Lösung gewählt werden. Die Matrix $[c_{ij}]$ ist in eine solche Matrix $[d_{ij}]$ umzuformen, daß unmittelbar eine optimale Lösung aus der Matrix $[d_{ij}]$ abgelesen werden kann. Damit ist die auf diese Weise gefundene Lösung ein gesuchter optimaler Transportplan zur Ausgangsmatrix $[c_{ij}]$.

Die angedeutete Umwandlung der Matrix $[c_{ij}]$ in die gewünschte Matrix $[d_{ij}]$ wird durch mehrere Iterationsschritte vollzogen. Aus diesem Grunde wird die Ausgangsmatrix $C = [c_{ij}]$ mit $C_0 = (C = [c_{ij}]) = [c_{ij}^0]$ bezeichnet. Grundlage für die einzelnen Iterationen bilden die zulässigen Basislösungen, da nach dem Simplextheorem das Optimum an einer zulässigen Basislösung angenommen wird.

Es gibt eine Reihe von Methoden, die zu einer zulässigen Basislösung (genau $m + n - 1$ Basisvariable) führen.

Eine erste Möglichkeit, eine ZBL zu ermitteln, ist die bereits erläuterte NWR. Nach dieser Regel werden genau $m + n - 1$ Variable als Basisvariable ausgewählt. Es bleibt noch zu zeigen, daß die zu diesen Variablen gehörenden Vektoren $p^{(ij)}$ auch linear unabhängig sind. Rechentechnisch ist diese ZBL nicht sehr praktisch, da die Basisvariablen unter Nichtbeachtung der Werte der Koeffizienten der Zielfunktion gewählt werden. Die Anzahl der Iterationen zur Ermittlung einer optimalen ZBL kann erheblich reduziert werden, wenn zur Auswahl der Basisvariablen diese Kostenkoeffizienten berücksichtigt werden.

Im folgenden werden noch zwei weitere Methoden erläutert, die unter besonderer Berücksichtigung der Kostenmatrix zur Ermittlung einer zulässigen Basislösung führen.

Die Methode des kleinsten Elementes: Bei der Methode des kleinsten Elementes wird das kleinste Element der Kostenmatrix $C = [c_{ij}]$ betrachtet. Wird dieses Element mit c_{rs} bezeichnet, so gilt:

$$c_{rs} = \min_{(i,j)} \{c_{ij}\}; \quad i = 1, ..., m; \quad j = 1, ..., n.$$

(r, s) kann immer eindeutig bestimmt werden, wenn zusätzlich gefordert wird, daß bei mehreren kleinsten Elementen das Element bevorzugt wird, bei dem der erste Index am kleinsten ist. Anschließend wird

$$x_{rs} = \min(a_r, b_s)$$

gesetzt und als Basisvariable eingetragen. Genau wie bei der NWR wird auch hier

$$a_r \quad \text{durch} \quad a_r - x_{rs} = a_r - \min(a_r, b_s)$$

und

$$b_s \quad \text{durch} \quad b_s - x_{rs} = b_s - \min(a_r, b_s)$$

ersetzt. Ist min $(a_r, b_s) = a_r$ bzw. b_s, so wird die Zeile r bzw. Spalte s der Matrix $[c_{ij}]$ von den weiteren Betrachtungen ausgeschlossen. Gilt $a_r = b_s$, so wird entweder die Zeile oder die Spalte ausgeschlossen. Liegt nur noch eine Zeile, aber mehrere Spalten vor, dann ist eine Spalte zu streichen. Liegt dagegen nur noch eine Spalte, aber mehrere Zeilen vor, so ist eine Zeile zu streichen. Die Berechnungen beginnen erneut mit der reduzierten Lösungsmatrix und werden solange wiederholt, bis alle Variablen festgelegt sind.

Auch hier werden wie bei der NWR genau $m + n - 1$ Eintragungen vorgenommen. Wird diese Methode auf das Beispiel aus 4.1.1. angewendet, so entstehen der Reihe nach die in die Matrizen (4.10) bis (4.11) eingetragenen Lösungskomponenten.

$$
C = \begin{bmatrix} 7 & 8 & 5 & 3 \\ 2 & 4 & 5 & 9 \\ 6\text{—}3\text{—}(1)\text{—}2 \end{bmatrix}
\qquad
X = \begin{bmatrix} & & & \\ & & & \\ & & 8 & \end{bmatrix}\begin{matrix} 11 \\ 11 \\ 8\ 0 \end{matrix}
$$
$$
\begin{matrix} 5 & 9 & 9 & 7 \\ & & 1 & \end{matrix}
$$

$$
C = \begin{bmatrix} 7 & 8 & 5 & 3 \\ (2) & 4 & 5 & 9 \\ 6\text{—}3\text{—}1\text{—}2 \end{bmatrix}
\qquad
X = \begin{bmatrix} & & & \\ 5 & & & \\ & & 8 & \end{bmatrix}\begin{matrix} 11 \\ 11\ 6 \\ 8\ 0 \end{matrix}
$$
$$
\begin{matrix} 5 & 9 & 9 & 7 \\ 0 & 1 & & \end{matrix}
$$

$$
C = \begin{bmatrix} 7 & 8 & 5 & (3) \\ 2 & 4 & 5 & 9 \\ 6\text{—}3\text{—}1\text{—}2 \end{bmatrix}
\qquad
X = \begin{bmatrix} & & & 7 \\ 5 & & & \\ & & 8 & \end{bmatrix}\begin{matrix} 11\ 4 \\ 11\ 6 \\ 8\ 0 \end{matrix}
\tag{4.10}
$$
$$
\begin{matrix} 5 & 9 & 9 & 7 \\ 0 & 1 & 0 & \end{matrix}
$$

$$
C = \begin{bmatrix} 7 & 8 & 5 & 3 \\ 2\text{—}(4)\text{—}5\text{—}9 \\ 6\text{—}3\text{—}1\text{—}2 \end{bmatrix}
\qquad
X = \begin{bmatrix} & & & 7 \\ 5 & 6 & & \\ & & 8 & \end{bmatrix}\begin{matrix} 11\ 4 \\ 11\ 6\ 0 \\ 8\ 0 \end{matrix}
$$
$$
\begin{matrix} 5 & 9 & 9 & 7 \\ 0 & 3 & 1 & 0 \end{matrix}
$$

$$
C = \begin{bmatrix} 7 & 8 & (5) & 3 \\ 2 & 4 & 5 & 9 \\ 6 & 3 & 1 & 2 \end{bmatrix}
\qquad
X_0 = \begin{bmatrix} & 3 & 1 & 7 \\ 5 & 6 & & \\ & & 8 & \end{bmatrix}\begin{matrix} 11 \\ 11 \\ 8 \end{matrix}
\tag{4.11}
$$
$$
\begin{matrix} 5 & 9 & 9 & 7 \end{matrix}
$$

In (4.11) ist der vollständige Lösungsplan X_0 angegeben.

Die Vogelsche Approximationsmethode

Von jeder Reihe (Zeile oder Spalte) der Kostenmatrix C wird die Differenz der zwei kleinsten Elemente gebildet. Anschließend wird von einer Reihe mit der größten Differenz das kleinste Element bestimmt. Ohne Beschränkung der Allgemeinheit kann angenommen werden, daß das Element c_{11} der Matrix C diese Eigenschaften besitzt. Anschließend wird wie bei der NWR verfahren.

Es wird $x_{11} = \min (a_1, b_1)$ gesetzt und in den Verteilungsplan eingetragen. Anschließend wird wieder eine Reihe der Matrix von den weiteren Betrachtungen ausgeschlossen und a_1 bzw. b_1 durch $a_1 - x_{11}$ bzw. $b_1 - x_{11}$ ersetzt. Die Berechnungen beginnen erneut mit den noch nicht ausgeschlossenen Elementen der Koeffizientenmatrix und werden so lange wiederholt, bis alle Variablen festgelegt sind. Ist in einer Reihe nur noch ein Element zu berücksichtigen, so wird die diesem Element entsprechende Lösungskomponente vorrangig behandelt. Auch hier werden wie bei der NWR genau $m + n - 1$ Eintragungen vorgenommen.

Diese Approximationsmethode wird ebenfalls am Beispiel aus 4.1.1. erläutert:

$$\begin{array}{c} \quad\ 4\ \ 1\ 4\ 1 \\ C = \begin{array}{c} 2 \\ 2 \\ 1 \end{array}\left[\begin{array}{cccc} 7 & 8 & 5 & 3 \\ (2) & 4 & 5 & 9 \\ 6 & 3 & 1 & 2 \end{array}\right] \qquad X = \left[\begin{array}{cccc} 5 & & & \\ & & & \\ & & & \end{array}\right]\begin{array}{c} 11 \\ \not{11}\ 6 \\ 8 \end{array} \\ \qquad\qquad\qquad \not{5}\ 9\ 9\ 7 \\ \qquad\qquad\qquad\ 0 \end{array} \tag{4.12}$$

Von jeder Reihe der Matrix C sind die Differenzen der zwei kleinsten Elemente links und oberhalb der Matrix in (4.12) vermerkt. Im Beispiel kann sowohl die 1. als auch die 3. Spalte als Reihe der größten Differenz gewählt werden. Die 1. Spalte wird bevorzugt. Das kleinste Element $c_{21} = 2$ ist in C durch Klammern besonders markiert. Die dem c_{21} entsprechende Variable x_{21} der Matrix X wird optimal gewählt und eingetragen, also $x_{21} = \min (a_2, b_1) = \min (11,5) = 5$. Die 1. Spalte wird gestrichen und die Berechnungen werden wiederholt. In (4.13) sind die Eintragungen des nachfolgenden analogen Schrittes vorgenommen.

$$\begin{array}{c} \quad\ \ 1\ \ 4\ \ 1 \\ C = \begin{array}{c} 2 \\ 1 \\ 1 \end{array}\left[\begin{array}{cccc} 7 & 8 & 5 & 3 \\ 2 & 4 & 5 & 9 \\ 6 & 3 & (1) & 2 \end{array}\right] \qquad X = \left[\begin{array}{cccc} 5 & & & \\ & & & \\ & & 8 & \end{array}\right]\begin{array}{c} 11 \\ 6 \\ \not{8}\ 0 \end{array} \\ \qquad\qquad\qquad 0\ 9\ \not{9}\ 7 \\ \qquad\qquad\qquad\quad 1 \end{array} \tag{4.13}$$

In (4.14) $-$ (4.16) sind die restlichen Berechnungen der Reihe nach eingetragen:

$$\begin{array}{c} \quad\ 4\ \ 0\ \ 6 \\ C = \begin{array}{c} 2 \\ 1 \\ \ \end{array}\left[\begin{array}{cccc} 7 & 8 & 5 & (3) \\ 2 & 4 & 5 & 9 \\ 6\!-\!3\!-\!1\!-\!2 \end{array}\right] \qquad X = \left[\begin{array}{cccc} & & & 7 \\ 5 & & & \\ & & 8 & \end{array}\right]\begin{array}{c} \not{11}\ 4 \\ 6 \\ 0 \end{array} \\ \qquad\qquad\qquad 0\ 9\ 1\ \not{7} \\ \qquad\qquad\qquad\qquad 0 \end{array} \tag{4.14}$$

$$\begin{array}{c} \quad\ \ 4\ \ 0 \\ C = \begin{array}{c} 3 \\ 1 \\ \ \end{array}\left[\begin{array}{cccc} 7 & 8 & 5 & 3 \\ 2 & (4) & 5 & 9 \\ 6\!-\!3\!-\!1\!-\!2 \end{array}\right] \qquad X = \left[\begin{array}{cccc} & & & 7 \\ 5 & 6 & & \\ & & 8 & \end{array}\right]\begin{array}{c} 4 \\ \not{6}\ 0 \\ 0 \end{array} \\ \qquad\qquad\qquad 0\ \not{9}\ 1\ 0 \\ \qquad\qquad\qquad\quad\ 3 \end{array} \tag{4.15}$$

$$C = \left[\begin{array}{cccc} 7 & 8 & 5 & 3 \\ 2 & 4 & 5 & 9 \\ 6 & 3 & 1 & 2 \end{array}\right] \qquad X_o = \left[\begin{array}{cccc} & 3 & 1 & 7 \\ 5 & 6 & & \\ & & 8 & \end{array}\right]\begin{array}{c} 11 \\ 11 \\ 8 \end{array} \tag{4.16}$$
$$\qquad\qquad\qquad\qquad\qquad 5\ 9\ 9\ 7$$

In (4.16) ist mit $\mathbf{X}_0$ die endgültige Approximationslösung bezeichnet. Genau $3 + 4 - 1 = 6$ Variable sind größer als null.

Durch die drei angeführten Methoden wird jeweils eine Basislösung erhalten. Um diesen Sachverhalt zu beweisen, werden folgende Festlegungen getroffen:

Eine beliebige Menge von Lösungskomponenten heiße *Kombination*. Eine Folge von Lösungskomponenten der Form

$$x_{i_1 j_1}, \ x_{i_1 j_2}, \ x_{i_2 j_2}, \ x_{i_2 j_3}, \ \ldots$$

soll eine *Kette* heißen. Eine Kette heißt ein *Zyklus*, wenn sie die Gestalt

$$x_{i_1 j_1}, \ x_{i_1 j_2}, \ x_{i_2 j_2}, \ \ldots, \ x_{i_l j_l}, \ x_{i_l j_1}$$

hat. Eine Kombination heißt *zyklisch*, wenn sie wenigstens einen Zyklus enthält, andernfalls heißt sie *nichtzyklisch*.

Satz 4.4: *Jede Menge von Vektoren $\mathbf{p}^{(ij)}$ ist dann und nur dann linear abhängig, wenn die dazu gehörende Kombination zyklisch ist. ($\mathbf{p}^{(ij)}$ ist der Spaltenvektor der Nebenbedingungen von (4.7), der zur Variablen x_{ij} gehört).* **S.4.4**

Beweis: Wenn die Menge $\mathbf{p}^{(ij)}$ linear abhängig ist, dann existiert eine nichttriviale Linearkombination, die den Nullvektor ergibt. $\mathbf{p}^{(i_1 j_1)}$ sei ohne Beschränkung der Allgemeinheit ein Vektor, dessen Koeffizient der Linearkombination von null verschieden ist. Da der Nullvektor als Linearkombination entstehen soll, muß der Vektor $\mathbf{p}^{(i_1 j_2)}$ mit nichtverschwindenden Koeffizienten zur Linearkombination gehören. Ebenso muß noch ein Vektor $\mathbf{p}^{(i_2 j_2)}$ mit nichtverschwindenden Koeffizienten dazu gehören, da die $(m + j_2)$-te Komponente von $\mathbf{p}^{(i_1 j_2)}$ von null verschieden ist. Es kann somit eine Folge von Vektoren konstruiert werden:

$$\mathbf{p}^{(i_1 j_1)}, \ \mathbf{p}^{(i_1 j_2)}, \ \mathbf{p}^{(i_2 j_2)}, \ \ldots.$$

Andererseits ist die Anzahl der Vektoren endlich, d.h., es muß der Vektor $\mathbf{p}^{(i_2 j_1)}$ enthalten sein. Die dazugehörige Menge der Komponenten x_{ij} ist aber zyklisch.

Ist andererseits die Kombination, die zur Vektormenge $\mathbf{p}^{(ij)}$ gehört, zyklisch, so sind die entsprechenden Vektoren dieser Kombination linear abhängig, denn es kann sofort eine nichttriviale Linearkombination angegeben werden, wenn die Koeffizienten der Linearkombination, die dem Zyklus entsprechen, abwechselnd $+1$ oder -1 gesetzt werden. ■

Satz 4.5: *Jede Menge von $m + n$ Lösungskomponenten ist zyklisch.* **S.4.5**

Beweis: Da alle $m + n$ Vektoren $\mathbf{p}^{(ij)}$ zu dem Vektor mit den Komponenten

$$\underbrace{-1, -1, \ldots, -1}_{m}; \ \underbrace{+1, \ldots, +1}_{n}$$

orthogonal sind, folgt, daß alle Vektoren einem $(m + n - 1)$-dimensionalen Raum angehören, d.h., sie sind linear abhängig. Also ist die Menge der $m + n$ Lösungskomponenten zyklisch. ■

Weiterhin folgt aus der NWR unmittelbar, daß die Kombination der $m + n - 1$ Basisvariablen nicht zyklisch ist, also sind die dazugehörigen Vektoren linear unabhängig und bilden damit eine Basis im $(m + n)$-dimensionalen Raum.

Damit sind alle Basen des $(m + n)$-dimensionalen Raumes des vorliegenden allgemeinen Transportproblems und die nichtzyklischen Mengen aus $m + n - 1$ Lösungskomponenten einander umkehrbar eindeutig zugeordnet, und es lassen sich alle Eigenschaften der Basen mehrdimensionaler Räume auf diese nichtzyklischen Kombinationen mit $m + n - 1$ Lösungskomponenten übertragen. Es sollen hier zwei wichtige Eigenschaften genannt werden:

Eigenschaft 1:

K_1 sei eine nichtzyklische Kombination mit $m + n - 1$ Elementen, und x_{ij} sei nicht in ihr enthalten. Dann enthält die Kombination K_2, die aus K_1 durch Hinzufügen von x_{ij} erhalten wird, einen und nur einen Zyklus $\bar{K}$.

Eigenschaft 2:

Ist $\bar{x}_{ij} = x_{ij}$ und $\bar{x}_{ij} \in K$ und wird $\bar{x}_{ij}$ aus K_2 gestrichen, so ist die daraus entstehende Kombination von $m + n - 1$ Elementen wieder nichtzyklisch.

Die Potentialmethode als Lösungsalgorithmus

Nachdem eine ZBL $\mathbf{X}_0$ mit genau $m + n - 1$ BV und die Kostenmatrix $\mathbf{C}_0$ des Transportproblems vorliegt, kann der Lösungsalgorithmus mit der Ausführung der 1. Iteration begonnen werden.

Um nicht die erste, sondern eine beliebige Iteration allgemein zu erläutern, wird angenommen, daß die k-te Iteration bereits durchgeführt ist. Nach der k-ten Iteration bereits liegen die folgenden Matrizen vor:

1. eine zulässige Basislösung $\mathbf{X}_k = [x_{ij}^k]$ (genau $m + n - 1$ BV),
2. eine Matrix $\mathbf{C}_k = [c_{ij}^k]$.

Diese beiden Matrizen sind der Reihe nach durch k-malige Umformung infolge der bereits ausgeführten k Iterationen aus $\mathbf{X}_0$ und $\mathbf{C}_0$ hervorgegangen. $k = 0$ zeigt an, daß noch keine Iteration durchgeführt ist.

Durchführung der $(k + 1)$-ten Iteration:

Schritt 1: Berechnung der Matrix $\mathbf{C}_{k+1} = [c_{ij}^{k+1}]$;

a) Zuerst werden m Zahlen p_i^k und n Zahlen q_j^k aus folgendem Gleichungssystem berechnet:

$$p_i^k + q_j^k + c_{ij}^k = 0 \quad \text{für} \quad i, j \quad \text{mit} \quad x_{ij}^k \text{ BV}. \tag{4.17}$$

Dieses Gleichungssystem besteht aus $m + n - 1$ linearen inhomogenen Gleichungen mit $m + n$ Unbekannten. Der Rang der Koeffizientenmatrix stimmt mit dem Rang der erweiterten Matrix überein und ist gleich $m + n - 1$, denn die Koeffizientenmatrix ist gleich der Transponierten der Matrix der Basisvektoren. Das Gleichungssystem (4.17) wird demnach durch einfach unendlich viele Lösungen erfüllt. Für die nachfolgende Umformung ist eine einzige Lösung ausreichend. Diese Lösung wird erhalten, indem ohne Beschränkung der Allgemeinheit $p_1^k = 0$ gesetzt wird. Die restlichen Lösungskomponenten sind äußerst praktisch zu berechnen. Diese Berechnung wird am nachfolgenden Beispiel ausführlich demonstriert.

b) Nach der Lösung des Gleichungssystems (4.17) wird die Matrix $\mathbf{C}_{k+1}$ berechnet. Es gilt:

$$\mathbf{C}_{k+1} = [c_{ij}^{k+1}] = [c_{ij}^k + p_i^k + q_j^k].$$

Die Matrix $\mathbf{C}_{k+1}$ hat die Eigenschaft, daß alle ihre Elemente gleich null sind, die den Basisvariablen der Lösung $\mathbf{X}_k$ entsprechen.

c) Die Lösungsmatrix $\mathbf{X}_k$ wird mit Hilfe der Matrix $\mathbf{C}_{k+1}$ auf Optimalität getestet. Mit Z_{k+1} wird die Zielfunktion bezeichnet, die der Matrix $\mathbf{C}_{k+1}$ entspricht. Es gilt $Z_{k+1}(\mathbf{X}_k) = 0$. Ist $\min\left(c_{ij}^{k+1}\right) = c_{pq}^{k+1} \geqq 0$, so folgt, daß $\mathbf{X}_k$ optimal zu $Z_{k+1}(\mathbf{X}_k)$ ist, und damit folgt nach Satz 4.3, daß $\mathbf{X}_k$ eine optimale Lösung ist. Ist $c_{pq}^{k+1} < 0$, so kann nach Schritt 2 eine zulässige Basislösung (ZBL) $\mathbf{X}_{k+1}$ aufgestellt werden, für die

$$Z_0(\mathbf{X}_{k+1}) \leqq Z_0(\mathbf{X}_k)$$

gilt.

Schritt 2: Berechnung von $\mathbf{X}_{k+1}$

Es wird $x_{pq}^k = \Theta_k$ gesetzt. Anschließend werden die ursprünglichen BV neu berechnet. Alle anderen Elemente von $\mathbf{X}_k$ bleiben nach wie vor null.

Im nachfolgenden Beispiel ist die praktische Berechnung der BV ersichtlich. Wird die so entstehende Lösung mit $\overline{\mathbf{X}}_k = \left[\overline{x}_{ij}^k\right]$ bezeichnet, so gilt

$$Z_{k+1}(\overline{\mathbf{X}}_k) = c_{pq}^{k+1} \cdot \Theta_k.$$

Damit der Funktionswert möglichst klein wird, ist Θ_k so groß wie möglich zu wählen, da $c_{pq}^{k+1} < 0$ ist. Andererseits kann aber Θ_k nicht größer als

$$\min\left\{x_{ij}^k\right\} = x_{rs}^k$$

für i, j mit

$$\overline{x}_{ij}^k = x_{ij}^k - \Theta_k$$

gewählt werden. Wird $\Theta_k = x_{rs}^k$ in die Lösung $\overline{\mathbf{X}}_k$ eingesetzt, so entsteht die Lösung $\mathbf{X}_{k+1}$. Nach der Eigenschaft 2 ist $\mathbf{X}_{k+1}$ wieder eine Basislösung, d. h., die $m + n - 1$ BV bilden keine zyklische Kombination. Es gilt:

$$Z_{k+1}(\mathbf{X}_{k+1}) = c_{pq}^{k+1} \cdot x_{rs}^k.$$

Nach Satz 4.3 gilt weiter

$$Z_0(\mathbf{X}_{k+1}) = Z_0(\mathbf{X}_k) + c_{pq}^{k+1} x_{rs}^k.$$

Mit der Erstellung der Matrizen $\mathbf{X}_{l+1}$ und $\mathbf{C}_{k+1}$ ist die $(k + 1)$-te Iteration beendet. Im folgenden wird das Beispiel aus Tabelle 4.1 mit dem angegebenen Iterationsalgorithmus gelöst. Die Kostenmatrix $\mathbf{C}_0$ und die nach der NWR gebildete ZBL $\mathbf{X}_0$ in (4.9) haben die folgende Form:

$$\mathbf{C}_0 = \begin{bmatrix} (7) & (8) & 5 & 3 \\ 2 & (4) & (5) & 9 \\ 6 & 3 & (1) & (2) \end{bmatrix} \begin{matrix} p_1{}^0 \\ p_2{}^0, \\ p_3{}^0 \end{matrix} \qquad \mathbf{X}_0 = \begin{bmatrix} 5 & 6 & . & . \\ . & 3 & 8 & . \\ . & . & 1 & 7 \end{bmatrix} \begin{matrix} 11 \\ 11 \\ 8 \end{matrix} \qquad (4.18)$$
$$\phantom{\mathbf{C}_0 = } q_1{}^0 \; q_2{}^0 \; q_3{}^0 \; q_4{}^0 \qquad\qquad\qquad 5 \quad 9 \quad 9 \quad 7$$

Die Gesamttransportkosten werden mit Z_0 bezeichnet:

$$Z_0(\mathbf{X}_0) = 150.$$

In der Matrix $\mathbf{X}_0$ sind nur die $m + n - 1$ BV eingetragen. Die den BV entsprechenden Elemente der Matrix $\mathbf{C}_0$ sind durch Klammern hervorgehoben.

1. Iteration:

Schritt 1: Die Matrix $\mathbf{C}_0$ wird zu einer Matrix $\mathbf{C}_1$ umgeformt, indem zeilen- und spaltenweise der Reihe nach die noch zu bestimmenden Zahlen p_1^0, p_2^0, p_3^0 und q_1^0, q_2^0, q_3^0, q_4^0 addiert werden. Diese Zahlen sind zusätzlich rechts und unterhalb der Matrix $\mathbf{C}_0$ in (4.18) eingetragen. Es gilt also:

$$\mathbf{C}_1 = \begin{bmatrix} 7 + p_1^0 + q_1^0 & 8 + p_1^0 + q_2^0 & 5 + p_1^0 + q_3^0 & 3 + p_1^0 + q_4^0 \\ 2 + p_2^0 + q_1^0 & 4 + p_2^0 + q_2^0 & 5 + p_2^0 + q_3^0 & 9 + p_2^0 + q_4^0 \\ 6 + p_3^0 + q_1^0 & 3 + p_3^0 + q_2^0 & 1 + p_3^0 + q_3^0 & 2 + p_3^0 + q_4^0 \end{bmatrix} .$$

Die Zahlen p_i^0 und q_j^0 werden nun so bestimmt, daß alle Elemente von $\mathbf{C}_1$ gleich null gesetzt werden, die den BV von $\mathbf{X}_0$ entsprechen:

$$\begin{aligned} p_1^0 &&+ q_1^0 && &&= -7, \\ p_1^0 && &&+ q_2^0 && &&= -8, \\ &p_2^0 &&+ q_2^0 && &&= -4, \\ &p_2^0 && &&+ q_3^0 && &&= -5, \\ &&p_3^0 &&+ q_3^0 && &&= -1, \\ &&p_3^0 && &&+ q_4^0 &&= -2. \end{aligned} \qquad (4.19)$$

Die Koeffizientenmatrix von (4.19) ist gleich der Transponierten zur Matrix der entsprechenden Basisvektoren, hat also den Rang 6. Wird $p_1^0 = 0$ gesetzt, so folgt:

$$\begin{aligned} p_1^0 &= 0, & q_1^0 &= -7, \\ p_2^0 &= 4, & q_2^0 &= -8, \\ p_3^0 &= 8, & q_3^0 &= -9, \\ & & q_4^0 &= -10. \end{aligned}$$

Diese p_i und q_j sind ohne erheblichen praktischen Rechenaufwand auch folgendermaßen zu ermitteln:

Es wird $p_1^0 = 0$ gesetzt. Anschließend werden die q_j^0 derjenigen Spalten von $\mathbf{C}_0$, die in der 1. Zeile ein „Klammerelement" besitzen, so bestimmt, daß die den „Klammerelementen" entsprechenden Elemente der zu berechnenden Matrix $\mathbf{C}_1$ gleich null werden. Es entsteht:

$$\mathbf{C}_0 = \begin{bmatrix} (7) & (8) & 5 & 3 \\ 2 & (4) & (5) & 9 \\ 6 & 3 & (1) & (2) \end{bmatrix} \begin{matrix} p_1^0 = 0 \\ \\ \end{matrix}$$
$$\begin{matrix} q_1^0 & q_2^0 \\ = -7 & = -8 \end{matrix}$$

Anschließend werden die p_i^0 derjenigen Zeilen analog bestimmt, die in den zuvor betrachteten Spalten „Klammerelemente" besitzen. Dieses Vorgehen wird solange wiederholt, bis alle Zahlen p_j und q_i ermittelt worden sind.

Es entstehen die in den Matrizen (4.20) angegebenen Ergebnisse:

$$\mathbf{C}_0 = \begin{bmatrix} (7) & (8) & 5 & 3 \\ 2 & (4) & (5) & 9 \\ 6 & 3 & (1) & (2) \end{bmatrix} \begin{matrix} 0 \\ +4 \\ \end{matrix}$$
$$\qquad\quad -7 \quad -8$$

$$\mathbf{C}_0 = \begin{bmatrix} (7) & (8) & 5 & 3 \\ 2 & (4) & (5) & 9 \\ 6 & 3 & (1) & (2) \end{bmatrix} \begin{matrix} 0 \\ +4 \\ \end{matrix} \qquad (4.20)$$
$$\qquad\quad -7 \quad -8 \quad -9$$

$$\mathbf{C}_0 = \begin{bmatrix} (7) & (8) & 5 & 3 \\ 2 & (4) & (5) & 9 \\ 6 & 3 & (1) & (2) \end{bmatrix} \begin{matrix} 0 \\ +4 \\ +8 \end{matrix}$$
$$\qquad\quad -7 \quad -8 \quad -9$$

$$\mathbf{C}_0 = \begin{bmatrix} (7) & (8) & 5 & 3 \\ 2 & (4) & (5) & 9 \\ 6 & 3 & (1) & (2) \end{bmatrix} \begin{matrix} 0 \\ +4 \\ +8 \end{matrix} \qquad (4.21)$$
$$\qquad\quad -7 \quad -8 \quad -9 \quad -10$$

In (4.21) sind schließlich die gesuchten Zahlen vollständig angegeben. Die Matrix $\mathbf{C}_1$ nimmt damit die folgende Gestalt an:

$$\mathbf{C}_1 = \begin{bmatrix} 0 & 0 & -4 & -7 \\ -1 & 0 & 0 & 3 \\ 7 & 3 & 0 & 0 \end{bmatrix} \cdot \qquad (4.22)$$

Die Matrizen $\mathbf{C}_0$ und $\mathbf{C}_1$ sind nach Satz 3 äquivalent. Wird die Zielfunktion der Matrix $\mathbf{C}_1$ mit Z_1 bezeichnet, so gilt:

$$Z_1(\mathbf{X}_0) = 0.$$

Die Gesamttransportkosten der Lösung $\mathbf{X}_0$ bezogen auf die äquivalente Matrix $\mathbf{C}_1$ betragen null. $\mathbf{C}_1$ enthält die drei negativen Elemente -1, -4, -7.

Schritt 2: Es wird die Variable x_{ij}, die dem kleinsten Element -7 entspricht, gleich Θ_0 gesetzt; also $x_{14}^0 = \Theta_0$.

Anschließend werden die Basisvariablen von $\mathbf{X}_0$ neu berechnet. Es entsteht die Lösung $\overline{\mathbf{X}}_0$ mit

$$\overline{\mathbf{X}}_0 = \begin{bmatrix} 5 & 6-\Theta_0 & \cdot & \Theta_0 \\ \cdot & 3+\Theta_0 & 8-\Theta_0 & \cdot \\ \cdot & \cdot & 1+\Theta_0 & 7-\Theta_0 \end{bmatrix} \begin{matrix} 11 \\ 11 \\ 8 \end{matrix} \qquad (4.23)$$
$$\quad\; 5 \qquad 9 \qquad\quad 9 \qquad\quad 7$$

Zur Berechnung der Lösung $\overline{\mathbf{X}}_0$ kann folgendes Vorgehen gewählt werden: Man geht von $\mathbf{X}_0$ aus; an die Stelle x_{14}^0 wird Θ_0 gesetzt. In dieser nunmehr vorliegenden zyklischen Kombination wird der eindeutige Zyklus bestimmt, indem alle Spalten, die nur ein Element der Kombination enthalten, gestrichen werden. Anschließend streicht man alle Zeilen, die von der reduzierten Matrix $\mathbf{X}_0$ nur noch ein Element der Kombination enthalten. Diese Reduzierung wird solange wiederholt, bis keine Reihe mehr zu streichen ist. Die nicht mehr reduzierbaren Elemente der Kombination bilden den Zyklus. Der Zyklus ist nach der Streichung der 1. Spalte der Matrix $\mathbf{X}_0$ in (4.24) eingezeichnet.

$$\mathbf{X}_0 = \begin{bmatrix} 5 & 6 & \cdot & \Theta_0 \\ & 3 & 8 & \cdot \\ & \cdot & 1 & 7 \end{bmatrix}. \tag{4.24}$$

Die Durchlaufrichtung des Zyklus ist bedeutungslos. Wenn die Elemente des Zyklus der Reihe nach durchnumeriert werden, indem bei Θ_0 als 1. Element begonnen wird, so entsteht aus $\mathbf{X}_0$ die Matrix $\overline{\mathbf{X}}_0$, wenn von allen geraden Zykluselementen Θ_0 subtrahiert und zu allen ungeraden Elementen (außer dem 1. Element) Θ_0 addiert wird.

Die Matrix $\mathbf{X}_1$ entsteht aus $\overline{\mathbf{X}}_0$, wenn Θ_0 gleich dem Minimum der geraden Elemente im Zyklus gesetzt wird:

$$\Theta_0 = \min \{6, 8, 7\} = 6. \tag{4.25}$$

Wird $\Theta_0 = 6$ in $\overline{\mathbf{X}}_0$ eingesetzt, so entsteht die in (4.26) angegebene Matrix $\mathbf{X}_1$:

$$\mathbf{X}_1 = \begin{bmatrix} 5 & \cdot & \cdot & 6 \\ \cdot & 9 & 2 & \cdot \\ \cdot & \cdot & 7 & 1 \end{bmatrix} \begin{matrix} 11 \\ 11 \\ 8 \end{matrix}. \tag{4.26}$$
$$\phantom{\mathbf{X}_1 = }\; 5 \;\; 9 \;\; 9 \;\; 7$$

Es gilt:

$$Z_1(\mathbf{X}_1) = -7 \cdot 6 = -42.$$

Nach Satz 3 gilt:

$$Z_0(\mathbf{X}_1) = 150 - 42 = 108.$$

Die Probe bestätigt diese Kosten. Damit ist die 1. Iteration beendet.

Im Zyklus der Matrix $\mathbf{X}_0$ wird das kleinste gerade Element x_{12} gleich null, wenn $\Theta_0 = 6$ gesetzt wird; es wird aus dem Zyklus herausgenommen und wird NBV und nicht mehr eingetragen. Die restlichen $m + n - 1$ Elemente sind zyklenfrei und bilden die neuen BV. Falls im allgemeinen Fall mehrere gerade Elemente gleich null werden, wenn der größtmögliche Wert für Θ_k in $\overline{\mathbf{X}}_k$ eingesetzt wird, so darf nur ein gerades

Element, welches null ist, aus dem Zyklus als neue NBV herausgenommen werden. Mit den restlichen Nullelementen im Zyklus wird als BV so weitergerechnet, als ob sie von null verschieden sind.[1])

Die 1. und die weiteren Iterationen zusammengestellt liefern folgende Ergebnisse:

$$\mathbf{C}_0 = \begin{bmatrix} (7) & (8) & 5 & 3 \\ 2 & (4) & (5) & 9 \\ 6 & 3 & (1) & (2) \end{bmatrix} \begin{matrix} 0 \\ +4 \\ +8 \end{matrix}, \quad \overline{\mathbf{X}}_0 = \begin{bmatrix} 5 & 6-\Theta_0 & & \Theta_0 \\ & 3+\Theta_0 & 8-\Theta_0 & \\ & & 1+\Theta_0 & 7-\Theta_0 \end{bmatrix} \begin{matrix} 11 \\ 11 \\ 8 \end{matrix},$$

$$\begin{matrix} -7 & -8 & -9 & -10 \end{matrix} \qquad\qquad \begin{matrix} 5 & 9 & 9 & 7 \end{matrix}$$

$$\mathbf{X}_0 = \begin{bmatrix} 5 & 6 & & \\ & 3 & 8 & \\ & & 1 & 7 \end{bmatrix};$$

$$Z_0(\mathbf{X}_0) = 150.$$

1. Iteration:

$$\mathbf{C}_1 = \begin{bmatrix} (0) & 0 & -4 & (-7) \\ -1 & (0) & (0) & 3 \\ 7 & 3 & (0) & (0) \end{bmatrix} \begin{matrix} 0 \\ -7 \\ -7 \end{matrix}, \quad \overline{\mathbf{X}}_1 = \begin{bmatrix} 5-\Theta_1 & & & 6+\Theta_1 \\ \Theta_1 & 9 & 2-\Theta_1 & \\ & & 7+\Theta_1 & 1-\Theta_1 \end{bmatrix} \begin{matrix} 11 \\ 11 \\ 8 \end{matrix},$$

$$\begin{matrix} 0 & 7 & 7 & 7 \end{matrix} \qquad\qquad \begin{matrix} 5 & 9 & 9 & 7 \end{matrix}$$

$$\mathbf{X}_1 = \begin{bmatrix} 5 & & & 6 \\ & 9 & 2 & \\ & & 7 & 1 \end{bmatrix};$$

$$\min (c_{ij}^1) = c_{14}^1 = -7 < 0;$$
$$\Theta_0 = 6,$$
$$Z_0(\mathbf{X}_1) = 150 - 42 = 108.$$

2. Iteration:

$$\mathbf{C}_2 = \begin{bmatrix} (0) & 7 & 3 & (0) \\ (-8) & (0) & (0) & 3 \\ 0 & 3 & (0) & 0 \end{bmatrix} \begin{matrix} 0 \\ 8 \\ 8 \end{matrix}, \quad \mathbf{X}_2 = \begin{bmatrix} 4 & & & 7 \\ 1 & 9 & 1 & \\ & & 8 & \end{bmatrix} \begin{matrix} 11 \\ 11 \\ 8 \end{matrix},$$

$$\begin{matrix} 0 & -8 & -8 & 0 \end{matrix} \qquad\qquad \begin{matrix} 5 & 9 & 9 & 7 \end{matrix}$$

$$\overline{\mathbf{X}}_2 = \begin{bmatrix} 4-\Theta_2 & & \Theta_2 & 7 \\ 1+\Theta_2 & 9 & 1-\Theta_2 & \\ & & 8 & \end{bmatrix} \begin{matrix} 11 \\ 11 \\ 8 \end{matrix}$$

$$\begin{matrix} 5 & 9 & 9 & 7 \end{matrix}$$

$$\min (c^2) = c_{21}^2 = -8 < 0;$$
$$\Theta_1 = 1,$$
$$Z_0(\mathbf{X}_2) = 108 - 8 \cdot 1$$
$$= 100.$$

---

[1]) Wenn mehrere gerade Elemente im Zyklus von $\overline{\mathbf{X}}_k$ gleich null werden, so ist das Transportproblem entartet (vgl. Schluß des Abschnittes).

3. Iteration:

$$\mathbf{C}_3 = \begin{bmatrix} (0) & -1 & (-5) & (0) \\ (0) & (0) & 0 & 11 \\ 8 & 3 & (0) & 8 \end{bmatrix} \begin{matrix} 0 \\ 0 \\ -5 \end{matrix}, \quad \mathbf{X}_3 = \begin{bmatrix} 3 & & 1 & 7 \\ 2 & 9 & & \\ & & 8 & \end{bmatrix} \begin{matrix} 11 \\ 11 \\ 8 \end{matrix},$$
$$\begin{matrix} 0 & 0 & 5 & 0 \end{matrix} \qquad\qquad \begin{matrix} 5 & 9 & 9 & 7 \end{matrix}$$

$$\overline{\mathbf{X}}_3 = \begin{bmatrix} 3 - \Theta_3 & & 1 + \Theta_3 & 7 \\ 2 + \Theta_3 & 9 - \Theta_3 & & \\ & \Theta_3 & 8 - \Theta_3 & \end{bmatrix} \begin{matrix} 11 \\ 11 \\ 8 \end{matrix};$$
$$\begin{matrix} 5 & 9 & 9 & 7 \end{matrix}$$

$$\min(c_{ij}^3) = c_{13}^3 = -5 < 0,$$
$$\Theta_2 = 1,$$
$$Z_0(\mathbf{X}_3) = 100 - 5 = 95.$$

4. Iteration:

$$\mathbf{C}_4 = \begin{bmatrix} 0 & -1 & (0) & (0) \\ (0) & (0) & 5 & 11 \\ 3 & (-2) & (0) & 3 \end{bmatrix} \begin{matrix} 0 \\ -2 \\ 0 \end{matrix}, \quad \mathbf{X}_4 = \begin{bmatrix} & & 4 & 7 \\ 5 & 6 & & \\ & 3 & 5 & \end{bmatrix} \begin{matrix} 11 \\ 11 \\ 8 \end{matrix};$$
$$\begin{matrix} 2 & 2 & 0 & 0 \end{matrix} \qquad\qquad \begin{matrix} 5 & 9 & 9 & 7 \end{matrix}$$

$$\min(c_{ij}^4) = c_{32}^4 = -2 < 0;$$
$$\Theta_3 = 3,$$
$$Z_0(\mathbf{X}_4) = 95 - 6 = 89.$$

5. Iteration:

$$\mathbf{C}_5 = \begin{bmatrix} 2 & 1 & 0 & 0 \\ 0 & 0 & 3 & 9 \\ 5 & 0 & 0 & 3 \end{bmatrix};$$

aus $\min(c_{ij}^5) = 0 \geqq 0$ folgt, $\mathbf{X}_4$ ist Optimallösung; $Z_0(\mathbf{X}_4) = 89$.

Der Entartungsfall

Ein allgemeines lineares Optimierungsproblem ist entartet, wenn eine ZBL vorhanden ist, in der mindestens eine BV gleich null ist. Ein Transportproblem ist entartet, wenn eine ZBL existiert, in der nicht alle $m + n - 1$ BV von null verschieden sind. Dieser Entartungsfall kann vermieden werden, wenn das „gestörte" Transportproblem (4.27) betrachtet wird, welches aus (4.5) durch Einführung eines $\varepsilon > 0$ hervorgeht.

$$\begin{array}{c|ccc|c} & V_1 & \cdots & V_n & \\ \hline E_1 & x_{11} & \cdots & x_{1n} & a_1 + \varepsilon \\ E_2 & x_{21} & \cdots & x_{2n} & a_2 + \varepsilon \\ \vdots & \multicolumn{3}{c|}{\cdots\cdots\cdots} & \vdots \\ E_m & x_{m1} & \cdots & x_{mn} & a_m + \varepsilon \\ \hline & b_1 & \cdots & b_n + m\varepsilon & \end{array} \qquad (4.27)$$

Für $\varepsilon = 0$ entsteht das Ausgangsproblem. Es kann gezeigt werden, daß in jeder ZBL alle $m + n - 1$ BV größer als null sind, d.h. keine zulässige BL entartet ist, wenn

$$0 < \varepsilon < \frac{1}{m}$$

gilt. Wird das gestörte Problem gelöst und anschließend $\varepsilon = 0$ gesetzt, so ist die erhaltene Lösung optimal. Für die praktische Berechnung ist aber der Entartungsfall ohne Bedeutung. Eine „ε-Störung" braucht nicht vorgenommen zu werden. Sind in dem Zyklus der Matrix X_k bei maximaler Wahl von Θ_k mehrere Variable gleich null, so wird nur eine von diesen BV als neue NBV gewählt. Diese Wahl kann rein zufällig geschehen.

Aufgabe 4.1: Von drei Zementfabriken, die alle die gleiche Qualität herstellen und auch die gleichen *
Kapazitäten von 20 t in einem bestimmten Zeitabschnitt haben, werden fünf Betonwerke beliefert, die in dem gleichen Zeitabschnitt den Bedarf von B_1: 15 t, B_2: 11 t, B_3: 12 t, B_4: 9 t, B_5: 13 t haben. Die Transportkosten einer Tonne Zement von den Zementfabriken zu den Betonwerken sind in der folgenden Tabelle gegeben:

	B_1	B_2	B_3	B_4	B_5
Z_1	14	16	12	4	14
Z_2	13	12	10		15
Z_3	15	18	14	7	11

Wegen Straßenbauarbeiten ist die Strecke von Z_2 nach B_4 gesperrt. Es sind der optimale Transportplan und die dazugehörenden Transportkosten zu bestimmen.

Aufgabe 4.2: Von 4 Öltanks sollen 3 große Heizhäuser mit Heizöl beliefert werden. Der Bedarf der *
Heizhäuser sei 20, 30, 50 Einheiten. Die zur Verfügung stehenden Mengen seien 25, 25, 20, 30 Einheiten in einem bestimmten Zeitabschnitt. Die Transportkosten pro Einheit sind in der nachstehenden Matrix gegeben. Es ist der optimale Transportplan und die dazugehörenden Transportkosten zu berechnen.

$$\begin{bmatrix} 8 & 12 & 4 \\ 10 & 11 & 5 \\ 14 & 13 & 10 \\ 9 & 10 & 3 \end{bmatrix}$$

4.1.3. Verallgemeinerungen des Transportproblems

In den vorhergehenden Abschnitten 4.1.1. und 4.1.2. wurde das sogenannte „klassische" Transportproblem betrachtet, indem drei bestimmte Voraussetzungen zu Grunde gelegt wurden:

1. Gleiche Qualität des Transportgutes bei allen Erzeugern.

2. Alle vorgegebenen Ausgangsdaten beziehen sich auf ein fest vorgegebenes Zeitintervall.

3. Die Gesamterzeugung ist gleich Gesamtverbrauch

$$\sum_{i=1}^{m} a_i = \sum_{j=1}^{n} b_j.$$

Bei praktischen Problemstellungen sind diese Voraussetzungen oft nicht erfüllt. So ist die Gesamterzeugung in einer vorgegebenen Zeitperiode im allgemeinen von dem Gesamtverbrauch verschieden. Trotzdem lassen sich diese und ähnliche veränderten Probleme durch einfache Modifikationen auf das „klassische" Transportproblem zurückführen.

1. Wird angenommen, daß die Gesamterzeugung größer als der Gesamtverbrauch ist, so kann ein scheinbarer (fiktiver) Verbraucher zunächst eingeführt werden, der scheinbar die überschüssige Menge bezieht, die aber in Wirklichkeit gar nicht zur Verteilung kommt, sie wird als Reservemenge bei dem einen oder anderen Erzeuger in noch zu bestimmenden Einheiten zu lagern sein. Um die vorliegende Problemstellung nicht zu erschweren, wird von eventuell anfallenden Lagerkosten abgesehen. Liegt also ein Problem mit m Erzeugern E_i $(i = 1, ..., m)$ und n Verbrauchern V_j $(j = 1, ..., n)$ vor und gilt

$$\sum_{i=1}^{m} a_i > \sum_{j=1}^{n} b_j,$$

so wird ein fiktiver Verbraucher V_{n+1} eingeführt. Sein Bedarf b_{n+1} wird als Differenz zwischen Gesamterzeugung und Gesamtverbrauch angesetzt, also

$$b_{n+1} = \sum_{i=1}^{m} a_i - \sum_{j=1}^{n} b_j.$$

Die Transportkostenkoeffizienten $c_{i,\,n+1}$ $(i = 1, ..., m)$ von den einzelnen Erzeugern, bezogen auf den fiktiven Verbraucher, werden alle gleich null gesetzt. Das muß so sein, weil in Wirklichkeit keine Transportkosten anfallen. Es gilt also

$$c_{i,\,n+1} = 0.$$

Das nunmehr neu entstandene Ersatzproblem mit m Erzeugern und $n + 1$ Verbrauchern ist aber ein „klassisches" Transportproblem und kann als solches zur Lösung geführt werden. An dem folgenden Beispiel wird das Vorgehen verdeutlicht:

Gegeben ist folgendes Problem

	V_1	V_2	V_3	
E_1	3	4	2	6
E_2	1	3	4	8
	5	3	4	$14 > 12$

Gesamterzeugung: 14 Einheiten, Gesamtverbrauch: 12 Einheiten.

Das Ersatzproblem lautet:

$$
\begin{array}{c|cccc|c}
 & V_1 & V_2 & V_3 & V_4 & \\
\hline
E_1 & 3 & 4 & 2 & 0 & 6 \\
E_2 & 1 & 3 & 4 & 0 & 8 \\
\hline
 & 5 & 3 & 4 & 2 & 14 = 14
\end{array}
$$

Der Bedarf des scheinbaren Verbrauchers ist mit 2 Einheiten anzusetzen. Die auf V_4 bezogenen Transportkoeffizienten sind alle gleich null.

Die optimale Lösung dieses Ersatzproblems, die mit der Potentialmethode ermittelt werden kann, lautet:

$$
\mathbf{X}_0 = \begin{bmatrix} \cdot & \cdot & 4 & 2 \\ 5 & 3 & \cdot & \cdot \end{bmatrix} \begin{matrix} 6 \\ 8 \end{matrix}
$$
$$
\qquad\quad\ 5 \quad 3 \quad 4 \quad 2
$$

Die optimale Lösung des Ausgangsproblems lautet damit: Der Erzeuger E_1 hat 4 Einheiten seiner Gesamterzeugung an den Verbraucher V_3 zu liefern, 2 Einheiten werden von E_1 nicht ausgeliefert, sie werden bei dem Erzeuger E_1 für spätere Anforderungen gelagert. E_2 hat dagegen alle 8 Erzeugungseinheiten auszuliefern.

2. Fällt bei praktischen Problemstellungen die Gesamterzeugung kleiner als der Gesamtverbrauch aus, so wird das Optimierungsziel, Minimierung der Gesamttransportkosten im allgemeinen nicht im Vordergrund stehen, da andere verteilungspolitische Gesichtspunkte zu berücksichtigen sind, um den Bedarf der Verbraucher bestmöglich abzudecken, die transportkostenmäßig ungünstig liegen. Trotzdem sind solche Problemstellungen, bei denen die Verteilung nach minimalen Gesamttransportkosten gesucht ist, von Bedeutung, wenn z. B. Fehlmengen durch Importe abgedeckt werden können oder aber die Verbraucher Zwischenlager halten, deren Gesamtlagerkapazität in der Regel größer als die Gesamterzeugungsmenge ist.

Gilt also

$$
\sum_{i=1}^{m} a_i < \sum_{j=1}^{n} b_j,
$$

so wird ein fiktiver Erzeuger E_{m+1} eingeführt. Seine Erzeugungsmenge a_{m+1} wird als Differenz zwischen Gesamtverbrauch und Gesamterzeugung angesetzt, also

$$
a_{m+1} = \sum_{j=1}^{n} b_j - \sum_{i=1}^{m} a_i.
$$

Die Transportkostenkoeffizienten $c_{m+1,j}$ $(j = 1, ..., n)$ vom fiktiven Erzeuger E_{m+1} zu den einzelnen Verbrauchern werden alle gleich null gesetzt, da in Wirklichkeit keine Transportkosten anfallen. Das nunmehr entstandene Ersatzproblem kann wieder als „klassisches" Transportproblem gelöst werden.

3. Bei manchen praktischen Transportproblemen kommen oft zusätzliche Beschränkungen in der Form hinzu, daß die Anzahl der zu transportierenden Einheiten

eine vorgegebene Schranke nicht überschreiten darf. Durch eine einfache Modifikation des Ausgangsproblems kann ein äquivalentes „klassisches" Ersatzproblem konstruiert werden, und somit kann es mit den bekannten Methoden zur Lösung geführt werden.

Gegeben sei das folgende Beispiel:

	V_1	V_2	V_3	
E_1	5	8	1	18
E_2	8	7	5	14
	7	10	15	32 = 32

Bei der Aufstellung des optimalen Transportproblems ist darauf zu achten, daß aus verkehrstechnischen Gründen auf der Strecke $E_1 V_3$ höchstens 8 Einheiten befördert werden können. In der Tabelle 4.5 ist ein modifiziertes Transportproblem angegeben,

Tabelle 4.5

	V_1	V_2	V_3	
E_{11}	5	8	1	8
E_{12}	5	8	M	10
E_2	8	7	5	14
	7	10	15	32 = 32

indem der Erzeuger E_1 in zwei Erzeuger E_{11} und E_{12} aufgegliedert wurde. E_{11} erzeugt von den 18 Einheiten 8 und E_{12} die restlichen 10 Einheiten. E_{12} kann nur die Verbraucher V_1 und V_2 beliefern. Die Verbindung $E_{12} - V_3$ wurde ausgeschlossen, indem der Transportkostenkoeffizient M hinreichend groß gewählt wurde.

Die optimale Lösung $\mathbf{X}_0$ des in der Tabelle 4.5 angegebenen Problems lautet

$$\overline{\mathbf{X}}_0 = \begin{bmatrix} \cdot & \cdot & 8 \\ 7 & 3 & \cdot \\ \cdot & 7 & 7 \end{bmatrix}$$

Die optimale Lösung $\mathbf{X}_0$, bezogen auf das Ausgangsproblem, hat dann folgende Form:

$$\mathbf{X}_0 = \begin{bmatrix} 7 & 3 & 8 \\ 0 & 7 & 7 \end{bmatrix}.$$

Besteht die Forderung, daß die Strecken von E_2 zu den einzelnen Verbrauchern z. B. nur mit 6 Einheiten befahren werden können, so wird entsprechend der Tabelle 4.6 ein äquivalentes Transportproblem angegeben, indem der Erzeuger E_2 in drei Erzeuger E_{21}, E_{22} und E_{23} aufgegliedert wird. Die Erzeugungsmengen aller E_{2j} ($j = 1, 2, 3$) werden mit 6 Einheiten angesetzt. Bestimmte Transportkoeffizienten werden hinreichend groß gewählt und mit M bezeichnet, da auf diesen Transportwegen jeglicher Transport auszuschließen ist. Da E_2 aber nur 14 Einheiten erzeugt, werden die überzähligen Einheiten (im Beispiel $3 \cdot 6 - 14 = 4$) von einem fiktiven Verbraucher aufgenommen, dessen Transportkoeffizienten wieder alle gleich null gesetzt werden bis auf die Verbindung $E_1 V_4$, die mit M angesetzt wird. Auf der Verbindung $E_1 V_4$ darf also kein Transport stattfinden.

Tabelle 4.6

	V_1	V_2	V_3	V_4	
E_1	5	8	1	M	18
E_{21}	8	M	M	0	6
E_{22}	M	7	M	0	6
E_{23}	M	M	5	0	6
	7	10	15	4	

Die optimale Lösung $\overline{X}_0$ des modifizierten Problems lautet:

$$\overline{X}_0 = \begin{bmatrix} 1 & 4 & 13 & \cdot \\ 6 & \cdot & \cdot & \cdot \\ \cdot & 6 & \cdot & \cdot \\ \cdot & \cdot & 2 & 4 \end{bmatrix}.$$

Damit hat die optimale Lösung X_0, bezogen auf das Ausgangsproblem, folgende Form:

$$\overline{X}_0 = \begin{bmatrix} 1 & 4 & 13 \\ 6 & 6 & 2 \end{bmatrix} \begin{matrix} 18 \\ 14 \end{matrix}.$$
$$\phantom{\overline{X}_0 = \begin{bmatrix}} 7 \quad 10 \quad 15 \phantom{\end{bmatrix}}$$

4. Oft werden in den Erzeugungszentren mehrere Sorten von Erzeugnissen hergestellt. Jeder Erzeuger kann darüber hinaus seine Produktionshöhen der einzelnen Sorten frei wählen (allerdings in bestimmten Kapazitätsgrenzen). Die Aufgabenstellung wird an einem einfachen Beispiel erläutert, indem 2 Sorten jeweils mit gleicher Qualität eines Produktes, 2 Erzeuger und 3 Verbraucher zugrunde gelegt werden. In der Tabelle 4.7 sind für das Beispiel bestimmte Zahlenwerte angegeben.

Tabelle 4.7

	V_1	V_2	V_3					
E_1	1	4	2	a_{11}		80		$a_{11} + a_{12} \geqq a_1$
	3	2	3	a_{12}	a_1	70	100	
E_2	2	5	3	a_{21}		90		$a_{21} + a_{22} \geqq a_2$
	1	4	2	a_{22}	a_2	80	120	

$$\begin{matrix} b_{11} & b_{21} & b_{31} \\ b_{12} & b_{22} & b_{32} \\ 20 & 50 & 40 \\ 60 & 30 & 20 \end{matrix}$$

Mit a_{ik} ist die maximale Produktionskapazität der Sorte k ($k = 1, 2$) des Erzeugers E_i ($i = 1, 2$) bezeichnet. Mit b_{jk} ist die Bedarfsmenge der Sorte k ($k = 1, 2$) des Verbrauchers V_j ($j = 1, 2, 3$) bezeichnet. a_i ($i = 1, 2$) stellt die Gesamtproduktionskapazität des Erzeugers E_i dar. Es gilt für beide Erzeuger, daß $a_{i1} + a_{i2} \geq a_i$ ist, d. h. die Summe der Teilkapazitäten ist nicht kleiner als die Gesamtkapazität.

Bestimmte Zahlenwerte sind für a_{ik}, b_{jk} und a_i in der Tabelle 4.7 vermerkt. Die Transportkostenkoeffizienten eines jeden Erzeugers zu den einzelnen Verbrauchern sind durch Doppelzeilen dargestellt, da sie im allgemeinen von Sorte zu Sorte verschieden sind. Jeweils die erste Zeile beinhaltet die Kostenkoeffizienten, bezogen auf die erste Sorte, und die zweite Zeile die Kostenkoeffizienten auf die zweite Sorte.

Die Produktionshöhen der einzelnen Erzeuger E_i bezogen auf die Sorte k werden mit a'_{ik} bezeichnet ($i = 1, 2; k = 1, 2$). Im einzelnen sind folgende zusätzliche Nebenbedingungen zu berücksichtigen:

$$a'_{11} + a'_{12} = a_1 = 100, \qquad a'_{11} \leq a_{11} = 80, \qquad a'_{12} \leq a_{12} = 70,$$

$$a'_{21} + a'_{22} = a_2 = 120, \qquad a'_{21} \leq a_{21} = 90, \qquad a'_{22} \leq a_{22} = 80.$$

Die Summe der Produktionshöhen aller Sorten eines Erzeugers ist gleich der Gesamtkapazität des Erzeugers. Dabei ist zu beachten, daß die Produktionshöhe jeder einzelnen Sorte die betreffende Teilkapazität des Erzeugers nicht übersteigt.

Die gesamte Problemstellung besteht nun in der folgenden Aufgabenstellung: Der Verteilungsplan und die einzelnen Produktionshöhen der Erzeuger sind so zu bestimmen, daß die Gesamttransportkosten so klein wie möglich werden.

Zu beachten ist also, daß auch die einzelnen Produktionshöhen optimal festzulegen sind. Für jede Möglichkeit der Wahl der Produktionshöhen kann ein optimaler Verteilungsplan ermittelt werden. Von all diesen möglichen optimalen Verteilungsplänen ist also der mit den geringsten Transportkosten gesucht.

Werden für das Beispiel die einzelnen Produktionshöhen $a'_{11} = 30$, $a'_{22} = 70$, $a'_{21} = 80$, $a'_{22} = 40$ vorgegeben (die notwendigen Nebenbedingungen sind erfüllt, siehe Tabelle 4.8), so kann für jede Sorte getrennt der optimale Verteilungsplan als Lösung eines „klassischen" Transportproblems berechnet werden.

Tabelle 4.8

	V_1	V_2	V_3		
E_1	1	4	2	30	100
	3	2	3	70	
E_2	2	5	3	80	120
	1	4	2	40	
	20	50	40		
	60	30	20		

Für die erste Sorte lautet das klassische Transportproblem:

	V_1	V_2	V_3	
E_1	1	4	2	30
E_2	2	5	3	80
	20	50	40	

Die optimale Lösung X_1 lautet:

$$X_1 = \begin{bmatrix} 20 & \cdot & 10 \\ \cdot & 50 & 30 \end{bmatrix}.$$

Analog berechnet man die optimale Lösung für die zweite Sorte.

Der optimale Verteilungsplan für die im Beispiel vorgegebenen Produktionshöhen lautet schließlich:

	V_1	V_2	V_3		
E_1	20	·	10	30	100
	20	30	20	70	
E_2	·	50	30	80	120
	40	·	·	40	
	20	50	40		
	60	30	20		

Die Gesamttransportkosten K betragen 600 Kosteneinheiten.

Demgegenüber lautet aber der optimale Verteilungsplan mit den optimal berechneten Produktionshöhen folgendermaßen:

Tabelle 4.9

	V_1	V_2	V_3		
E_1	20	50	·	70	100
	·	30	·	30	
E_2	·	·	40	40	120
	60	·	20	80	
	20	50	40		
	60	30	20		

Die Gesamttransportkosten belaufen sich jetzt auf 500 Kosteneinheiten, d.h. $16\frac{2}{3}\%$ Einsparung gegenüber dem vorhergehenden Verteilungsplan, wo die Produktionshöhen unabhängig von den Transportkostenkoeffizienten willkürlich festgelegt worden waren.

Bleibt noch die Frage bestehen, wie der optimale Verteilungsplan mit optimalen Produktionshöhen berechnet werden kann. Die gestellte Problemstellung wird ebenfalls durch eine Modifikation des gegebenen Transportproblems auf ein „klassisches" Transportproblem zurückgeführt werden. Jeder Erzeuger E_i wird durch zwei Erzeuger E_{ik} $(k = 1, 2)$ und jeder Verbraucher durch zwei Verbraucher V_{jk} $(k = 1, 2)$ ersetzt. Es wird angenommen, daß V_{jk} nur die Sorte k bezieht und E_{ik} nur die Sorte k erzeugt.

Als Erzeugungsmenge von E_{ik} wird die Teilkapazität a_{ik} und als Bedarfsmenge von V_{jk} wird b_{jk} gewählt. Schließlich werden noch die fiktiven Verbraucher $\overline{V}_i$ $(i = 1, 2)$ eingeführt, deren Bedarf jeweils gleich der Differenz zwischen der Summe der Teilkapazitäten des Erzeugers E_i und der Gesamtkapazität a_i ist.

Bei der Gesamtdarstellung des nun vorliegenden „klassischen" Transportproblems sind allerdings einige Kostenkoeffizienten wieder hinreichend groß zu wählen, also gleich M zu setzen, d.h., die betreffenden Verbindungswege sind für den Transport auszuschließen. Für das angeführte Beispiel entsteht das folgende „klassische" Transportproblem:

	V_{11}	V_{12}	V_{21}	V_{22}	V_{31}	V_{32}	$\overline{V}_1$	$\overline{V}_2$	
E_{11}	1	M	4	M	2	M	0	M	80
E_{12}	M	3	M	2	M	3	0	M	70
E_{21}	2	M	5	M	3	M	M	0	90
E_{22}	M	1	M	4	M	2	M	0	80
	20	60	50	30	40	20	50	50	

Wird dieses Problem z. B. mit der Potentialmethode gelöst, so entsteht die optimale Lösung:

$$\overline{\mathbf{X}}_0 = \begin{bmatrix} 20 & \cdot & 50 & \cdot & \cdot & \cdot & 10 & \cdot \\ \cdot & \cdot & \cdot & 30 & \cdot & \cdot & 40 & \cdot \\ \cdot & \cdot & \cdot & \cdot & 40 & \cdot & \cdot & 50 \\ \cdot & 60 & \cdot & \cdot & \cdot & 20 & \cdot & \cdot \end{bmatrix}.$$

Die optimale Lösung des Ausgangsproblems lautet:

$$\mathbf{X}_0 = \begin{bmatrix} 20 & 50 & \cdot \\ \cdot & 30 & \cdot \\ \multicolumn{3}{c}{\cdots\cdots\cdots} \\ \cdot & \cdot & 40 \\ 60 & \cdot & 20 \end{bmatrix} \begin{matrix} 70 \\ 30 \end{matrix} \Big\} 100 \quad \begin{matrix} 40 \\ 80 \end{matrix} \Big\} 120$$

$$\begin{matrix} 20 & 50 & 40 \\ 60 & 30 & 20 \end{matrix}$$

Sie stimmt aber mit dem in der Tabelle 4.9 bereits angegebenen optimalen Verteilungsplan bei optimalen Produktionshöhen überein.

Die gesamte Problemstellung mit Lösungsmethode wurde am Beispiel bereits so dargestellt, daß sie auf Probleme mit beliebig vielen Sorten übertragen werden kann.

5. Zum Abschluß soll noch eine Problemstellung am Beispiel skizziert werden, die in der Praxis sehr häufig auftritt, indem Produkte oft über mehrere Zwischenstufen zum Verbraucher zu transportieren sind. Da der Transport über mehrere Stufen zu bewältigen ist, werden dementsprechende Transportaufgaben als *mehrdimensionale Transportprobleme* bezeichnet.

Im folgenden Beispiel wird von zwei Erzeugern E_1 und E_2 mit einer jeweiligen Erzeugungskapazität von 40 und 60 Einheiten ausgegangen. Von den Erzeugern ist ein Produkt gleicher Qualität in einer festen Frist über drei Zwischenlager L_1, L_2 und L_3 mit einer Lagerkapazität von 30, 35 und 85 Einheiten zu den Endverbrauchern V_1 und V_2 mit einem Bedarf von 42 und 48 Einheiten zu liefern.

Die betreffenden Transportkosteneinheiten sind in der Tabelle 4.10 zusammengestellt.

Tabelle 4.10

	L_1	L_2	L_3	
E_1	10	13	7	40
E_2	8	10	9	60
V_1	8	5	7	42
V_2	6	5	9	48
	30	35	85	

Bei oberflächlicher Betrachtung könnte man meinen, daß der Verteilungsplan erhalten wird, wenn die gesamte Problemstellung über zwei Teilprobleme schrittweise zur Lösung geführt wird. Am Beispiel wird aber deutlich, daß dieses Vorgehen im allgemeinen nicht zum Ziel führt. Wird jedes Teilproblem für sich gelöst, so entsteht für das erste Teilproblem die folgende optimale Lösung des entsprechend erweiterten Problems

	L_1	L_2	L_3	
E_1	·	·	40	40
E_2	30	·	30	60
E_3	·	35	15	50
	30	35	85	

Dieser Lösung entsprechend wird das Lager L_1 voll belegt. Lager L_2 bleibt leer. Lager L_3 wird mit 70 Produkteinheiten nicht voll ausgelastet. Die Transportkosten K_1 des 1. Teilproblems belaufen sich auf

$$K_1 = 790 \text{ Kosteneinheiten.}$$

Zum zweiten Teilproblem lautet die optimale Lösung des entsprechenden erweiterten Problems

	L_1	L_2	L_3	
V_1	·		42	42
V_2	30	·	18	48
V_3	·	·	10	10
	30	0	70	

Entsprechend der Lösung wird V_1 aus Lager L_3 mit 42 Einheiten beliefert. V_2 wird aus L_1 und L_3 mit jeweils 30 und 18 Einheiten beliefert. 10 Einheiten bleiben im Lager L_3 zur Reserve zurück.

Die Transportkosten K_2 des 2. Teilproblems lauten

$$K_2 = 636 \text{ Kosteneinheiten.}$$

Die somit entstandenen Transportkosten betragen für den Gesamtverteilungsplan

$$K = K_1 + K_2 = 1426 \text{ Kosteneinheiten.}$$

Wird jetzt allerdings das Gesamtproblem nicht in zwei Schritten gelöst, sondern mit einer für diese Problemstellung besonderen Lösungsmethode, so entsteht folgender optimaler Transportplan

	L_1	L_2	L_3	
E_1	·	·	40	40
E_2	30	20	10	60
V_1	·	2	40	42
V_2	30	18	·	48
	30	20	50	
	(30)	(35)	(85)	← Gesamtlagerkapazität.

Die optimalen Gesamtkosten betragen

$$K_0 = 1370 \text{ Kosteneinheiten,}$$

die sich aus den Kosten der beiden Teilprobleme $K_1 = 810$ und $K_2 = 560$ zusammensetzen.

Die Kosten der Verteilung im 1. Teilproblem sind allerdings bei der optimalen Lösung um 20 Kosteneinheiten höher als im vorhergehenden schrittweise gelösten Problem. Die Erhöhung der Kosten wird aber bei der optimalen Verteilung im 2. Teilproblem mit einer Einsparung von 76 Kosteneinheiten gegenüber den vorhergehenden Kosten zu einer doch letzten Endes erzielten Gesamteinsparung ausgeglichen.

Die Einsparung von 76 Kosteneinheiten entsteht durch die günstigere Verteilung der Lagermengen in den einzelnen Zwischenlagern.

Die am Beispiel skizzierte Aufgabenstellung kann auf n beliebige Transportstufen erweitert werden. Auf entsprechende Lösungsmethoden soll hier nicht weiter eingegangen werden.

4.2.   Zuordnungsprobleme

4.2.1.   Problemstellung und mathematisches Modell

Das Zuordnungsproblem ist ein spezielles lineares Optimierungsproblem und eng mit dem Transport- und Verteilungsproblem verbunden. Es stellt einen Spezialfall des Verteilungsproblems und darüber hinaus des Transportproblems dar. Daher läßt es sich in entsprechender Weise wie ein Transportproblem lösen.

Beim Zuordnungsproblem geht es um die optimale Zuordnung von Mitteln und Objekten. Dabei kann nur je ein Mittel einem Objekt zugeordnet werden.

Folgende Beispiele sollen die Problemstellung verdeutlichen:

a) In einem Betrieb stehen zur Fertigung von n Produkten n Maschinen zur Verfügung. Jede Maschine eignet sich zur Herstellung jedes Produktes unterschiedlich gut. Es ergeben sich je nach Zuordnung verschiedene Arbeitszeiten. Jede Maschine soll nur einem Produkt zugeordnet werden. Bei dieser Zuordnung geht es darum, die Gesamtfertigungszeit zu minimieren.

b) Ein Transportunternehmen verfügt über n Kraftwagen. An n verschiedenen Orten wird genau ein Wagen benötigt. Die Kraftwagen sind den Orten so zuzuordnen, daß minimale Gesamttransportkosten entstehen.

c) Ein Abbaubetrieb hat n Abbaugruben und n Abbaumaschinen. Diese Maschinen erbringen in den einzelnen Gruben unterschiedliche Abbauleistungen. Die Maschinen sind den Gruben so zuzuordnen, daß die Gesamtabbauleistung ein Maximum wird.

Das Zuordnungsproblem läßt sich mathematisch in folgender Weise darstellen:

1. Zielfunktion:

$$Z = \sum_{i=1}^{n} \sum_{j=1}^{n} c_{ij} x_{ij} \doteq \min \quad \text{(bzw. max)} \tag{4.28}$$

$$\text{mit} \quad x_{ij} = \begin{cases} 1 \text{ für Zuordnung } i \to j, \\ 0 \text{ für Nichtzuordnung } i \to j. \end{cases}$$

Hierbei gibt der Index i das Einsatzmittel und der Index j das Zuordnungsobjekt an. c_{ij} ist der Kostenfaktor für die Zuordnung des Mittels i zum Objekt j. x_{ij} gibt den Vollzug einer erfolgten Zuordnung an: $x_{ij} = 1$ heißt, daß das Mittel i dem Objekt j zugeordnet worden ist. Wenn $x_{ij} = 0$ ist, so liegt keine Zuordnung vor.

2. Nebenbedingungen:

$$\text{a) der Mittel:} \quad \sum_{j=1}^{n} x_{ij} = 1 \quad \text{(für alle } i\text{);}$$

$$\text{b) der Objekte:} \quad \sum_{i=1}^{n} x_{ij} = 1 \quad \text{(für alle } j\text{).}$$

$$\tag{4.28'}$$

Diese Nebenbedingungen besagen, daß jedes Mittel nur einem Objekt und jedem Objekt nur ein Mittel zugeordnet wird.

Ist die Anzahl der Mittel und der Objekte nicht gleich, so kann das Problem durch Einfügen entweder von fiktiven Mitteln oder von fiktiven Objekten auf den Fall (4.28) zurückgeführt werden.[1]) Im folgenden wird immer vom Fall (4.28) ausgegangen. Die Kostenfaktoren c_{ij} können in einer Kostenmatrix C zusammengefaßt werden. Hierbei entspricht jede Zeile einem Einsatzmittel und jede Spalte einem Zuordnungsobjekt:

$$\mathbf{C} = [c_{ij}] = \begin{bmatrix} c_{11} & \cdots & c_{1n} \\ \vdots & & \vdots \\ c_{n1} & \cdots & c_{nn} \end{bmatrix}.$$

Es gehört ebenfalls die Zuordnungsmatrix X dazu:

$$\mathbf{X} = [x_{ij}] = \begin{bmatrix} x_{11} & \cdots & x_{1n} \\ \vdots & & \vdots \\ x_{n1} & \cdots & x_{nn} \end{bmatrix}.$$

In der Zuordnungsmatrix X ist in jeder Zeile und jeder Spalte genau ein $x_{ij} = 1$ so zu setzen (alle anderen $x_{ij} = 0$), daß die Zielfunktion ein Minimum bzw. ein Maximum annimmt.

4.2.2. Lösungsalgorithmen

Die Potentialmethode
Da die Optimallösung jedes Transportproblems ganzzahlig ist, kann das Zuordnungsproblem als spezielles Transportproblem (n Erzeuger, n Verbraucher und alle Erzeugnismengen a_i und Verbrauchsmengen b_j gleich eins) gelöst und folgendermaßen geschrieben werden:

ZF: $\qquad Z = \sum\limits_{i=1}^{n} \sum\limits_{j=1}^{n} c_{ij}\, x_{ij} \doteq \min \qquad$ (bzw. max);

NB: $\qquad \sum\limits_{j=1}^{n} x_{ij} = 1, \qquad i = 1, ..., n\,;$

$\qquad\qquad \sum\limits_{i=1}^{n} x_{ij} = 1, \qquad j = 1, ..., n\,; \qquad x_{ij} \geqq 0.$

Allerdings ist dieses Transportproblem sehr stark entartet. Die Entartung kann aber durch die ε-Störmethode behoben werden. Beim folgenden Beispiel soll daher die Potentialmethode zur Lösung benutzt werden.

Gegeben ist die Kostenmatrix

$$\mathbf{C}_0 = [c_{ij}] = \begin{bmatrix} 12 & 2 & 4 & 1 \\ 6 & 3 & 5 & 4 \\ 3 & 4 & 2 & 8 \\ 4 & 6 & 6 & 7 \end{bmatrix},$$

zu der eine minimale Zuordnung anzugeben ist.

---

[1]) Unter einer zulässigen bzw. optimalen Lösung des ersten Problems versteht man dann eine zulässige bzw. optimale Lösung des zugehörigen Problems (4.28).

Nach der Vogelschen Approximationsmethode wird die folgende Anfangslösung berechnet:

$$\mathbf{X}_0 = [x_{ij}] = \begin{bmatrix} \cdot & 0 & \cdot & 1 \\ 0 & 1 & \cdot & \cdot \\ 0 & \cdot & 1 & \cdot \\ 1 & \cdot & \cdot & \cdot \end{bmatrix}.$$

Drei Variable mit dem Wert 0 sind als **BV** hinzugefügt.

1. Iteration:

$$[c_{ij}^0] = \begin{bmatrix} 12 & (2) & 4 & (1) \\ (6) & (3) & 5 & 4 \\ (3) & 4 & (2) & 8 \\ (4) & 6 & 6 & 7 \end{bmatrix} \begin{matrix} 0 \\ -1 \\ 2 \\ 1 \end{matrix} , \qquad [c_{ij}^1] = \begin{bmatrix} 7 & 0 & 0 & 0 \\ 0 & 0 & 0 & 2 \\ 0 & 4 & 0 & 9 \\ 0 & 5 & 3 & 7 \end{bmatrix}.$$

$$-5 \quad -2 \quad -4 \quad -1$$

Da min $(c_{ij}^1) \geqq 0$ gilt, ist die optimale Zuordnung bereits durch $\mathbf{X}_0$ gegeben. Sie lautet:

Mittel 1 wird Objekt 4,
Mittel 2 wird Objekt 2,
Mittel 3 wird Objekt 3,
Mittel 4 wird Objekt 1

zugeordnet. Der Wert der Zielfunktion ist

$$Z = 1 + 3 + 2 + 4 = 10.$$

Die eben benutzte Potentialmethode zur Lösung des Zuordnungsproblems ist aber nur dann geeignet, wenn ein Näherungsverfahren zum Auffinden einer guten Ausgangslösung die Zahl der anschließenden Iterationen erheblich herabsetzt. In den meisten Fällen mussen viele Iterationen durchgeführt werden, bis die Optimallösung vorliegt. Das ist darauf zurückzuführen, daß jede Ausgangslösung entartet ist.

Im folgenden soll noch die ungarische Lösungsmethode angegeben werden, die im allgemeinen schneller als die Potentialmethode zur Lösung führt.

Die ungarische Lösungsmethode

Die Grundlagen für diese Methode wurden von den ungarischen Mathematikern König und Egervary geschaffen. Kuhn wandte im Jahre 1955 deren Überlegungen zur Lösung des Zuordnungsproblems mit Erfolg an. Sein Verfahren nannte er zu Ehren von König und Egervary die „Ungarische Methode".

Beschreibung des Algorithmus: Zunächst sind einige Festlegungen zu treffen. Im folgenden werden die Zeilen und Spalten der Matrix $\mathbf{C} = [c_{ij}]$ als *Reihen* bezeichnet.

Wird eine Menge von Elementen der Matrix $\mathbf{C}$ betrachtet, so sollen diese Elemente *unabhängig* heißen, wenn nicht mehr als eines in einer Reihe liegt. Das Zuordnungsproblem besteht also in der Auswahl von n unabhängigen Elementen der Matrix $\mathbf{C}$, so daß ihre Summe ein Minimum ist.

Weiterhin wird im Prozeß der Lösung der quadratischen Matrix $\mathbf{C}$ und ihrer äquivalenten Matrizen das Zeichen $+$ eingeführt, welches rechts von bzw. über den entsprechenden Reihen steht. Alle Elemente, die eine solche mit $+$ gekennzeichnete Reihe enthält, werden als ausgesondert bezeichnet.

Der Algorithmus der ungarischen Methode besteht aus einem Vorbereitungsschritt und einer endlichen Zahl weiterführender Iterationen. Jede Iteration führt zu einer äquivalenten Umgestaltung der Ausgangsmatrix und zu einer Vergrößerung der Zahl der unabhängigen Elemente. Die optimale Zuordnung wird schließlich durch die Stellung der n unabhängigen Elemente in der letzten Matrix bestimmt, die zu C äquivalent ist (die unabhängigen Elemente werden besonders gekennzeichnete Nullen sein).

Vorbereitungsschritt: Bei dem Transportproblem wurde bereits gezeigt, daß zur Kostenmatrix C zeilenweise und spaltenweise beliebige Zahlen p_i und q_j addiert werden können, ohne die optimale Lösung dadurch zu beeinträchtigen. Falls ein Maximierungsproblem vorliegt, ist durch Vorzeichenwechsel sofort das entsprechende Minimierungsproblem anzugeben. Dies gilt unmittelbar auch für das Zuordnungsproblem als spezielles Transportproblem.

1. Liegt ein Maximum-Problem vor, so wird folgende Umrechnung durchgeführt:

a) Es sind alle Spaltenmaxima von C zu bestimmen:

$$q_j = \max \{c_{1j}, ..., c_{nj}\} \text{ für alle } j.$$

Anschließend wird die zu C äquivalente Matrix $C' = [c'_{ij}]$ nach der Formel

$$c'_{ij} = q_j - c_{ij}$$

ermittelt.

b) Weiterhin werden alle Zeilenminima von C' gebildet:

$$p_i = \min \{c'_{i1}, ..., c'_{in}\}.$$

Dann wird die zu C' äquivalente Matrix $C_0 = [c^0_{ij}]$ nach der Formel

$$c^0_{ij} = c'_{ij} - p_i$$

berechnet.

2. Liegt dagegen ein Minimum-Problem vor, so wird

a) $q_j = \min \{c_{1j}, ..., c_{nj}\}$ für alle j gebildet und die äquivalente Matrix C' nach

$$C' = [c'_{ij}] = [c_{ij} - q_j]$$

ermittelt.

b) Schließlich wird wie nach 1 b) die Matrix C_0 bestimmt.

3. Es wird versucht, in jeder Spalte und Zeile genau eine Null mit dem Zeichen „*" (Stern) zu versehen oder, anders ausgedrückt, möglichst viele Null-Elemente, die unabhängig sind, mit „*" zu versehen. „*" bedeutet die Zuordnung, die aus dem Indexpaar des entsprechenden gesternten Elementes hervorgeht.

Als Ergebnis dieses Vorbereitungsschrittes wird in jedem Falle ein äquivalentes Minimum-Problem mit der Kostenmatrix C_0 erhalten, die in jeder Zeile und jeder Spalte (in jeder Reihe) mindestens eine Null enthält.

Iterationen. Es wird angenommen, daß bereits die k-te Iteration durchgeführt ist und somit die zu C_0 äquivalente Matrix $C_k = [c^k_{ij}]$, $c^k_{ij} \geqq 0$, vorliegt. Dann ist die folgende Entscheidung zu treffen:

Enthält C_k n unabhängige „*"-Nullen?

Wenn ja, dann ist die optimale Lösung erreicht und an den „*"-Nullen abzulesen, denn der Funktionswert der dabei entstehenden Lösung ist ein Minimum, nämlich gleich null. Wenn nein, so enthält also C_k weniger als n „*"-Nullen, und es folgt die $(k + 1)$-te Iteration.

$(k + 1)$-te *Iteration:* Alle Spalten der Matrix $\mathbf{C}_k$, die 0* enthalten, werden durch das Zeichen + abgesondert; + wird jeweils oberhalb der entsprechenden Spalte vermerkt.

1. Schritt: Dieser Schritt beginnt mit der Frage: Sind alle nichtmarkierten Nullen von $\mathbf{C}_k$ durch ein + abgesondert? Wenn ja, so ist der erste Schritt beendet, und es wird zum 3. Schritt übergegangen. Wenn nein, dann wird die nicht abgesonderte Null mit einem Strich (') versehen.

a) Wenn die Zeile der eben gebildeten 0' keine (unabhängige Null) 0* enthält, so wird zum 2. Schritt übergegangen.

b) Wenn die Zeile dagegen eine 0* enthält, so wird die Spaltenabsonderung, die am Anfang der $(k + 1)$-ten Iteration wegen dieser unabhängigen Null durchgeführt wurde, rückgängig gemacht und dafür die Zeile dieser 0* (bzw. von 0') abgesondert. (Eine Absonderung + wird in den Matrizen des folgenden Beispiels rückgängig gemacht, indem + durch $\oplus$ ersetzt wird.) Anschließend wird wieder zum Anfang des 1. Schrittes übergegangen.

2. Schritt: Dieser besteht zunächst in der Erzeugung einer Nullenkette. Ausgegangen wird von der Spalte der zuletzt mit einem Strich versehenen Null, und in dieser Spalte wird zur 0* übergegangen, falls diese vorhanden ist. In der Zeile von 0* wird zu einer 0' übergegangen usw. Es kann gezeigt werden, daß diese Nullenkette eindeutig bestimmt ist. Sie beginnt und endet mit einer 0'. Im zweiten Teil dieses Schrittes erfolgt eine Neumarkierung der Nullen der Kette:

$$\text{aus } 0' \text{ wird } 0*;$$

$$\text{aus } 0* \text{ wird } 0.$$

Die umbenannte Matrix wird mit $\mathbf{C}_{k+1}$ bezeichnet. Damit ist die $(k + 1)$-te Iteration beendet. Die Matrix $\mathbf{C}_{k+1}$ enthält genau eine 0* mehr als die Ausgangsmatrix $\mathbf{C}_k$.

3. Schritt: Dieser Schritt beginnt mit der Berechnung von

$$h = \min \left[c_{ij}^k \right]$$

für alle (i, j)-Paare, deren Elemente in $\mathbf{C}_k$ nicht abgesondert sind. Anschließend wird die Matrix $\mathbf{C}_k^1 = \left[c_{ij}^{k,1} \right]$ folgendermaßen berechnet:

$$\left[c_{ij}^{k,1} \right] = \begin{cases} c_{ij}^k - h & \text{für nicht ausgesonderte Elemente;} \\ c_{ij}^k & \text{für einfach ausgesonderte Elemente;} \\ c_{ij}^k + h & \text{für doppelt ausgesonderte Elemente.} \end{cases}$$

Oder anders ausgedrückt: $\mathbf{C}_k^1$ geht aus der Matrix $\mathbf{C}_k$ hervor, indem von allen Elementen der nicht abgesonderten Zeilen von $\mathbf{C}_k$ h subtrahiert und zu allen Elementen der abgesonderten Spalten h addiert wird. Alle Bezeichnungen und Markierungen von $\mathbf{C}_k$ werden in die Matrix $\mathbf{C}_k^1$ übernommen. Nach der Aufstellung der Matrix $\mathbf{C}_k^1$ wird an ihr der 1. Schritt vollzogen usw. In der Matrix $\mathbf{C}_k^1$ ist mindestens eine neue Null enthalten, die noch nicht abgesondert ist. Der 1. und 3. Schritt können laufend miteinander abwechseln. Es kann gezeigt werden, daß nach p-maligem Wechsel des 1. und 3. Schrittes der 2. Schritt folgt, wobei p endlich ist. (Auf diese Beweise soll hier verzichtet werden.) Es werden also gebildet:

$$\mathbf{C}_k, \mathbf{C}_k^1, \ldots, \mathbf{C}_p^k = \mathbf{C}_{k+1}$$

Im Bild 4.2 ist dieser Iterationsalgorithmus nochmals übersichtlich dargestellt.

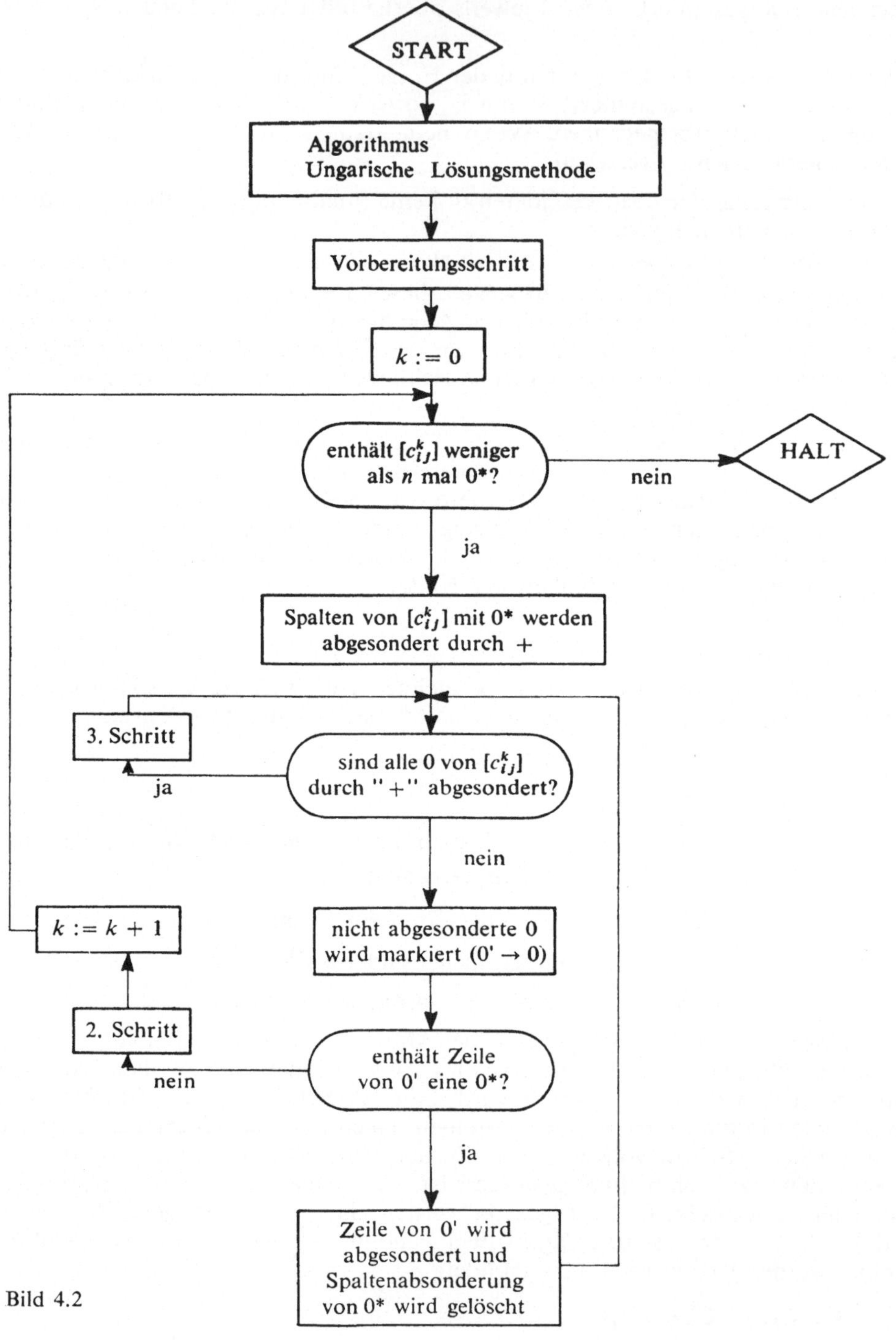

Bild 4.2

Dieser Iterationsalgorithmus soll an dem folgenden Beispiel erläutert werden.

Beispiel 4.1: In einem Betrieb sollen 4 verschiedene Arbeiten auf 4 Arbeiter verteilt werden. Jeder Arbeiter verrichtet die einzelnen Arbeiten entsprechend seiner Qualifikation unterschiedlich gut. Es ist der Zuordnungsplan aufzustellen, bei dem der Gesamtnutzeffekt ein Maximum wird.

Arbeiten	Arbeiter			
	B_1	B_2	B_3	B_4
A_1	3	3	4	5
A_2	2	6	1	4
A_3	8	2	3	2
A_4	4	9	6	1

In der Zuordnungsmatrix $\mathbf{C} = [c_{ij}]$ bedeutet c_{ij} den Nutzeffekt, der vorhanden ist, wenn der Arbeiter B_j die Arbeit A_i verrichtet:

$$\mathbf{C} = [c_{ij}] = \begin{bmatrix} 3 & 3 & 4 & 5 \\ 2 & 6 & 1 & 4 \\ 8 & 2 & 3 & 2 \\ 4 & 9 & 6 & 1 \end{bmatrix}.$$

Vorbereitungsschritt

Da es ein Maximumproblem ist, folgt nach Fall 1 a)

$$\mathbf{C}' = [c_{ij}] = \begin{bmatrix} 5 & 6 & 2 & 0 \\ 6 & 3 & 5 & 1 \\ 0 & 7 & 3 & 3 \\ 4 & 0 & 0 & 4 \end{bmatrix}.$$

Nach 1 b) ergibt sich folgende äquivalente Matrix $\mathbf{C}_0$:

$$\mathbf{C}_0 = [c_{ij}^0] = \begin{bmatrix} 5 & 6 & 2 & 0^* \\ 5 & 2 & 4 & 0 \\ 0^* & 7 & 3 & 3 \\ 4 & 0^* & 0 & 4 \end{bmatrix}.$$

In der Matrix $\mathbf{C}_0$ sind schließlich drei unabhängige Nullen durch einen Stern markiert. Da in ihr nicht vier unabhängige 0^* vorkommen, beginnt die 1. Iteration.

Es werden die Spalten der unabhängigen Nullen abgesondert:

$$\mathbf{C}_0 = \begin{matrix} & + & + & & + \\ & \begin{bmatrix} 5 & 6 & 2 & 0^* \\ 5 & 2 & 4 & 0 \\ 0^* & 7 & 3 & 3 \\ 4 & 0^* & 0 & 4 \end{bmatrix} \end{matrix}.$$

1. Schritt

Eine Null ist nicht abgesondert, nämlich das Element $c_{43} = 0$. Diese Null erhält einen Strich. Die 4. Zeile wird abgesondert und das Pluszeichen über der 2. Spalte gelöscht (+ wird durch $\oplus$ ersetzt):

$$
C_0 = \begin{array}{c}
\begin{array}{cccc} + & \oplus & & + \end{array} \\
\left[\begin{array}{cccc}
5 & 6 & 2 & 0^* \\
5 & 2 & 4 & 0 \\
0^* & 7 & 3 & 3 \\
4 & 0^* & 0' & 4
\end{array}\right] \begin{array}{c} \\ \\ \\ + \end{array}
\end{array} .
$$

Da alle Nullen von C_0 abgesondert sind, folgt der 3. Schritt.

3. Schritt

a) Berechnung von h:

$$h = \min\{6, 2, 7, 2, 4, 3\} = 2.$$

b) Berechnung von C_0^1:

$$
C_0^1 = \begin{array}{c}
\begin{array}{cccc} + & & & + \end{array} \\
\left[\begin{array}{cccc}
5 & 4 & 0 & 0^* \\
5 & 0 & 2 & 0 \\
0^* & 5 & 1 & 3 \\
6 & 0^* & 0' & 6
\end{array}\right] \begin{array}{c} \\ \\ \\ + \end{array}
\end{array}
$$

Es folgt wieder der 1. Schritt.

1. Schritt

$$
C_0^1 = \begin{array}{c}
\begin{array}{cccc} + & & & \oplus \end{array} \\
\left[\begin{array}{cccc}
5 & 4 & 0' & 0^* \\
5 & 0 & 2 & 0' \\
0^* & 5 & 1 & 3 \\
6 & 0^* & 0' & 6
\end{array}\right] \begin{array}{c} + \\ \\ \\ + \end{array}
\end{array}
$$

In diesem Schritt werden der Reihe nach die beiden Nullen $c_{13}^1 = 0$ und $c_{24}^1 = 0$ mit einem Strich versehen. Danach folgt der 2. Schritt.

2. Schritt

a) Erzeugung einer Nullenkette (diese ist durch Pfeile gekennzeichnet):

$$
C_0^1 = \left[\begin{array}{cccc}
5 & 4 & 0' & 0^* \\
5 & 0 & 2 & 0' \\
0^* & 5 & 1 & 3 \\
6 & 0^* & 0' & 6
\end{array}\right] .
$$

b) Neumarkierung der Nullenkette in der Matrix C_0^1:

$$
C_1 = \left[\begin{array}{cccc}
5 & 4 & 0^* & 0 \\
5 & 0 & 2 & 0^* \\
0^* & 5 & 1 & 3 \\
6 & 0^* & 0 & 6
\end{array}\right] .
$$

Die 1. Iteration ist beendet. Die Matrix $\mathbf{C}_1$ enthält 4 unabhängige Nullen. Die Lösung ist an den unabhängigen Nullen abzulesen. Die Matrix des Zuordnungsplanes lautet:

$$\mathbf{X}_1 = \begin{bmatrix} 0 & 0 & 1 & 0 \\ 0 & 0 & 0 & 1 \\ 1 & 0 & 0 & 0 \\ 0 & 1 & 0 & 0 \end{bmatrix}.$$

Das bedeutet:

Arbeiter B_1 verrichtet die Arbeit A_3 mit einem Nutzeffekt von   8,

Arbeiter B_2 verrichtet die Arbeit A_4 mit einem Nutzeffekt von   9,

Arbeiter B_3 verrichtet die Arbeit A_1 mit einem Nutzeffekt von   4,

Arbeiter B_4 verrichtet die Arbeit A_2 mit einem Nutzeffekt von   4,

Gesamtnutzeffekt: 25

Aufgabe 4.3: Das folgende Zuordnungsproblem ist mit der Ungarischen Methode zu lösen:

$$[C_{ij}] = \begin{bmatrix} 10 & 2 & 12 & 6 & 7 & 2 \\ 8 & 5 & 15 & 4 & 4 & 3 \\ 4 & 6 & 9 & 9 & 8 & 5 \\ 9 & 8 & 8 & 3 & 2 & 8 \\ 3 & 4 & 10 & 10 & 5 & 4 \\ 6 & 7 & 7 & 5 & 6 & 7 \end{bmatrix}$$

Dabei soll a) $Z = \sum\limits_{i=1}^{6} \sum\limits_{j=1}^{6} c_{ij} x_{ij} \overset{!}{=} \min$,   b) $\bar{Z} = \sum\limits_{i=1}^{6} \sum\limits_{j=1}^{6} c_{ij} x_{ij} \overset{!}{=} \max$ sein.

4.3.   Verteilungsprobleme

Verteilungsprobleme sind lineare Optimierungsaufgaben, deren Nebenbedingungen einen ganz bestimmten Aufbau haben. Ihr spezieller Aufbau geht durch Verallgemeinerung der Nebenbedingungen aus einem Transportproblem hervor.

Solche Aufgaben haben z. B. eine große praktische Bedeutung in der Planung und Organisation der Produktion eines Betriebes. Nehmen wir an, daß für die Realisierung eines Produktionsprogramms mehrere Maschinen zur Verfügung stehen, die teilweise oder völlig gegeneinander austauschbar sind. Für diese Maschinen sind technisch begründete Arbeitsnormen, die zur Verfügung stehende Maschinenzeit und die benötigten Aufwendungen für die Produktion bekannt.

Die Produktion ist so auf die Maschinen zu verteilen, daß die Gesamtaufwendungen für die Realisierung des Programms möglichst gering sind.

In Tabelle 4.11 sind die Ausgangsdaten für ein solches Verteilungsproblem (in diesem Falle kann man auch von einem Maschinenbelegungsproblem sprechen) für n Maschinen $M_1, \ldots, M_n$ und m Produkte $E_1, \ldots, E_m$ angeordnet.

Tabelle 4.11

Produkte	Maschinen					Produktions-programm ME
	M_1	$\cdots$	M_j	$\cdots$	M_n	
E_1	c_{11} $b_{11}\,x_{11}$		c_{1j} $b_{1j}\,x_{1j}$		c_{1n} $b_{1n}\,x_{1n}$	a_1
$\vdots$						$\vdots$
E_i	c_{i1} $b_{i1}\,x_{i1}$		c_{ij} $b_{ij}\,x_{ij}$		c_{in} $b_{in}\,x_{in}$	a_i
$\vdots$						$\vdots$
E_m	c_{m1} $b_{m1}\,x_{m1}$		c_{mj} $b_{mj}\,x_{mj}$		c_{mn} $b_{mn}\,x_{mn}$	a_m
Maschinen-zeitfond h	b_1	$\cdots$	b_j	$\cdots$	b_n	

b_{ij} gibt für die Maschine M_j die Bearbeitungszeit für eine Einheit des Produktes E_i an, c_{ij} ist eine Bewertung für die Produktion dieser Produktionseinheiten (Kosten, Maschinenzeit, Energieverbrauch u.a.), a_i ist die zu produzierende Menge des Produktes E_i und b_j ist die auf der Maschine M_j zu Verfügung stehende Maschinenzeit.

Wird mit x_{ij} die Menge des Produktes E_i bezeichnet, die auf der Maschine M_j bearbeitet wird, so entsteht das folgende Optimierungsproblem, wenn die Gesamtbewertung Z der Produktion so klein wie möglich werden soll:

ZF:$\qquad Z = \sum_{i=1}^{m} \sum_{j=1}^{n} c_{ij}\,x_{ij} \doteq \min;$

NB:$\qquad \sum_{j=1}^{n} x_{ij} \;= a_i, \qquad i = 1, \dots, m,$

$\qquad\qquad \sum_{i=1}^{m} b_{ij}\,x_{ij} \leqq b_j, \qquad j = 1, \dots, n,$

$\qquad\qquad\qquad x_{ij} \geqq 0.$

Gegenüber einem Transportproblem sind im zweiten Block der Nebenbedingungen die Koeffizienten nicht alle gleich eins oder null, sondern allgemeiner ($b_{ij} \geqq 0$).

Im folgenden werden mehrere Varianten eines Verteilungsproblems unterschieden, die aber alle mit dem gleichen Algorithmus zur Lösung geführt werden können.

Variante 1:$\quad Z = \sum_{i=1}^{m} \sum_{j=1}^{n} c_{ij}\,x_{ij} \doteq \min;$

$\qquad\qquad \sum_{j=1}^{n} x_{ij} \;= a_i, \qquad i = 1, \dots, m,$

$\qquad\qquad \sum_{i=1}^{m} c_{ij}\,x_{ij} \leqq b_j, \qquad i = 1, \dots, n,$

$\qquad\qquad\qquad x_{ij} \geqq 0.$

$\hfill (4.29)$

Variante 2: $\quad Z = \sum\limits_{i=1}^{m} \sum\limits_{j=1}^{n} c_{ij} x_{ij} \doteq \min;$

$$\sum_{j=1}^{n} x_{ij} = a_i, \qquad i = 1, \ldots, m,$$

$$\sum_{i=1}^{m} b_{ij} x_{ij} \leqq b_j, \qquad j = 1, \ldots, n,$$

$$x_{ij} \geqq 0.$$

$$(4.30)$$

Variante 3: $\quad Z = \sum\limits_{i=1}^{m} \sum\limits_{j=1}^{n} c_{ij} x_{ij} \doteq \min;$

$$\sum_{j=1}^{n} a_{ij} x_{ij} = a_i, \qquad i = 1, \ldots, m,$$

$$\sum_{i=1}^{m} b_{ij} x_{ij} \leqq b_j, \qquad j = 1, \ldots, n,$$

$$x_{ij} \geqq 0.$$

$$(4.31)$$

Variante 4: $\quad Z = \sum\limits_{i=1}^{m} \sum\limits_{j=1}^{n} c_{ij} x_{ij} \doteq \min;$

$$\sum_{j=1}^{n} a_{ij} x_{ij} \leqq a_i, \qquad i = 1, \ldots, m,$$

$$\sum_{i=1}^{m} b_{ij} x_{ij} = b_j, \qquad j = 1, \ldots, n,$$

$$x_{ij} \geqq 0.$$

$$(4.32)$$

Variante 5: $\quad Z = \sum\limits_{i=1}^{m} \sum\limits_{j=1}^{n} c_{ij} x_{ij} \doteq \min;$

$$\sum_{j=1}^{n} a_{ij} x_{ii} \leqq a_i, \qquad i = 1, \ldots, m,$$

$$\sum_{i=1}^{m} x_{ij} = b_j, \qquad j = 1, \ldots, n,$$

$$x_{ii} \geqq 0.$$

$$(4.33)$$

Variante 6: $\quad Z = \sum\limits_{i=1}^{m} \sum\limits_{j=1}^{n} c_{ij} x_{ij} \doteq \min;$

$$\sum_{j=1}^{n} a_{ij}\, x_{ij} + x_{i,\,n+1} = a_i + \alpha_i \lambda, \qquad i = 1, \ldots, m,$$

$$\sum_{i=1}^{m} b_{ij}\, x_{ij} \qquad\quad = b_j, \qquad\qquad j = 1, \ldots, n,$$

$$x_{ij} \geqq 0,$$

$$x_{i,\,n+1} \geqq 0, \qquad \lambda \text{ beliebig reell.}$$

(4.34)

Das Problem (4.29) ist als Spezialfall im Problem (4.30) enthalten ($b_{ij} = c_{ij}$). In (4.31) ist wiederum (4.30) als Spezialfall enthalten ($a_{ij} = 1$). (4.31) und (4.32) unterscheiden sich nur in der Bezeichnung. Wird z.B. in (4.31)

$$a_i = b_i', \quad b_j = a_j', \quad a_{ij} = b_{ji}' \quad \text{und} \quad b_{ij} = a_{ji}'$$

gesetzt und werden i und j vertauscht, so entsteht das Problem (4.32). Allerdings durchläuft i die Werte von 1 bis n und j die Werte von 1 bis m. Diese Formatänderung ist für das Problem bedeutungslos. (4.33) ist als Spezialfall in (4.32) enthalten ($b_{ij} = 1$). (4.34) ist gegenüber den anderen Problemen ein parametrisches Verteilungsproblem, λ ist der Parameter. Wird in (4.34) $\lambda = 0$ gesetzt und die Schlupfvariable $x_{i,n+1}$ weggelassen, so entsteht (4.32). In (4.34) sind also die Probleme (4.29) bis (4.33) als Spezialfälle enthalten.

Im Abschnitt 2.1.4. ist das folgende mathematische Modell eines Förderproblems aus der Praxis erarbeitet worden:

Die lineare Funktion

$$Z = \sum_{i=1}^{11} \sum_{j=1}^{3} t_{ij}\, x_{ij} \; [\overset{!}{=} \min]$$

ist unter Berücksichtigung der folgenden Nebenbedingungen zu minimieren:

1. $\displaystyle\sum_{i=1}^{11} x_{ij} = b_j; \quad j = 1, 2, 3; \quad b_1 = 60, \quad b_2 = 1730, \quad b_3 = 1275,$

2. $\displaystyle\sum_{i=1}^{3} \sum_{j=1}^{3} t_{ij}\, x_{ij} \leqq \lambda,$

3. $\displaystyle\sum_{i=4}^{7} \sum_{j=1}^{3} t_{ij}\, x_{ij} \leqq \lambda,$

4. $\displaystyle\sum_{i=8}^{9} \sum_{j=1}^{3} t_{ij}\, x_{ij} \leqq \lambda,$

5. $\displaystyle\sum_{i=10}^{11} \sum_{j=1}^{3} t_{ij}\, x_{ij} \leqq -1007 + \lambda,$

6. $\displaystyle\sum_{i=1}^{7} \sum_{j=1}^{3} t_{ij}\, x_{ij} \leqq 1260,$

$$x_{ij} \geqq 0.$$

(4.35)

4 4 1 x_{11}		1,20 1,20 1 x_{13}	0 1 1 $x_{14}=\lambda$				0 1 1 x_{18}	0 1 0 x_{19}	λ
4 4 1 x_{21}		0,75 0,75 1 x_{23}	0 1 1 $x_{24}=\lambda$				0 1 1 x_{28}	0 1 0 x_{29}	λ
	0,6 0,60 1 $x_{32}=1730$	0,45 0,45 1 x_{33}	0 1 1 $x_{34}=0$				0 1 1 $x_{38}=-1038+\lambda$	0 1 0 x_{39}	λ
1,7 1,7 1 $x_{41}=60$		0,75 0,75 1 x_{43}		0 1 1 $x_{45}=-102+\lambda$			0 1 1 x_{48}	0 1 0 x_{49}	λ
1,7 1,7 1 x_{51}		0,75 0,75 1 x_{53}		0 1 1 $x_{55}=\lambda$			0 1 1 x_{58}	0 1 0 x_{59}	λ
4,0 4,0 1 x_{61}		0,75 0,75 1 x_{63}		0 1 1 $x_{65}=\lambda$			0 1 1 x_{68}	0 1 0 x_{69}	λ
1,7 1,7 1 x_{71}		0,60 0,60 1 x_{73}		0 1 1 $x_{75}=102$			0 1 1 $x_{78}=-222+\lambda$	0 1 0 $x_{79}=120$	λ
	0,63 0,63 1 x_{82}	0,63 0,63 1 x_{83}			0 1 1 $x_{86}=\lambda$			0 1 0 x_{89}	λ
	0,75 0,75 1 x_{92}	0,75 0,75 1 x_{93}			0 1 1 $x_{96}=0$			0 1 0 $x_{99}=\lambda$	λ
		0,35 0,35 1 $x_{10,3}=1275$				0 1 1 $x_{10,7}=-1453,2+\lambda$		0 1 0 $x_{10,9}$	$-1007+\lambda$
		0,50 0,50 1 $x_{11,3}$				0 1 1 $x_{11,7}=446,2$		0 1 0 $x_{11,9}=-1453,2+\lambda$	$-1007+\lambda$
60	1730	1275	2λ	3λ	λ	$-1007+\lambda$	$-1260+2\lambda$		

Tabelle 4.12

Die gesamte Förderzeit ist durch Z gegeben. λ ($\lambda \leq 1440$ min) bedeutet die maximale Bandauslastung von Transportbändern in Minuten, t_{ij} die Förderleistung in Minuten pro m³ der i-ten Transportvariante des j-ten Einsatzstoffes, b_j (m³) die Einsatzstoffe und x_{ij} die festzulegenden Mengen (m³), die über die einzelnen Varianten zu fördern sind. Der Index i ($i = 1, ..., 11$) gibt die Variante und der Index j ($j = 1, 2, 3$) gibt den Rohstoff an. Die restlichen in 2.1.4. angegebenen Nebenbedingungen lassen sich ebenfalls noch berücksichtigen. Darauf wird nicht weiter eingegangen, zumal sie den Lösungsbereich bei den in der Tabelle 4.12 angegebenen Koeffizienten und Forderungen nicht beeinflussen. Das parametrische lineare Optimierungsproblem (4.35) läßt sich auf das in der Tabelle 4.12 angegebene parametrische Verteilungsmodell zurückführen. Die t_{ij} sind zahlenmäßig in dieser Tabelle in den entsprechenden x_{ij}-Feldern angegeben, und zwar in der ersten Zeile dieser Felder doppelt. Die drei ersten Nebenbedingungen werden durch die drei ersten Spalten realisiert. Durch die 4. bis 8. fiktiv eingeführte Spalte werden die Nebenbedingungen 4 bis 8 im Zusammenhang mit den ersten drei Spalten realisiert. In der letzten Zeile treten allerdings durch die fiktiv eingeführten Spalten zusätzliche Parameter auf, die die Lösung in 4.3.2. nicht verändern.

Die freien Felder sind bei der Berechnung nicht zu berücksichtigen. Man denke sich hier hinreichend große Zielfunktionskoeffizienten, so daß die zugehörenden Lösungsvariablen in jeder optimalen Lösung gleich null sind. In den stark eingerahmten Feldern sind die Lösungswerte einer Ausgangsbasislösung für das Parameterintervall $1435{,}25 \leq \lambda < +\infty$ nach der im folgenden Abschnitt 4.3.2. dargelegten Methode angegeben.

Wird der in 4.3.2. dargelegte Lösungsalgorithmus benutzt, so folgt für das Parameterintervall $1140 \geq \lambda \geq 1007$ die in der Tabelle 4.13 angegebene optimale Parameterlösung, die zunächst die kleinste untere Parameterschranke ($\lambda = 1007$) enthält, da $b_7 = -1007 + \lambda$ nicht negativ werden darf.

Tabelle 4.13

$1140 \geq \lambda \geq 1007$	$\lambda = 1140$	$\lambda = 1007$
$x_{32} = -3114{,}10 + 3{,}810 \cdot \lambda$	$\approx 1229{,}00$	$\approx 722{,}00$
$x_{33} = 4152{,}14 - 2{,}857 \cdot \lambda$	$\approx 895{,}00$	$\approx 1275{,}00$
$x_{41} = 60{,}00 - 0{,}000 \cdot \lambda$	$\approx 60{,}00$	$\approx 60{,}00$
$x_{82} = 4844{,}10 - 3{,}810 \cdot \lambda$	$\approx 501{,}00$	$\approx 1008{,}00$
$x_{10,3} = -2877{,}14 + 2{,}857 \cdot \lambda$	$\approx 380{,}00$	$\approx 0{,}00$
$Z = 2146{,}78 - 0{,}400 \cdot \lambda$	$\approx 1690{,}78$	$\approx 1743{,}98$

Diese untere Schranke wird durch die 5. Nebenbedingung vorgeschrieben. Wird diese Engpaßbedingung aus der Betrachtung herausgenommen, indem sie konstant, und zwar gleich null gesetzt wird, so lassen sich weitere Parameterintervalle angeben. In den Tabellen 4.14 und 4.15 sind für die anschließenden Parameterintervalle die Lösungen enthalten.

Tabelle 4.14

$1007 \geqq \lambda \geqq 825{,}53$	$\lambda = 1007$	$\lambda = 825{,}53$
$x_{32} = -956{,}25 + 1{,}666 \cdot \lambda$	$\approx\ 722{,}00$	$\approx\ 420{,}00$
$x_{33} = 1275{,}00 + 0{,}000 \cdot \lambda$	$\approx 1275{,}00$	$\approx 1275{,}00$
$x_{41} = 60{,}00 + 0{,}000 \cdot \lambda$	$\approx\ 60{,}00$	$\approx\ 60{,}00$
$x_{82} = 2686{,}25 - 1{,}666 \cdot \lambda$	$\approx 1008{,}00$	$\approx 1310{,}00$
$Z\ \ = 1794{,}34 - 0{,}050 \cdot \lambda$	$\approx 1743{,}98$	$\approx 1753{,}00$

Tabelle 4.15

$825{,}53 \geqq \lambda \geqq 630$	$\lambda = 825{,}53$	$\lambda = 630$
$x_{32} = 1730{,}00 - 1{,}587 \cdot \lambda$	$\approx\ 420{,}00$	$\approx\ 730{,}00$
$x_{33} = -2306{,}66 + 4{,}340 \cdot \lambda$	$\approx 1275{,}00$	$\approx\ 427{,}00$
$x_{41} = 60{,}00 + 0{,}000 \cdot \lambda$	$\approx\ 60{,}00$	$\approx\ 60{,}00$
$x_{73} = 3581{,}66 - 4{,}340 \cdot \lambda$	$\approx\ 0{,}00$	$\approx\ 847{,}00$
$x_{82} = 0{,}00 + 1{,}587 \cdot \lambda$	$\approx 1310{,}00$	$\approx 1000{,}00$
$Z\ \ = 2788{,}25 - 1{,}250 \cdot \lambda$	$\approx 1753{,}00$	$\approx 2001{,}00$

4.4. Rundreiseprobleme

4.4.1. Problemstellung

Gegeben sind n verschiedene Orte O_i, $i = 1, 2, \ldots, n$. a_{ij} $(i \neq j)$ sei die Entfernung (in km), die ein Reisender zurückzulegen hat, wenn er von O_i nach O_j fährt. Anstelle der „Entfernung" a_{ij} können auch andere Parameter wie Kosten, Zeit usw. gesetzt werden. a_{ij} wird im allgemeinen ungleich a_{ji} vorausgesetzt. Das Rundreiseproblem oder auch „Traveling-Salesman-Problem" genannt, kann folgendermaßen formuliert werden:

Ein Reisender, der in einem Ort startet, möchte alle restlichen Orte einmal und nur einmal besuchen und zum Ausgangsort zurückkehren. In welcher Reihenfolge hat er die Orte zu besuchen, damit die Gesamtlänge des Reiseweges minimal ist?

Die Entfernungen a_{ij} sind in der quadratischen Entfernungsmatrix (oder Rundreisematrix) angeordnet:

$$\mathbf{A} = \begin{bmatrix} M & a_{12} & \cdots & a_{1n} \\ a_{21} & M & \cdots & a_{2n} \\ \vdots & & & \vdots \\ a_{n1} & a_{n2} & \cdots & M \end{bmatrix}.$$

Dabei bedeutet der Zeilenindex den Ausgangsort und der Spaltenindex den Zielort. Die Elemente der Hauptdiagonalen sind zunächst nicht definiert, da ja z.B. O_i nicht gleichzeitig Ausgangs- und Zielort sein soll. Um eine Reise, die einem Hauptdiagonalelement entsprechen würde, zu vermeiden, wird $a_{ii} = M$ für alle $i = 1, ..., n$ gesetzt. M ist dabei eine hinreichend große Zahl, die bewirkt, daß das Element a_{ii} in der Gesamtlänge eines optimalen Reiseweges nicht enthalten sein kann.

Mathematisch bedeutet das Traveling-Salesman-Problem zunächst wie beim Zuordnungsproblem, daß aus jeder Zeile und Spalte der Entfernungsmatrix genau ein Element so auszuwählen ist, daß die Gesamtsumme der ausgewählten Elemente ein Minimum ergibt. Überdies muß noch die folgende Bedingung erfüllt werden, die den Unterschied zum Zuordnungsproblem bedingt:

Werden nämlich die ausgewählten Elemente so aneinandergereiht, daß der erste Index eines Elementes gleich dem zweiten Index des vorhergehenden ist, so müssen alle n Indizes durchlaufen werden, bevor der Index des Ausgangselementes wieder erscheint. Der Reisende darf also erst dann wieder zum Ausgangsort zurückkehren. nachdem alle anderen $n - 1$ Orte von ihm passiert wurden. Es wird also eine Aufeinanderfolge

$$a_{i_1 i_2}, \quad a_{i_2 i_3}, \quad ..., \quad a_{i_n i_{n+1}}, \quad i_k \neq i_l \quad \text{für} \quad k \neq l \quad \text{und} \quad i_{n+1} = i_1$$

von Elementen der Matrix $\mathbf{A}$ so gesucht, daß

$$Z = \sum_{\nu=1}^{n} a_{i_\nu i_{\nu+1}}$$

ein Minimum wird.

4.4.2.   Verzweigungsmethode als Lösungsalgorithmus

In den letzten 15 Jahren wurden zur Lösung des Rundreiseproblems mehrere Verfahren entwickelt. Mit einigen sind aber nur kleinere Probleme näherungsweise oder exakt zu lösen, da der Rechenaufwand mit zunehmendem Problemumfang enorm ansteigt. Im folgenden soll ein Lösungsverfahren von Little, Murty, Sweeney und Karel[1]) angegeben werden, welches die optimale Lösung unabhängig vom speziellen Beispiel garantiert, programmtechnisch leicht durchführbar ist und eine annehmbare Rechenzeit nicht überschreitet.

Dieses Lösungsverfahren geht aus der allgemeinen Lösungsmethodik „Branch and Bound" hervor, indem die speziellen Bedingungen des Rundreiseproblems herangezogen werden.[2]) Im folgenden soll die Lösungsmethodik „Branch and Bound" kurz mit „Verzweigungsverfahren" bezeichnet werden.

Branch and Bound kann man als intelligent konstruiertes Suchen im Raum aller möglichen Lösungen bezeichnen. Man versucht die Minimallösung eines Optimierungsproblems mit einer endlichen Anzahl von möglichen Lösungen zu bestimmen, indem die gesamte Lösungsmenge in elementfremde Teilmengen aufgespalten wird. Für

---

[1]) Little, J. D. C., et al., „An Algorithm for the Traveling Salesman Problem" Oper. res. **11** S. 972–989 (1963).

[2]) „Branch and Bound" kann etwa wie folgt übersetzt werden: Verzweigen und Beschränken.

jede dieser Teilmengen wird eine untere Schranke für den Minimalwert der Zielfunktion aller Elemente der Teilmenge ermittelt. Die Teilmenge, die durch eine Auswahlfunktion herausgesucht wird, wird weiter aufgespalten und für die neu entstehenden Teilmengen werden wieder untere Schranken berechnet. Der Prozeß wird so lange fortgesetzt, bis eine Teilmenge gefunden wird, die nur ein Lösungselement enthält und deren Zielfunktionswert nicht größer ist als das Minimum der unteren Schranken aller anderen nicht aufgespalteten Teilmengen. Damit ist eine Minimallösung ermittelt. Wie leicht einzusehen ist, konvergiert der Prozeß, wenn der Lösungsbereich endlich ist und die Aufspaltung endlich viele Schritte benötigt. Der Prozeß kann als Baum dargestellt werden, wobei die Verzweigungspunkte die Teilmengen und die Endpunkte die Gesamtheit der noch zu betrachtenden Teilmengen darstellen.

4.4.2.1. Mathematische Darstellung des Verzweigungsverfahrens

Gegeben ist eine endliche Menge B (Lösungsmenge). Jedem $x \in B$ wird eine reelle Zahl $f(x)$ zugeordnet. Gesucht ist $f(x_0)$ mit min $\{f(x)\} = f(x_0)$.

Voraussetzungen:

1. Jede Teilmenge B_i von B kann wieder in m_{B_i} elementenfremde Teilmengen zerlegt werden. Diese Zerlegung von B_i in Teilmengen werde mit $K(B_i)$ und als Klasseneinteilung bezeichnet.

2. Jeder Teilmenge C einer Klasseneinteilung kann eine reelle Zahl $U(C)$ zugeordnet werden, wobei $f(x) \geq U(C)$ für alle $x \in C$ gilt. $U(C)$ wird als *Schranke* bezeichnet.

3. Von jeder Klasseneinteilung C_1 kann eine bestimmte Teilmenge ausgezeichnet werden. Die ausgezeichnete Teilmenge werde mit $A(C_1)$ bezeichnet.

4. Enthält eine Teilmenge C von B nur ein Element x, so sei $U(C) = f(x)$.

Sind diese Voraussetzungen erfüllt, kann folgendes Verfahren angegeben werden:

(1) Man setzt $B = B_1^0 = B_{\nu_0}^{\mu_0}$, $\quad \mu_0 = 0$, $\nu_0 = 1$.

(2) Man bildet $K(B_1^0) = \left\{ B_1^1, B_2^1, \ldots, B_{m_{B_1^0}}^1 \right\}$.

(3) Man berechnet

$$U(B_\lambda^1) \quad \text{für} \quad \lambda = 1, \ldots, m_{B_1^0}.$$

(4) Man setzt $K_1(B) = K(B_1^0)$ und bestimmt mit

$$A\,[K_1(B)] = B_{\nu_1}^{\mu_1}, \quad \mu_1 = 1.$$

(5) Man bildet

$$K(B_{\nu_1}^{\mu_1}) = \left\{ B_1^2, B_2^2, \ldots, B_{m_{B_{\nu_1}^{\mu_1}}}^2 \right\}.$$

(6) Man berechnet

$$U(B_\lambda^2) \quad \text{mit} \quad \lambda = 1, 2, \ldots, m_{B_{\nu_1}^{\mu_1}}.$$

(7) Man setzt

$$K_2(B) = K_1(B) \cup K(B_{\nu_1}^{\mu_1}) - B_{\nu_1}^{\mu_1}$$

und bestimmt

$$A\,[K_2(B)] = B_{\nu_2}^{\mu_2} \qquad (1 \leq \mu_2 \leq 2).$$

Die allgemeinen Schritte, die sich mod 3 wiederholen, sind dann ($r = 1, \ldots$):

Schritt $(3r + 1)$: Man setzt

$$K_r(B) = \bigcup_{i=0}^{r-1} K(B_{\nu_i}^{\mu_i}) - \bigcup_{i=1}^{r-1} B_{\nu_i}^{\mu_i} \quad \text{mit} \quad \mu_0 = 0,\; \nu_0 = 1$$

und bestimmt

$$A\,[K_r(B)] = B_{\nu_r}^{\mu_r} \quad \text{mit} \quad 1 \leq \mu_r \leq r.$$

Mit Hilfe der 3. Voraussetzung wird eine Teilmenge ausgesondert.

Schritt $(3r + 2)$: Man bildet

$$K(B_{\nu_r}^{\mu_r}) = \left\{ B_1^{r+1}, B_2^{r+1}, \ldots, B_{m_{B_{\nu_r}^{\mu_r}}}^{r+1} \right\}.$$

Von der ausgesonderten Teilmenge wird eine Klasseneinteilung vorgenommen.

Schritt $(3r + 3)$: Man berechnet

$$U(B_{\lambda}^{r+1}) \quad \text{mit} \quad \lambda = 1, 2, \ldots, m_{B_{\nu_r}^{\mu_r}}.$$

Von den Teilmengen der Klasseneinteilung werden untere Schranken berechnet.

Das Verfahren bricht ab, wenn eine einelementige Teilmenge C_0 ($x_0 \in C_0$) ausgesondert wird und $U(C_0) = \min\limits_{C \in K_r(B)} \{U(C)\}$ gilt. C ist dabei eine beliebige Teilmenge der jeweiligen Klasseneinteilung.

Dann gilt: Wegen $U(C_0) = f(x_0)$ ist x_0 die gesuchte Minimallösung.

Der Rechenaufwand des Verfahrens hängt wesentlich von der Güte der unteren Schranken und von der Art der Auswahl ab. Die Berechnung der unteren Schranken ist stark dem jeweiligen Problem anzupassen. Die Auswahl bzw. Auszeichnung der Teilmengen einer Klasseneinteilung kann oft günstig wie folgt gewählt werden:

Berechnet wird

$$\min_{C \in K_r(B)} \{U(C)\} = U(C_0),$$

und daher gilt

$$A[K_r(B)] = C_0.$$

Die eben dargelegte „Branch-and-Bound"-Methode wird sowohl im anschließenden Abschnitt bei der Lösung des Rundreiseproblems als auch bei der Lösung der Reihenfolgeprobleme im Abschnitt 4.5. der jeweiligen Problemstellung angepaßt und spezifiziert angegeben.

4.4.2.2. Die Anwendung auf das Rundreiseproblem

1. Wie beim Zuordnungsproblem wird von der Rundreisematrix **A** das kleinste Zeilen- und anschließend das kleinste Spaltenelement von jeder Zeile und jeder Spalte subtrahiert, so daß eine reduzierte Rundreisematrix A_1 entsteht, die in jeder Zeile und jeder Spalte mindestens eine Null enthält.

Zunächst werden also die Zeilenminima

$$p_i = \min \{a_{i1}, \ldots, a_{in}\}, \ i = 1, \ldots, n,$$

und die Matrix

$$\overline{A} = [\overline{a}_{ij}] = [a_{ij} - p_i]$$

gebildet. Anschließend werden die Spaltenminima

$$q_j = \min \{\overline{a}_{1j}, \ldots, \overline{a}_{nj}\}, \ j = 1, \ldots, n,$$

von $\overline{A}$ und die Matrix

$$A_1 = [a_{ij}^{(1)}] = [\overline{a}_{ij} - q_j]$$

berechnet.

Werden mit t ein beliebiger Reiseweg, mit S die Summe aller Reduktionsgrößen p_i und q_j und mit $Z(t)$ bzw. $Z_1(t)$ die Länge des Reiseweges von **A** bzw. A_1 bezeichnet, so gilt

$$Z(t) = Z_1(t) + S.$$

Da $Z_1(t) \geqq 0$ ist, folgt: S ist eine untere Schranke aller möglichen Wege t.

Am Beispiel der Rundreisematrix

$$
A = A_1 =
\begin{bmatrix}
M & 29 & 26 & 22 & 0 \\
36 & M & 50 & 38 & 0 \\
12 & 53 & M & 46 & 0 \\
26 & 27 & 40 & M & 0 \\
0 & 0 & 0 & 0 & M
\end{bmatrix}
\tag{4.36}
$$

soll der Lösungsalgorithmus erläutert werden. In der Rundreisematrix kann es auch vorkommen, daß einige Elemente von vornherein gleich null sind (vgl. Beispiel).

Die reduzierte Matrix von (4.36) stimmt mit der Matrix **A** überein, da $S = 0$ ist.

2. Das Verfahren wird fortgesetzt, indem die Menge aller möglichen Reisewege (Lösungswege) in Untermengen solange aufgespalten wird, bis eine optimale Lösung gefunden ist. Bei der Aufspaltung werden untere Schranken als Kriterien benutzt.

Ausgangspunkt dieser Aufspaltung ist in Bild 4.3 der Kreis, der die Menge aller möglichen Reisewege bedeuten soll. Der Kreis, der i, j enthält (kurz: Kreis ij) kennzeichne die Menge aller Lösungen, die die Reisestrecke von Ort O_i nach Ort O_j (kurz Verbindung O_iO_j) enthalten.

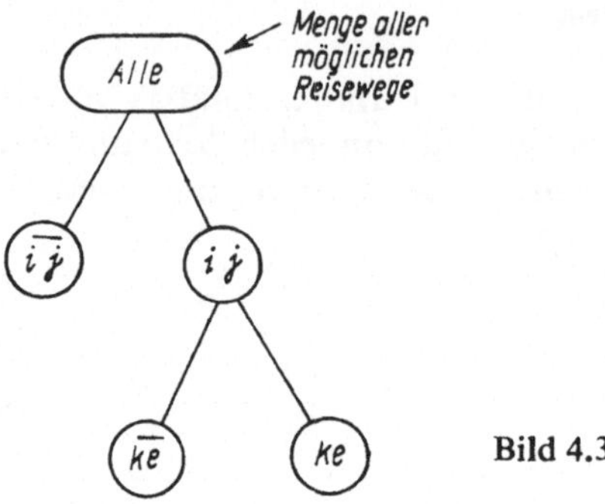

Bild 4.3

Dagegen kennzeichnet Kreis $\overline{ij}$ die Lösungsmenge, die die Verbindung O_iO_j nicht enthält. Offenbar zerfällt die gesamte Lösungsmenge in die Kreise ij und $\overline{ij}$. Eine weitere Verzweigung liegt am Kreis ij. Der Kreis kl kennzeichnet die Lösungsmenge, die die Verbindung O_iO_j und O_kO_l enthält. Dagegen kennzeichnet der Kreis $\overline{kl}$ die Lösungsmenge, die zwar die Verbindung O_iO_j, aber nicht O_kO_l enthält.

Um Aufspaltungskriterien anzugeben, wird jedem Element $a_{ij}^{(1)}$ der reduzierten Matrix $\mathbf{A}_1$ ein Θ_{ij} mit dem Zahlenwert

$$\Theta_{ij} = \alpha_{ij} + \beta_{ij}$$

zugeordnet. Dabei gilt

$$\alpha_{ij} = \min_{\substack{1 \leq l \leq n \\ l \neq j}} \left\{ a_{il}^{(1)} \right\},$$

$$\beta_{ij} = \min_{\substack{1 \leq k \leq n \\ k \neq i}} \left\{ a_{kj}^{(1)} \right\}.$$

α_{ij} bzw. β_{ij} ist das kleinste Element der i-ten Zeile bzw. j-ten Spalte, wenn von dem Element $a_{ij}^{(1)}$ bei der Minimierung abgesehen wird.

Zur Matrix $\mathbf{A}_1$ [vgl. (4.36)] gehören die folgenden matrizenmäßig angeordneten Θ_{ij}-Größen:

$$\begin{bmatrix} 0 & 0 & 0 & 0 & 22 \\ 0 & 0 & 0 & 0 & 36 \\ 0 & 0 & 0 & 0 & 12 \\ 0 & 0 & 0 & 0 & 26 \\ 12 & 27 & 26 & 22 & 0 \end{bmatrix} \tag{4.37}$$

Nur für $a_{ij}^{(1)} = 0$ können die Θ_{ij} von null verschieden sein. Für $a_{ij}^{(1)} > 0$ folgt auf Grund der Definition der reduzierten Matrix $\mathbf{A}_1$: $\Theta_{ij} = 0$.

Die Werte in (4.37) sollen im folgenden aus rechenpraktischen Gründen in der reduzierten Matrix $\mathbf{A}_1$ vermerkt werden. Die Θ-Werte, die gleich null sind, werden nicht vermerkt:

$$\mathbf{A_1} = \begin{bmatrix} M & 29 & 26 & 22 & 0^{22} \\ 36 & M & 50 & 38 & 0^{36} \\ 12 & 53 & M & 46 & 0^{12} \\ 26 & 27 & 40 & M & 0^{26} \\ 0^{12} & 0^{27} & 0^{26} & 0^{22} & M \end{bmatrix} \qquad (4.38)$$

Nach diesen Vorbereitungen soll nun der Ablauf des Lösungsalgorithmus am Beispiel (4.36) beschrieben werden.

1. Schritt

Die Matrix $\mathbf{A}$ [s. (4.36)] wird reduziert. Es entsteht die Matrix $\mathbf{A_1}$ [s. (4.36)]. Der Kreis aller möglichen Reisewege hat die untere Schranke $S = 0$ (s. Bild 4.4).

2. Schritt

In der Matrix (4.36) wird jedem Nullelement ein Θ_{ij} zugeordnet. Es entsteht die Matrix (4.38). Mit den Θ-Werten wird nun eine Einteilung aller Reisewege in Untermengen mit größeren unteren Schranken als $S = 0$ möglich. Wird z. B. $\Theta_{35} = 12$ betrachtet und mit x eine Lösung bezeichnet, die dem Kreis $\overline{3,5}$ angehört (d. h. $O_3 O_5$ nicht enthält), so gibt es in x einen Ort $O_{j_1} \neq O_5$, zu dem man von O_3 aus gelangt. Ebenso gibt es einen Ort $O_{i_1} \neq O_3$, von dem man nach O_5 gelangt. $a_{3j_1}^{(1)} + a_{i_1 5}^{(1)}$ gehört zur Weglänge von x, und es gilt:

$$a_{3j_1}^{(1)} + a_{i_1 5}^{(1)} \geq \Theta_{35} = 12.$$

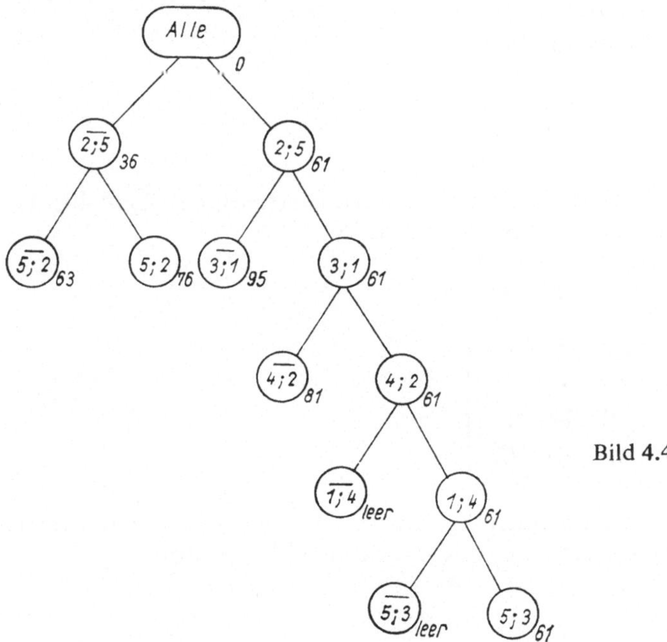

Bild 4.4

Daher hat die Menge der Lösungen zum Kreise $\overline{3,5}$ eine untere Schranke von mindestens $S + 12 = 0 + 12 = 12$.

Damit die neue Schranke möglichst groß ausfällt, wird das Indexpaar i, j mit dem größten Θ_{ij} ausgewählt. Im Beispiel ist $\Theta_{25} = 36$ der größte Wert. Somit wird die gesamte Lösungsmenge in die beiden Lösungsmengen aufgeteilt, die den Kreisen $\overline{2,5}$ und $2,5$ entsprechen. Eine untere Schranke, die zur Lösungsmenge des Kreises i, j gehört, wird mit $U_{(i,j)}$ bezeichnet. Aus $\Theta_{25} = 36$ folgt daher

$$U_{\overline{(2,5)}} = 0 + 36 = 36.$$

In Bild 4.4 sind die zu einem Kreis gehörenden unteren Schranken unterhalb der Kreise vermerkt.

3. Schritt

Eine untere Schranke $U_{(2,5)}$ wird aus der Matrix $\mathbf{A}_2$ ermittelt, die durch die Streichung der Elemente der 2. Zeile und 5. Spalte aus der Matrix $\mathbf{A}_1$ hervorgeht. Diese Elemente können deshalb gestrichen werden, weil unter diesen nicht mehr gewählt werden kann, da $O_2 O_5$ festliegt. Auch das Element $a_{52}^{(1)}$ der Matrix $\mathbf{A}_1$ darf nicht mehr ausgewählt werden, da sonst der Kurzzyklus $O_2 O_5 O_2$ entstehen würde. Das Element $a_{52}^{(1)}$ wird deshalb durch M ersetzt. $\mathbf{A}_2$ lautet somit:

$$
\mathbf{A}_2 = \begin{array}{c} \\ 1 \\ 3 \\ 4 \\ 5 \\ \end{array}
\begin{array}{cccc}
1 & 2 & 3 & 4 \\
\left[\begin{array}{cccc}
M & 29 & 26 & 22 \\
12 & 53 & M & 46 \\
26 & 27 & 40 & M \\
0 & M & 0 & 0
\end{array}\right]
& \begin{array}{c} 22 \\ 12 \\ 26 \\ 0 \end{array}
\end{array}
\qquad \begin{array}{cccc} 0 & 1 & 0 & 0 \end{array}
\tag{4.39}
$$

Die Matrix $\mathbf{A}_2$ wird reduziert. Es entsteht die reduzierte Matrix $\mathbf{A}_3$ (4.40). Die Reduktionsgrößen p_i und q_j sind in (4.39) vermerkt:

$$
\mathbf{A}_3 = \begin{array}{c} \\ 1 \\ 3 \\ 4 \\ 5 \\ \end{array}
\begin{array}{cccc}
1 & 2 & 3 & 4 \\
\left[\begin{array}{cccc}
M & 6 & 4 & 0^6 \\
0^{34} & 40 & M & 34 \\
0^0 & 0^6 & 14 & M \\
0^0 & M & 0^1 & 0^0
\end{array}\right]
\end{array}
\tag{4.40}
$$

Die Summe der Reduktionsgrößen $S = 61$ von $\mathbf{A}_2$ und der unteren Schranke des vorhergehenden Kreises ergibt die untere Schranke $U_{(2,5)}$, also

$$U_{(2,5)} = 0 + 61.$$

4. Schritt

Der Kreis mit der kleinsten unteren Schranke der bisher entstandenen beiden Kreise 2,5 und $\overline{2,5}$ wird weiter aufgespalten.[1]) Im Beispiel ist es der Kreis $\overline{2,5}$. Jetzt ist wieder von der Matrix $\mathbf{A}_1$ auszugehen. Das größte Θ_{ij} außer $\Theta_{25} = 36$ wird bestimmt. Man erhält $\Theta_{52} = 27$. Damit wird der Kreis $\overline{2,5}$ in die beiden Kreise 5,2 und $\overline{5,2}$ aufgespalten.

Eine Reduktion der Matrix

$$\mathbf{A}_4 = \begin{bmatrix} M & 29 & 26 & 22 & 0 \\ 36 & M & 50 & 38 & M \\ 12 & 53 & M & 46 & 0 \\ 26 & 27 & 40 & M & 0 \\ 0 & M & 0 & 0 & M \end{bmatrix} \begin{matrix} \\ 36 \\ \\ \\ \\ 27 \end{matrix}$$

ergibt für $U_{(\overline{5,2})} = \Theta_{25} + \Theta_{52} = 36 + 27 = 63$.

$U_{(5,2)}$ wird bestimmt, indem die 5. Zeile und 2. Spalte der Matrix $\mathbf{A}_1$ gestrichen werden und das Element $a_{25}^{(4)}$ durch M ersetzt wird. Es entsteht die Matrix $\mathbf{A}_5$:

$$\mathbf{A}_5 = \begin{matrix} & 1 & 3 & 4 & 5 & \\ 1 & M & 26 & 22 & 0 & 0 \\ 2 & 36 & 50 & 38 & M & 16 \\ 3 & 12 & M & 46 & 0 & 0 \\ 4 & 26 & 40 & M & 0 & 0 \\ & 12 & 26 & 22 & & \end{matrix}$$

$\mathbf{A}_5$ wird zur Matrix $\mathbf{A}_6$ reduziert:

$$\mathbf{A}_6 = \begin{matrix} & 1 & 3 & 4 & 5 \\ 1 & M & 0 & 0 & 0 \\ 2 & 8 & 8 & 0 & M \\ 3 & 0 & M & 24 & 0 \\ 4 & 14 & 14 & M & 0 \end{matrix}$$

Es folgt $U_{(5,2)} = 76$.

5. Schritt

Wiederum wird mit dem Kreis der kleinsten unteren Schranke weitergerechnet. Der Kreis 2,5 wird in die Kreise 3,1 und $\overline{3,1}$ aufgespalten, da die Matrix $\mathbf{A}_3$ in (4.40) den größten Θ-Wert bei $\Theta_{31} = 34$ hat. Es folgt

$$U_{(\overline{3,1})} = 61 + 34 = 95.$$

---

[1]) Die Auswahlfunktion der Klasseneinteilung wird also so gewählt, daß die Klasse mit der kleinsten unteren Schranke weiter aufgespalten wird.

Die Schranke $U_{(3,1)}$ entsteht wiederum durch die Reduktion der Matrix $\mathbf{A}_7$, die aus $\mathbf{A}_3$ durch Streichung der 3. Zeile und der 1. Spalte und durch Ersetzung des Elementtes $a_{13}^{(3)}$ durch M entsteht:

$$
\mathbf{A}_7 = \begin{array}{c} \\ 1 \\ 4 \\ 5 \end{array}
\begin{array}{ccc} 2 & 3 & 4 \\ \left[\begin{array}{ccc} 6 & M & 0^6 \\ 0^{20} & 14 & M \\ M & 0^{14} & 0^0 \end{array}\right] \end{array}. \tag{4.41}
$$

Da die Reduktionsgröße von $\mathbf{A}_7$ null ist, folgt

$$U_{(3,1)} = 61.$$

Der Kreis 3,1 wird in die Kreise 4,2 und $\overline{4,2}$ aufgespalten, da in $\mathbf{A}_7$ der größte Θ-Wert $\Theta_{42} = 20$ ist. Es folgt $U_{(\overline{4,2})} = 81$.

$U_{(4,2)}$ entsteht analog durch die Reduktion der Matrix $\mathbf{A}_8$, die durch Streichung der 4. Zeile und 2. Spalte aus $\mathbf{A}_7$ entsteht:

$$
\mathbf{A}_8 = \begin{array}{c} \\ 1 \\ 5 \end{array}
\begin{array}{cc} 3 & 4 \\ \left[\begin{array}{cc} M & 0^M \\ 0^M & 0^0 \end{array}\right] \end{array}.
$$

Die Reduktionsgröße ist wiederum gleich null:

$$U_{(4,2)} = 61.$$

Weitere Aufspaltung führt zu den Kreisen 1,4 und $\overline{1,4}$. Die Lösungsmenge des Kreises $\overline{1,4}$ ist leer, da die einzig noch verbleibende Verbindung O_1O_3 nicht zulässig ist.

$U_{(1,4)} = 61$; da aus $\mathbf{A}_8$ durch Streichung der 1. Zeile und 4. Spalte lediglich noch die Verbindung O_5O_3 übrigbleibt, enthält der Kreis 5,3 nur noch eine Lösung

$$O_1O_4O_2O_5O_3$$

mit dem Funktionswert 61. Da alle anderen Kreise keine kleinere untere Schranke besitzen, ist diese Lösung optimal.

4.5.   Reihenfolgeprobleme

Nach den ersten Veröffentlichungen über Reihenfolgeprobleme vor ca. 20 Jahren ist besonders in der letzten Zeit in der Literatur eine große Anzahl von neuen Beiträgen erschienen. Diese befassen sich sowohl mit komplexen als auch mit speziellen Problemstellungen und deren Lösungsmöglichkeiten. Sie heben die Notwendigkeit der praktischen Bewältigung derartiger Aufgabenstellungen besonders hervor, gleichzeitig zeigen sie aber auch, daß praktische Lösungsalgorithmen vorerst nur für bestimmte Problemkomplexe vorliegen. Die auftretenden Lösungsschwierigkeiten für den Gesamtkomplex sind durch die vielfältigen Variationsmöglichkeiten wesentlich bestimmt, die sowohl in den zu erfüllenden Nebenbedingungen als auch in den unterschiedlichen Zielstellungen zum Ausdruck kommen.

Im vorliegenden Abschnitt werden für einen bestimmten Problemkomplex die funktionalen Abhängigkeiten der einzelnen Zielstellungen in ihrer wechselseitigen Verflechtung dargestellt und verschiedene praktische Lösungsmethoden der kombinatorischen Analyse angegeben.

4.5.1. Problemstellung und mathematische Modelle

Bei einem Reihenfolgeproblem kommt es darauf an, die in einem bestimmten Produktionsprogramm enthaltenen Arbeitsgegenstände (Lose, Produkte, Aufträge, Einzelteile), deren technologische Durchläufe vorgegeben sind, in einer solchen Reihenfolge auf den Arbeitsplätzen (Maschinen, Maschinengruppen, Baugruppen) zu bearbeiten, damit ein höchstmöglicher Nutzeffekt besteht.

Im allgemeinen sind die Arbeitszeitaufwände der Arbeitsgegenstände auf den verschiedenen Arbeitsplätzen unterschiedlich. Erschwerend kommt hinzu, daß die Maschinenfolge, die ein Auftrag zu seiner Bearbeitung zu durchlaufen hat, ebenfalls für jeden Auftrag eine andere sein kann. Diese Unterschiede bedingen, daß im Produktionsablauf sowohl Wartezeiten der Aufträge (Arbeitsgegenstände) zwischen den einzelnen Bearbeitungen auf den Maschinen (Arbeitsplätze), als auch Stillstandszeiten der Maschinen auftreten.

Unter Stillstandszeit wird im folgenden die Zeit verstanden, während der eine Maschine nicht belegt werden kann. Dabei seien Reparaturzeiten der Maschinen für das Auftreten von Stillstandszeiten ausgeschlossen.

Ebenso wird die Wartezeit als Zeit eingeführt, während der ein Auftrag nicht bearbeitet werden kann. Dabei soll eine Wartezeit nur durch die gewählten Bearbeitungsfolgen der Aufträge auf den verschiedenen Maschinen entstehen.

Sowohl die Stillstandszeiten als auch die Wartezeiten sind ausschließlich von diesen Bearbeitungsfolgen abhängig, wenn die Maschinenfolgen der Aufträge durch die Maschinen und die einzelnen Bearbeitungszeiten festliegen.

Bei der Lösung eines Reihenfolgeproblems kommt es also darauf an, die Bearbeitungsfolgen für alle Maschinen so festzulegen, daß alle Bearbeitungs- und Ablaufbedingungen für die Aufträge erfüllt sind und darüber hinaus vom wirtschaftlichen Standpunkt ein optimaler Ablauf erzielt wird.

Zur Erreichung dieses Zieles kann die Optimierung nach verschiedenen Gesichtspunkten erfolgen, so z. B.

1. Minimierung der Gesamtdurchlaufszeit aller Aufträge,

2. Minimierung der Gesamtstillstandszeit aller Maschinen,

3. Minimierung der Gesamtwartezeit aller Aufträge.

Reihenfolgeprobleme treten vorwiegend in der Einzel- und Kleinserienfertigung auf, die besonders im Maschinen-, Werkzeug-, Vorrichtungs- und Anlagenbau vorzufinden ist. Aber unter ähnlichen Voraussetzungen treten sie ebenso im Bauwesen, Forstwesen, in der Landwirtschaft oder in der Gebrauchsgüterindustrie auf. Erläuternd soll z. B. im Bauwesen die wenig veränderte Problematik angedeutet werden. So besteht vor allem in der Bauproduktion die Aufgabe, einmal die Arbeitskontinuität der Brigaden zu gewährleisten und zum anderen die Ausbauzeit (Gesamtfertigungszeit) der Objekte zu minimieren. Jetzt entsprechen den Maschinen die Brigaden und den Aufträgen die einzelnen Arbeitsplätze (Objekte). Die Forderung der Arbeitskontinuität bedeutet, daß keine Stillstandszeiten zugelassen sind. Neben der Minimierung der Gesamtfertigungszeit kann als mögliche andere Zielstellung auch die Minimierung der gesamten Wartezeit der einzelnen Aufträge gewählt werden.

In den folgenden Ausführungen werden m Aufträge P_i ($i = 1, ..., m$) zugrunde gelegt, die auf n Maschinen M_j ($j = 1, ..., n$) zu bearbeiten sind. Mit dieser Beziehung gelten bei einem Reihenfolgeproblem im allgemeinen die folgenden Voraussetzungen:

1. Mit t_{ij} wird die Bearbeitungszeit des Auftrages P_i auf der Maschine M_j bezeichnet. Alle auftretenden Bearbeitungszeiten sind konstant und fest vorgegeben. Die erforderliche Rüstzeit ist in t_{ij} mit enthalten. Diese Bearbeitungszeiten werden im folgenden über eine Bearbeitungsmatrix

$$T = \begin{bmatrix} t_{11} & \cdots & t_{1n} \\ \vdots & & \vdots \\ t_{m1} & \cdots & t_{mn} \end{bmatrix}$$

zusammengefaßt.

2. Zwei und mehr Aufträge werden auf einer Maschine nicht gleichzeitig bearbeitet. Ein Auftrag soll auch gleichzeitig nicht auf zwei und mehr Maschinen bearbeitet werden. Außerdem soll jede Maschine so früh als möglich mit Aufträgen belegt werden. (Veränderungen dieser Voraussetzung sind in [27] enthalten.)

3. Es werden keine anderen Zeiten als Bearbeitungszeiten, Wartezeiten und Stillstandszeiten berücksichtigt.

4. Die Bearbeitung eines Auftrages ist auf jeder Maschine ohne zeitliche Unterbrechung durchzuführen. Der Auftrag P_i geht frühestens erst dann zur Bearbeitung auf die folgende Maschine über, wenn der gesamte Auftrag auf der vorhergehenden Maschine vollständig bearbeitet ist.

5. Für jeden Auftrag P_i ist eine ganz bestimmte Maschinenfolge vorgegeben, nach der P_i die Maschine zu passieren hat. Diese Maschinenfolgen können in einer Maschinenfolgematrix W zusammengefaßt werden. Die Zeilenanzahl von W stimmt mit der Anzahl der Aufträge und die Spaltenanzahl mit der Maschinenanzahl überein.

Lautet z. B.

$$W = \begin{bmatrix} 1 & 2 & 3 \\ 3 & 1 & - \\ 3 & 2 & 1 \end{bmatrix},$$

so hat P_1 zuerst M_1, anschließend M_2 und schließlich M_3 zu passieren, P_3 der Reihe nach M_3, M_2, M_1, P_2 aber nur M_3 und dann M_1. M_2 ist dabei von P_2 nicht zu passieren (kann übersprungen werden). Von der Matrix W sind die folgenden besonderen Fälle hervorzuheben.

5.1. Jeder Auftrag kann nach einer beliebigen Maschinenfolge bearbeitet werden (W wird bedeutungslos).

5.2. Für jeden der Aufträge ist eine ganz bestimmte Maschinenfolge vorgegeben (Überspringen erlaubt). Zu verschiedenen Aufträgen kann es unterschiedliche Maschinenfolgen geben.

5.3. Für jeden Auftrag ist die gleiche Maschinenfolge vorgeschrieben. Ohne Beschränkung der Allgemeinheit kann gefordert werden, daß der Auftrag P_i $(i = 1, ..., m)$ der Reihe nach auf den Maschinen $M_1, M_2, ..., M_n$ zu bearbeiten ist. (Überspringen ist nicht erlaubt, allerdings kann $t_{ij} = 0$ als Bearbeitungszeit zugelassen werden.)

5.4. Genau wie 5.3. und Überspringen gestattet.

In den Bildern 4.5, 4.6 und 4.7 sind die drei letzten charakteristischen Fälle graphisch veranschaulicht.

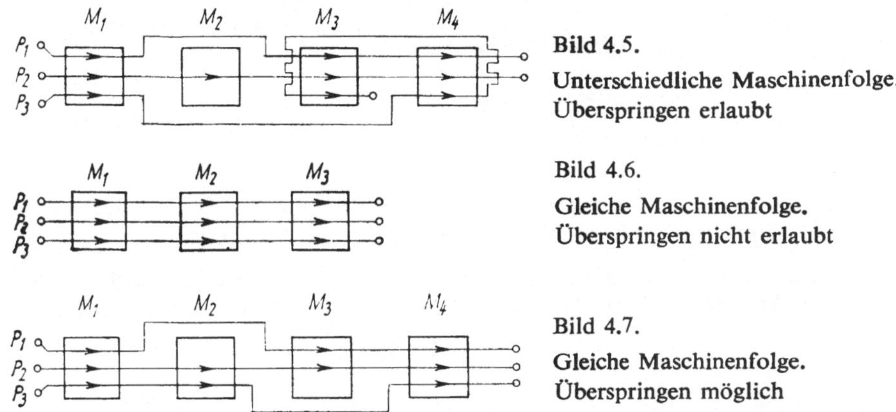

Bild 4.5.

Unterschiedliche Maschinenfolge.
Überspringen erlaubt

Bild 4.6.

Gleiche Maschinenfolge.
Überspringen nicht erlaubt

Bild 4.7.

Gleiche Maschinenfolge.
Überspringen möglich

6. Nach jedem Fertigungsplan werden die einzelnen Maschinen von einer ganz bestimmten Auftragsfolge (Auftragsreihenfolge) passiert. Bei vielen Problemen wird daher die Voraussetzung hinzugefügt: Jede Maschine wird von der gleichen Auftragsfolge durchlaufen. Passieren also der Reihe nach die Aufträge $P_{i_1}, P_{i_2}, ..., P_{i_m}$ die Maschine M_1, so sind die restlichen M_j in der gleichen Reihenfolge zu durchlaufen; dabei ist $i_1, ..., i_m$ eine Permutation der Zahlen $1, 2, ..., m$.

Im folgenden werden nur die Voraussetzungen 1. bis 4., 5.3 und 6. berücksichtigt, d. h., es werden nur Reihenfolgeprobleme mit gleichen Maschinen- und Bearbeitungsfolgen betrachtet.

In diesem Problemkomplex sind sieben besondere Problemstellungen hervorzuheben, die der Reihe nach mit RFP 1, 2, 3, 4, 5, 6 und 7 bezeichnet werden.

Nach der Einführung einiger Bezeichnungen werden die einzelnen Problemstellungen in einer Übersicht zusammengestellt.

$t_{ij}^* \geq 0$ sei die Bearbeitungszeit des Auftrages auf der Maschine M_j, der in der Bearbeitungsfolge an i-ter Stelle steht $(i = 1, ..., m; j = 1, ..., n)$.

$w_{ij} \geq 0$ sei die Wartezeit des in der Bearbeitungsfolge an i-ter Stelle stehenden Auftrages, die nach Beendigung der Bearbeitung auf der Maschine M_j bis zum Beginn der Bearbeitung auf der Maschine M_{j+1} anfällt $(i = 1, ..., m; j = 1, ..., n)$.

$s_{ij} \geq 0$ sei die Stillstandszeit der Maschine M_j zwischen Bearbeitungsende und Bearbeitungsanfang der beiden Aufträge, die an i-ter und $(i + 1)$-ter Stelle in der Bearbeitungsfolge stehen $(i = 1, ..., m - 1; j = 1, ..., n)$. $s_{0j}, j = 1, ..., n$, ist die Stillstandszeit der Maschine M_j von Beginn der Bearbeitung des ersten Auftrages auf der Maschine M_1 bis zum Beginn der Bearbeitung des ersten Auftrages auf der Maschine M_j.

f_i sei die jeweilige Zielfunktion der Reihenfolgeprobleme 1 bis 7 $(i = 1, ..., 7)$.

Übersicht der Problemstellungen:

RFP	Minimierungsziel f_i	Besonderheiten
1	Gesamtfertigungszeit	
2	Gesamtstillstandszeit	$\left.\right\}$ s_{ij} und w_{ij} beliebig $\geqq 0$,
3	Gesamtwartezeit	
4	Gesamtfertigungszeit	$\left.\right\}$ $w_{ij} = 0$, $s_{ij} \geqq 0$ beliebig
5	Gesamtstillstandszeit	
6	Gesamtfertigungszeit	$\left.\right\}$ $s_{ij} = 0$, $w_{ij} \geqq 0$ beliebig
7	Gesamtwartezeit	

Die eben eingeführten Bezeichnungen sind in Bild 4.8 an einem allgemeinen Beispiel von 3 Aufträgen und 3 Maschinen geometrisch verdeutlicht.

In einem kartesischen Koordinatensystem sind in dem Bild auf der y-Achse die Maschinen M_1, M_2, M_3 markiert. Auf der x-Achse sind die Zeiteinheiten abgetragen.

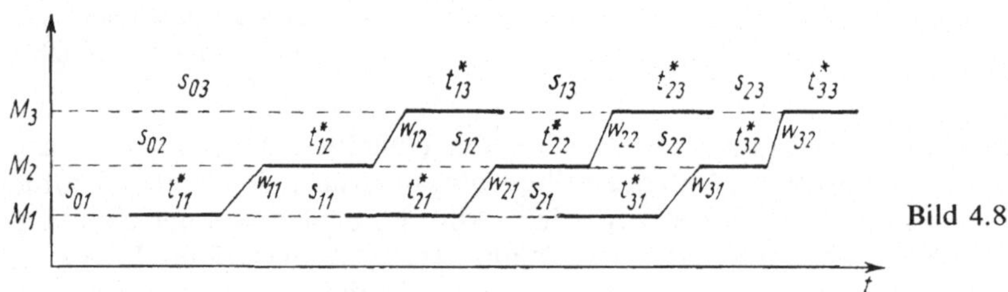

Bild 4.8

Die Bearbeitungszeiten sind durch die dick ausgezogenen Linien, die Stillstandszeiten der Maschinen durch die Unterbrechungen zwischen den dicken Linien und die Wartezeiten durch die schrägansteigenden Linien zwischen den einzelnen Maschinen dargestellt.

Für jedes zugelassene Reihenfolgeproblem kann ein lineares Optimierungsproblem in einfacher und übersichtlicher Form vollständig zusammengestellt werden. Die Nebenbedingungen sind unmittelbar aus Bild 4.8 allgemein abzulesen. Es gilt:

$$s_{11} + t_{21}^* + w_{21} = w_{11} + t_{12}^* + s_{12}$$

$$s_{12} + t_{22}^* + w_{22} = w_{12} + t_{13}^* + s_{13}$$

$$s_{21} + t_{31}^* + w_{31} = w_{21} + t_{22}^* + s_{22} \tag{4.42}$$

$$s_{22} + t_{32}^* + w_{32} = w_{22} + t_{23}^* + s_{23}$$

oder zusammengefaßt:

$$s_{ij} + t_{i+1,j}^* + w_{i+1,j} = w_{ij} + t_{i,j+1}^* + s_{i,j+1} \tag{4.43}$$
$$i = 1, 2; \quad j = 1, 2.$$

Allgemein gilt für m Aufträge und n Maschinen

$$s_{ij} + t^*_{i+1,j} + w_{i+1,j} = w_{ij} + t^*_{i,j+1} + s_{i,j+1} \tag{4.44}$$

$$i = 1, \dots, m - 1; \quad j = 1, \dots, n - 1,$$

oder

$$-s_{i,j+1} + s_{ij} - w_{ij} + w_{i+1,j} = -t^*_{i+1,j} + t^*_{i,j+1} \tag{4.45}$$

$$i = 1, \dots, m - 1; \quad j = 1, \dots, n - 1.$$

Durch (4.44) bzw. (4.45) sind damit die Nebenbedingungen für den gesamten Problemkomplex gegeben.

Bevor die Zielfunktionen näher angegeben werden, sind die Zeiten t^*_{ij} durch die Bearbeitungszeiten t_{ij} auszudrücken. Mit $\mathbf{X}$ wird die Matrix $[x_{ij}]_{m,m}$ bezeichnet, deren Elemente x_{ij} den folgenden Bedingungen genügen:

$$1. \ \sum_{i=1}^{m} x_{ij} = 1,$$

$$2. \ \sum_{j=1}^{m} x_{ij} = 1, \tag{4.46}$$

$$3. \ 0 \leqq x_{ij} \leqq 1; \quad i, j = 1, \dots, m;$$

$$x_{ij} \ \text{ganzzahlig}.$$

Die Matrix $\mathbf{X}$ enthält auf Grund dieser Bedingungen in jeder Zeile und Spalte nur ein Element, welches eins ist, alle restlichen sind null. Die Anzahl der voneinander verschiedenen $\mathbf{X}$ stimmt mit der Anzahl der möglichen Reihenfolgen der Aufträge überein und beträgt $m!$. Jede Reihenfolge wird durch eine entsprechende Zeilenpermutation von $\mathbf{T}$ beschrieben.

Es sei

$$\mathbf{T}^* = \mathbf{X} \cdot \mathbf{T} = [t^*_{ij}]; \qquad t^*_{ij} = \sum_{v=1}^{m} x_{iv} \cdot t_{vj}. \tag{4.47}$$

In der Matrix $\mathbf{T}^*$ sind die $m!$ verschiedenen Zeilenpermutationen von $\mathbf{T}$ enthalten, je nachdem, wie die Matrix $\mathbf{X}$ gewählt wird. Werden z.B. alle Hauptdiagonalelemente der Matrix $\mathbf{X}$ gleich eins und alle restlichen gleich null gesetzt, so folgt:

$$\mathbf{T}^* = \mathbf{T}.$$

In diesem Fall wird durch $\mathbf{T}^*$ die natürliche Reihenfolge der Aufträge $P_1, \dots, P_m$ beschrieben.

Die Zielfunktionen der sieben Reihenfolgeprobleme sind ebenfalls unmittelbar aus Bild 4.8 allgemein abzulesen.

Zu den Nebenbedingungen (NB) (4.45), in denen einige Variable den Wert Null annehmen, kommen die folgenden Zielfunktionen (ZF) hinzu:

$$\text{RFP 1:} \quad \text{ZF:} \ f_1 = \sum_{i=0}^{m-1} s_{in} + \sum_{i=1}^{m} t^*_{in} \doteq \min; \tag{4.48/1}$$

$$\text{NB: (4.45).}$$

RFP 2:   ZF: $f_2 = \sum\limits_{i=1}^{m-1} \sum\limits_{j=1}^{n} s_{ij} \overset{!}{=} \min;$ (4.48/2)

NB: (4.45).

RFP 3:   ZF: $f_3 = \sum\limits_{i=1}^{m} \sum\limits_{j=1}^{n-1} w_{ij} \overset{!}{=} \min;$ (4.48/3)

NB: (4.45).

RFP 4:   ZF: $f_4 = \sum\limits_{i=0}^{m-1} s_{in} + \sum\limits_{i=1}^{m} t_{in}^* \overset{!}{=} \min;$ (4.48/4)

NB: (4.45) mit $w_{ij} = 0$ für $i = 1, ..., m;$ $= 1, ..., n-1.$

RFP 5:   ZF: $f_5 = \sum\limits_{i=1}^{m-1} \sum\limits_{j=1}^{n} s_{ij} \overset{!}{=} \min;$ (4.48/5)

NB: (4.45) mit $w_{ij} = 0$ für $i = 1, ..., m;$ $j = 1, ..., n-1.$

RFP 6:   ZF: $f_6 = s_{0n} + \sum\limits_{i=1}^{m} t_{in}^* \overset{!}{=} \min;$ (4.48/6)

NB: (4.45) mit $s_{ij} = 0$ für $i = 1, ..., m-1;$ $j = 1, ..., n.$

RFP 7:   ZF: $f_7 = \sum\limits_{i=1}^{m} \sum\limits_{j=1}^{n-1} w_{ij} \overset{!}{=} \min;$ (4.48/7)

NB: (4.45)   mit $s_{ij} = 0$ für $i = 1, ..., m-1;$ $j = 1, ..., n.$

Damit ist für jedes aufgeworfene Problem ein gemischt-ganzzahliges lineares Optimierungsmodell angegeben. Bei allen Problemen besteht die Aufgabe in der Bestimmung einer solchen Reihenfolge der Aufträge (bzw. einer solchen Matrix nach (4.46)), die die entsprechende Zielfunktion minimiert. In jedem Problemkomplex sind die rechten Seiten der Nebenbedingungen für alle unterschiedenen Probleme stets die gleichen. Da einige Variable s_{ij} oder w_{ij} gleich null sind, nehmen die linken Seiten spezielle Formen an, und es treten weiterhin Unterschiede durch die einzelnen Zielfunktionen auf.

Für jedes Reihenfolgeproblem läßt sich aus dem Optimierungsmodell eine Formel zur Berechnung des Funktionswertes der Zielfunktion bei vorgegebener Reihenfolge ableiten. Eine ausführliche Ableitung ist in [27] gegeben. Hier seien nur die einzelnen Darstellungen übersichtlich zusammengestellt.

Im folgenden wird ausschließlich die natürliche Reihenfolge der Aufträge betrachtet. Es gilt daher nach (4.46) und (4.47):

$$x_{11} = x_{22} = \cdots = x_{mm} = 1,$$

alle restlichen $x_{ij} = 0$ und damit $\mathbf{T}^* = \mathbf{T}$.
Es sei

$$T = \sum_{i=1}^{m} \sum_{j=1}^{n} t_{ij}; \qquad (4.49)$$

$$T_{ik} = \sum_{i=k+1}^{n} t_{ij} + \sum_{j=1}^{k-1} t_{i+1,j}; \qquad (4.50)$$

$$T'_{kj} = \sum_{i=k+1}^{m} t_{ij} + \sum_{i=1}^{k-1} t_{i,\,j+1}; \qquad\qquad (4.51)$$

$$Z_{ij} = \min_{1 \le k \le n} \{T_{ij} + Z_{i-1,k} - Z_{i-1,n}\}, \quad Z_{0k} = 0; \qquad (4.52)$$

$$Z'_{ij} = \min_{1 \le k \le i} \{T'_{kj} + Z'_{k,\,j-1} - Z'_{m,\,j-1}\}, \quad Z'_{k0} = 0. \qquad (4.53)$$

Mit diesen Bezeichnungen lauten die Zielfunktionen bei Vorgabe der natürlichen Reihenfolge für die RFP 1, 4, 5 folgendermaßen:

$$\text{RFP 1:} \quad f_1 = T - \sum_{i=1}^{m-1} Z_{in} = T - \sum_{j=1}^{n-1} Z'_{mj}; \qquad (4.54)$$

$$\text{RFP 4:} \quad f_4 = T - \sum_{i=1}^{m-1} \min_{1 \le k \le n} \{T_{ik}\}; \qquad (4.55)$$

$$\text{RFP 5:} \quad f_5 = \sum_{i=1}^{m-1} \max_{1 \le k \le n} \left\{ \sum_{r=1}^{n} T_{ir} - n \cdot T_{ik} \right\}. \qquad (4.56)$$

Weitere Darstellungen sind in [27] enthalten.

4.5.2. Ein Lösungsalgorithmus

Im folgenden soll ein Sonderfall zum RFP 1 betrachtet werden, indem die Anzahl der Maschinen $n = 2$ gesetzt wird.

Aus Tabelle 4.16 sind für ein Beispiel mit $m = 5$ und $n = 2$ die einzelnen Bearbeitungszeiten t_{ij} — gerechnet pro Tag — zu ersehen. Jeder der fünf vorliegenden Aufträge P_1, P_2, P_3, P_4 und P_5 passiert zuerst die Maschine M_1 und anschließend die Maschine M_2. In Bild 4.9 sind vier verschiedene von den insgesamt $5! = 120$ Reihenfolgemöglichkeiten graphisch dargestellt, wobei die eingezeichneten stark ausgezogenen Linien die Bearbeitungszeit des Produktes P_i auf der entsprechenden Maschine bedeuten. Die Werte in der dort angegebenen Zahlenspalte a bzw. b stellen die Ausnutzung in % bzw. die Fertigungszeit in Tagen dar.

Tabelle 4.16

	M_1	M_2
P_1	$t_{11} = 6$	$t_{12} = 5$
P_2	$t_{21} = 3$	$t_{22} = 2$
P_3	$t_{31} = 8$	$t_{32} = 3$
P_4	$t_{41} = 4$	$t_{42} = 9$
P_5	$t_{51} = 2$	$t_{52} = 3$

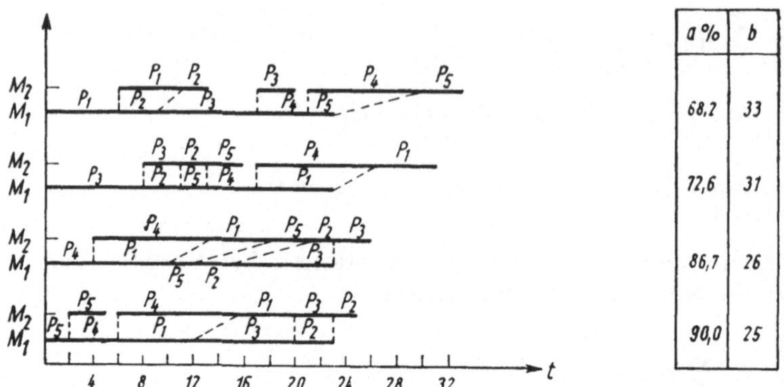

Bild 4.9

Dieser Sonderfall wurde von Johnson gelöst. In [8] beschreibt Johnson eine Regel zur Ermittlung der optimalen Reihenfolge. Er zeigt dort, daß in einer optimalen Anordnung der Auftrag P_i vor dem Auftrag P_k bearbeitet werden muß, wenn

$$\min\{t_{i1}, t_{k2}\} < \min\{t_{k1}, t_{i2}\}$$

gilt. Daraus resultiert die Lösungsregel, die aus folgenden Einzelschritten besteht:

Schritt 1: Es wird $h = \min\limits_{1 \leq i \leq m}\{t_{i1}, t_{i2}\}$ gebildet.

Schritt 2: Wenn $h = t_{i_0 1}$ ist, wobei i_0 einen ganz bestimmten Index der Menge $1, 2, \ldots, m$ bedeutet, so wird der Auftrag P_{i_0} in der Reihenfolge zuerst bearbeitet. Wenn $h = t_{i_0 2}$ ist, so wird der Auftrag P_{i_0} zuletzt bearbeitet. Ist

$$h = \min\limits_{1 \leq i \leq m}\{t_{i1}, t_{i2}\}$$

nicht eindeutig, so wird definitionsgemäß der Auftrag mit dem kleinsten Index gewählt und nach den beiden eben angeführten Entscheidungsmerkmalen angeordnet.

Nach Beendigung des Schrittes 2 werden die restlichen P_i in der Weiterführung ohne P_{i_0} betrachtet, indem die Schritte 1 und 2 für die restlichen $(m-1)$ Aufträge wiederholt werden. Dieser Zyklus wird so lange wiederholt, bis alle Aufträge angeordnet sind. Für das Beispiel der Tabelle 4.16 entsteht nach dieser angeführten Regel die optimale Reihenfolge P_5, P_4, P_1, P_3, P_2. Nach der 1. Ausführung der beiden Schritte ergibt sich, daß P_2 zuletzt zu bearbeiten ist. Es werden in der Weiterführung nur noch P_1, P_3, P_4 und P_5 betrachtet. Nachdem die Schritte 1 und 2 zum 2. Male ausgeführt sind, zeigt sich: P_5 ist zuerst zu bearbeiten. Analog folgen die restlichen Anordnungen.

Wird das RFP 1 für m Aufträge und drei Maschinen M_1, M_2 und M_3 betrachtet, so ist von Johnson gezeigt worden, daß für einen Spezialfall eine optimale Reihenfolge durch entsprechende Anwendung der angeführten Regel bestimmt werden kann. Dieser Spezialfall liegt vor, wenn entweder

1. $\min\limits_{1 \leq i \leq m}\{t_{i1}\} \geq \max\limits_{1 \leq i \leq m}\{t_{i2}\}$

oder

2. $\min\limits_{1 \leq i \leq m}\{t_{i3}\} \geq \max\limits_{1 \leq i \leq m}\{t_{i2}\}$

gilt.

Aus der Tabelle 4.17 ist ein Beispiel des Spezialfalles 2. zu entnehmen. Um für dieses Beispiel eine optimale Anordnung der Aufträge zu ermitteln, wird die Summe der ersten beiden und der letzten beiden Spalten der Tabelle 4.17 in einer neuen Tabelle 4.18 erstellt. Nun wird die obige Regel auf die Zahlenwerte der Tabelle 4.18 angewandt. Die daraus entstehende Reihenfolge P_1, P_2, P_4, P_3, P_5 ist eine optimale Lösung des Beispiels der Tabelle 4.17.

Tabelle 4.17

	M_1	M_2	M_3
P_1	5	4	11
P_2	3	6	9
P_3	7	7	12
P_4	2	8	13
P_5	9	2	8

Tabelle 4.18

	$M_1 + M_2$	$M_2 + M_3$
P_1	9	15
P_2	9	15
P_3	14	19
P_4	10	21
P_5	11	10

Wird bei dem RFP 1 die Voraussetzung 4 durch die Forderung — nach seiner vollständigen Bearbeitung kann frühestens ein Einzelteil des Auftrages bereits zur nächsten Maschine übergehen, ohne daß die restlichen Einzelteile auf der vorhergehenden Maschine fertig sind — ersetzt, so entsteht die folgende veränderte Situation.

In Bild 4.10 ist ein Bearbeitungsplan für einen Auftrag P_i mit drei Einzelteilen auf vier Maschinen dargestellt. Durch die punktierten Linien in Bild 4.10 sind die erforderlichen Rüstzeiten markiert. In Bild 4.11 bzw. 4.12 ist ein Treppenzug eingezeichnet, der eine rechte bzw. linke Begrenzung des Bearbeitungsplanes von Bild 4.10 darstellt; die einzelnen Treppenstufen sind mit $t_{i1}^1, \ldots, t_{i4}^1$ bzw. mit $t_{i1}^2, \ldots, t_{i4}^2$ bezeichnet.

Für jeden Auftrag P_i, der auf n Maschinen zu bearbeiten ist, können in der dargestellten Art und Weise zwei Zahlenreihen $t_{i1}^1, \ldots, t_{in}^1$ und $t_{i1}^2, \ldots, t_{in}^2$ angegeben werden, die graphisch den linken und rechten Begrenzungstreppenzug des Bearbeitungsplanes von P_i darstellen.

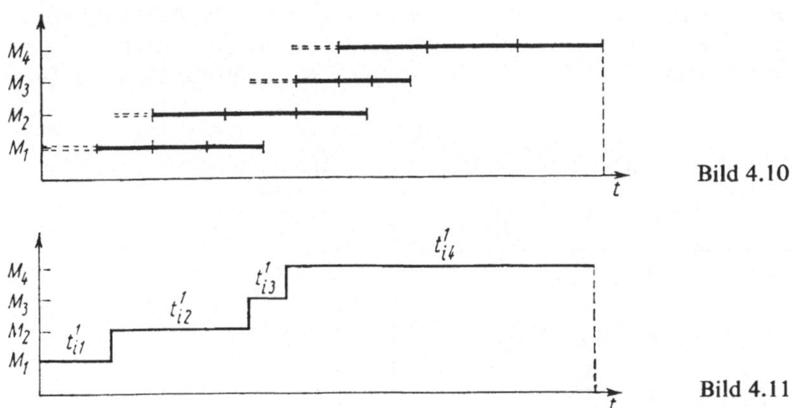

Bild 4.10

Bild 4.11

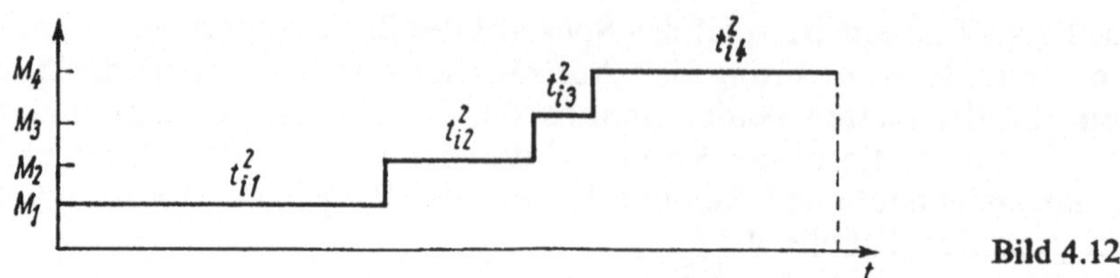

Bild 4.12

Die Johnsonsche Lösungsregel kann ebenfalls für den Sonderfall, daß zwei Maschinen vorliegen, zur Lösung herangezogen werden. Aus der Tabelle 4.19 sind für ein Beispiel mit $m = 5$ und $n = 2$ die einzelnen Zahlen, die die Aufträge während der Bearbeitung charakterisieren, zu entnehmen.

Tabelle 4.19

P_i	M_1		M_2	
	t_{i1}^1	t_{i1}^2	t_{i2}^1	t_{i2}^2
P_1	2	4	5	3
P_2	4	6	8	6
P_3	7	10	11	8
P_4	2	3	6	5
P_5	3	7	10	6

Die Lösungsregel von Johnson ist zur Lösung des Zahlenbeispiels auf die 1. und 4. Zahlenspalte der Tabelle 4.19 anzuwenden. Als Ergebnis folgt: P_1, P_4, P_5, P_2, P_3 ist eine gesuchte optimale Reihenfolge für das vorgegebene Zahlenbeispiel.

Wenn die folgenden Bedingungen erfüllt sind:

$$\min_{1 \leq i \leq m} (t_{i1}^1) \geq \max_{1 \leq i \leq m} (t_{i2}^2) \tag{4.57}$$

oder

$$\min_{1 \leq i \leq m} (t_{i3}^2) \geq \max_{1 \leq i \leq m} (t_{i2}^1), \tag{4.58}$$

so kann die Regel auch auf den Fall $n = 3$ Maschinen übertragen werden. Die Erläuterung der Regel erfolgt wieder am Beispiel. Aus der Tabelle 4.20 sind für $m = 5$ und $n = 3$ die einzelnen Zahlen, die die Aufträge während der Bearbeitung charakterisieren, zu entnehmen. Für dieses Zahlenbeispiel ist die Voraussetzung (4.57) erfüllt.

Tabelle 4.20

P_i	M_1		M_2		M_3	
	t_{i1}^1	t_{i1}^2	t_{i2}^1	t_{i2}^2	t_{i3}^1	t_{i3}^2
P_1	4	7	2	4	10	5
P_2	5	11	3	2	7	2
P_3	6	11	1	2	8	2
P_4	4	6	3	4	4	1
P_5	4	8	2	1	1	4

Es werden die Zeilensummen aus der 1. und 3. Zahlenspalte und aus der 4. und 6. Zahlenspalte der Tabelle 4.20 gebildet. Diese Summen sind der Reihe nach in der Tabelle 4.21 enthalten. Nunmehr ist die Lösungsregel von Johnson auf die Zahlen der Tabelle 4.21 anzuwenden. Als Ergebnis folgt: P_1, P_5, P_4, P_3, P_2 ist eine gesuchte optimale Reihenfolge für das vorgegebene Zahlenbeispiel. Die Beweise hierzu können in [27] nachgelesen werden.

Tabelle 4.21

Nr.	$\bar{t}_i^{\,1}$	$\bar{t}_i^{\,2}$
1	6	9
2	8	4
3	7	4
4	7	5
5	6	5

4.5.3. Rundreiseproblem und Reihenfolgeproblem

Im folgenden werden die RFP 4 und 5 betrachtet. Jedes dieser Probleme ist auf ein Rundreiseproblem zurückführbar. Um diese Zurückführung vorzunehmen, wird zu der vorgegebenen Bearbeitungsmatrix $\mathbf{T} = [t_{ij}]$ noch eine Zeile mit lauter Nullen hinzugefügt, d. h., es wird ein fiktiver Auftrag P_0 mit den Bearbeitungszeiten $t_{0j} = 0$, $j = 1, \ldots, n$ eingeführt. Damit sind $(m + 1)$ Aufträge vorhanden. Steht der fiktive Auftrag in der Reihenfolge an erster (oder letzter) Stelle, so überblickt man sofort, daß keine Veränderung des Funktionswertes der Ausgangssituation eintritt. Steht der fiktive Auftrag nicht an erster (oder letzter) Stelle, so ist der Funktionswert größer als der oder gleich dem Funktionswert der Ausgangssituation. Daher gilt: Das Minimum wird bei einer Reihenfolge angenommen, in der der fiktive Auftrag an erster (oder letzter) Stelle steht. Die Formel (4.74) nimmt mit dieser Erweiterung die folgende Form an:

$$f_4 = \sum_{i=0}^{m} \sum_{j=1}^{n} t_{ij} - \sum_{i=0}^{m-1} \min_{1 \leq k \leq n} \{T_{ik}\}.$$

Hieraus folgt unmittelbar:

$$f_4 = \sum_{i=0}^{m-1} g_{i,\,i+1} \tag{4.59}$$

mit

$$g_{i,\,i+1} = \sum_{j=1}^{n} t_{i+1,\,j} - \min_{1 \leq k \leq n} \left\{ \sum_{j=k+1}^{n} t_{ij} + \sum_{j=1}^{k-1} t_{i+1,\,j} \right\}.$$

Da in der letzten Gleichung $g_{i,\,i+1}$ nur von den Bearbeitungszeiten zweier benachbarter Zeilen der Bearbeitungsmatrix abhängig ist, kann für jede beliebige Aufeinanderfolge zweier Aufträge ein solcher Summand berechnet werden. Für die Aufeinanderfolge der Aufträge P_r und P_s entsteht:

$$g_{rs} = \sum_{j=1}^{n} t_{sj} - \min_{1 \leq k \leq n} \left\{ \sum_{j=k+1}^{n} t_{rj} + \sum_{j=1}^{k-1} t_{sj} \right\}$$

für $\quad r \neq s; \quad r, s = 0, \ldots, m.$

Nachdem die $m \cdot (m + 1)$ Werte der g_{rs} berechnet sind, werden sie in Matrizenform angeordnet. Dabei ist zu beachten, daß für die Hauptdiagonale keine Werte definiert sind. Hier werden Zahlen eingesetzt, die hinreichend groß, aber sonst beliebig gewählt werden. Diese Matrix wird mit $\mathbf{G} = [g_{rs}]$ bezeichnet. Für $[g_{rs}]$ ist nun das Rundreiseproblem zu lösen.

Ist die Aufeinanderfolge der Elemente

$$\{g_{i_0 i_1}, g_{i_1 i_2}, \ldots, g_{i_{\nu-1} i_\nu}, g_{i_\nu i_{\nu+1}}, \ldots, g_{i_m i_0}\}$$

eine optimale Lösung der Rundreisematrix $\mathbf{G}$ und ist $i_\nu = 0$, so ist

$$P_{i_{\nu+1}}, \ldots, P_{i_m}, P_{i_0}, \ldots, P_{i_{\nu-1}}$$

eine gesuchte optimale Reihenfolge der Aufträge zum RFP 4, und es gilt

$$f_4 = \sum_{i=0}^{m} g_{i_\nu i_{\nu+1}}.$$

Der optimale Funktionswert von f_4 stimmt also mit dem optimalen Funktionswert des Rundreiseproblems $\mathbf{G}$ überein.

Für das Beispiel

$$\mathbf{T} = \begin{bmatrix} 5 & 10 & 2 \\ 5 & 3 & 8 \\ 4 & 9 & 6 \end{bmatrix}$$

lautet die Matrix $\mathbf{G}$:

$$\mathbf{G} = \begin{bmatrix} - & 17 & (16) & 19 \\ (0) & - & 9 & 13 \\ 0 & 6 & - & (8) \\ 0 & (6) & 8 & - \end{bmatrix}.$$

Die optimale Lösung von $\mathbf{G}$ ist durch Klammern in der Matrix markiert.

Es folgt die optimale Aufeinanderfolge

$$\{g_{02}, g_{23}, g_{31}, g_{10}\}.$$

Hieraus folgt, P_2, P_3, P_1 ist die optimale Reihenfolge, und

$$f_4 = g_{02} + g_{23} + g_{31} + g_{10} = 30$$

ist der optimale Funktionswert des RFP 4.

Das Reihenfolgeproblem 5 läßt sich ganz analog auf ein Rundreiseproblem zurückführen.

Die Formel (4.56) lautet:

$$f_5 = \sum_{i=1}^{m-1} \max_{1 \leq k \leq n} \left\{ \sum_{r=1}^{n} T_{ir} - n \cdot T_{ik} \right\} = \sum_{i=1}^{m-1} \bar{g}_{i, i+1}$$

mit

$$\bar{g}_{i, i+1} = \max_{1 \leq k \leq n} \left\{ \sum_{r=1}^{n} T_{ir} - n \cdot T_{ik} \right\}.$$

In dieser Darstellung hängt ebenfalls $\bar{g}_{i,i+1}$ nur von den Bearbeitungszeiten zweier benachbarter Zeilen der Bearbeitungsmatrix ab. Für jede beliebige Aufeinanderfolge zweier Aufträge kann ein solcher Summand berechnet werden. Für die Aufeinanderfolge der Aufträge P_r und P_s entsteht

$$\bar{g}_{rs} = \max_{1 \leq k \leq n} \left\{ \sum_{\nu=1}^{n} \left(\sum_{j=\nu+1}^{n} t_{rj} + \sum_{j=1}^{\nu-1} t_{sj} \right) - n \cdot \left(\sum_{j=k+1}^{n} t_{rj} + \sum_{j=1}^{k-1} t_{sj} \right) \right\},$$

$$r \neq s \quad r, s = 1, \ldots, m.$$

Die Elemente g_{rs} werden in Matrizenform angeordnet. Dabei ist zu beachten, daß für die Hauptdiagonale keine Werte definiert sind. Hier werden wieder Zahlen eingesetzt, die hinreichend groß, aber sonst beliebig gewählt werden. Die entstandene Matrix ist noch durch eine 1. Spalte und 1. Zeile mit Nullen zu rändern, damit ein „getrennter" Zyklus entsteht, d.h. damit gesichert ist, daß ein Paar von Aufträgen nicht aufeinanderfolgt. Die Matrix wird mit $\bar{G}$ bezeichnet. Ganz analog gilt:

Ist die Aufeinanderfolge der Elemente

$$\{\bar{g}_{i_0 i_1}, \bar{g}_{i_1 i_2}, \ldots, \bar{g}_{i_{\nu-1} i_\nu}, \bar{g}_{i_\nu i_{\nu+1}}, \ldots, \bar{g}_{i_m i_0}\}$$

eine optimale Lösung der Rundreisematrix $\bar{G}$ und ist $i_\nu = 0$, so ist

$$P_{i_{\nu+1}}, \ldots, P_{i_m}, P_{i_0}, \ldots, P_{i_{\nu-1}}$$

eine gesuchte optimale Reihenfolge der Aufträge zum RFP 5, und es gilt

$$f_5 = \sum_{\nu=0}^{m} \bar{g}_{i_\nu i_{\nu+1}}, \quad i_{m+1} = i_0.$$

Zum angeführten Beispiel gehört folgende $\bar{G}$-Matrix:

$$\bar{G} = \begin{bmatrix} - & (0) & 0 & 0 \\ 0 & - & (6) & 13 \\ 0 & 6 & - & (3) \\ (0) & 8 & 10 & - \end{bmatrix}.$$

Die optimale Lösung ist wieder durch Klammern in der Matrix markiert und lautet

$$\{\bar{g}_{01}, \bar{g}_{12}, \bar{g}_{23}, \bar{g}_{30}\}.$$

Also ist P_1, P_2, P_3 die gesuchte optimale Reihenfolge mit $f_5 = 9$.

4.5.4. Die Anwendung des Verzweigungsverfahrens auf das Reihenfolgeproblem

Für alle angegebenen Reihenfolgeprobleme sind mit der „Branch-and-Bound"-Methode praktische Lösungsmöglichkeiten bekannt. Im folgenden wird nur für das RFP 1 ein „Branch-and-Bound"-Algorithmus angegeben.

Die Zielfunktion des RFP 1 besteht in der Minimierung der Durchlaufzeit der m Aufträge auf n Maschinen und kann folgendermaßen dargestellt werden:

$$f_1 = \max_K \left\{ \sum_{j=1}^{k_1} t_{1j} + \sum_{i=2}^{m-1} \sum_{j=k_{i-1}}^{k_i} t_{ij} + \sum_{j=k_{m-1}}^{n} t_{mj} \right\}, \tag{4.60}$$

$$K \sim 1 \leq k_1 \leq k_2 \leq \cdots \leq k_{m-1} \leq n.$$

Der Algorithmus ergibt sich analog zur allgemeinen Darstellung der „Branch-and-Bound"-Methode. Die gesamte Lösungsmenge P stellt die Menge aller Permutationen der Auftragsnummern dar. Mit $p = i_1, ..., i_m$ wird eine beliebige Permutation der Menge P bezeichnet. Die Lösungsmenge wird in Klassen aufgespalten. $P_{i_1,...,i_\lambda}$ ist die Klasse aller Auftragsreihenfolgen, die mit $P_{i_1,...,i_\lambda}$ beginnen. Von jeder Klasse wird eine untere Schranke bestimmt.

Der Aufbau des „Branch-and-Bound"-Algorithmus ist in den folgenden drei Punkten zusammengestellt:

1. Aus (4.60) entsteht eine untere Schranke A_0 von f_1, wenn nur die Teilmenge $1 \leq k_1 = \cdots = k_{m-1} \leq n$ der Menge aller Kombinationen K berücksichtigt wird. Es gilt dann:

$$f_1 \geq A_0 = \max_{1 \leq k \leq n} \left\{ \sum_{j=1}^{k-1} t_{1j} + \sum_{i=1}^{m} t_{ik} + \sum_{j=k+1}^{n} t_{mj} \right\}. \tag{4.61}$$

Aus (4.61) folgt für eine beliebige Permutation p:

$$f_1 \geq A = \max_{1 \leq k \leq n} \left\{ \sum_{j=1}^{k-1} t_{i_1 j} + \sum_{i=1}^{m} t_{ik} + \sum_{j=k+1}^{n} t_{i_m j} \right\}.$$

In der Schranke A treten nur zwei Glieder der Permutation p auf, nämlich i_1 und i_m.

Liegt z.B. i_1 fest, so gibt es nur $m-1$ Möglichkeiten, i_m zu wählen. Werden für alle $\nu \neq i_1$ mit $\nu = 1, ..., m$ die $m-1$ Schranken A gebildet und mit A_{i_1} die kleinste bezeichnet, so ist A_{i_1} eine untere Schranke aller Funktionswerte der Reihenfolge, bei denen der Auftrag P_{i_1} an erster Stelle steht.

Wird daher mit P_{i_1} ($\subset P$) die Menge aller Permutationen p bezeichnet, die mit i_1 beginnen, so gilt für alle $p \in P_{i_1}$:

$$f_1 \geq A_{i_1} = \min_{2 \leq \mu \leq m} \left\{ \max_{1 \leq k \leq n} \left[\sum_{j=1}^{k-1} t_{i_1 j} + \sum_{i=1}^{m} t_{ik} + \sum_{j=k+1}^{n} t_{i_\mu j} \right] \right\}. \tag{4.62}$$

In (4.62) bedeutet $\sum\limits_{j=1}^{k-1} t_{i_1 j}$ die Stillstandszeit der Maschine M_k von Beginn der Bearbeitung des Auftrages P_{i_1} auf der ersten Maschine bis zum Beginn der Bearbeitung von P_{i_1} auf der Maschine M_k. Der letzte Summand in (4.62) hängt nur von den Bearbeitungszeiten der dem Auftrag P_{i_1} nachfolgenden Aufträge ab.

2. Um einen Verzweigungs-Algorithmus aufzustellen, ist es notwendig, eine untere Schranke

$$A_{i_1,...,i_\lambda}$$

aller Zielfunktionswerte derjenigen Reihenfolgen anzugeben, bei denen der Reihe nach die Aufträge $P_{i_1}, ..., P_{i_\lambda}$ zuerst bearbeitet werden ($1 \leq \lambda \leq m$). Wird also mit $P_{i_1}, ..., {}_{i_\lambda}$ die Menge aller Permutationen p bezeichnet, die mit den Zahlen $i_1, ..., i_\lambda$ beginnen, so gilt für alle $p \in P_{i_1}, ..., {}_{i_\lambda}$ nach (4.62)

$$f_1(p) \geq A_{i_1,...,i_\lambda} = \min_{\lambda+1 \leq \mu \leq m} \left\{ \max_{1 \leq k \leq n} \left[\sum_{j=1}^{k-1} t_{i_1 j} + V_{i_\lambda k} + \sum_{i=1}^{m} t_{ik} + \sum_{j=k+1}^{n} t_{i_\mu j} \right] \right\}. \tag{4.63}$$

Der letzte Summand der Min-Max-Glieder von (4.63) hängt wiederum nur von den Bearbeitungszeiten der dem Auftrag P_{i_λ} nachfolgenden Aufträge ab. In (4.63) bedeutet $V_{i_\lambda k}$ die Stillstandszeit der Maschine M_k von Beginn der Bearbeitung des Auftrages P_{i_1} auf M_k bis zum Ende der Bearbeitung von P_{i_λ} auf M_k.

3. Das Optimum ist gefunden, wenn mindestens eine Permutation p^* einen Zielfunktionswert

$$f_1(p^*) = \min_{\substack{\forall p \,\in\, \mathrm{P}_{i_1,\dots,i_\lambda} \\ 1 \leq \lambda \leq m}} \{A_{i_1,\dots,i_\lambda}\}$$

hat, das heißt, wenn an einem Ende des Verzweigungs-Baumes zu einem Knoten eine einzige Permutation p^* gehört und deren Gesamtfertigungszeit gleich dem Minimum der unteren Schranke aller Knoten ist.

Die $V_{i_\lambda k}$ werden folgendermaßen berechnet:

Wird mit $f_{i_\lambda k}$ die Zeit bezeichnet, nach der der Auftrag P_{i_λ} auf der Maschine M_k vollständig bearbeitet ist, so gilt für das betrachtete RFP 1 die folgende Rekursionsformel:

$$f_{i_\lambda k} = \max(f_{i_{\lambda-1}k};\ f_{i_\lambda k-1}) + t_{i_\lambda k} \tag{4.64}$$

$$\text{mit}\quad f_{i_0 k} = f_{i_\lambda 0} = 0.$$

Dabei ist $f_{i_{\lambda-1}k}$ die Zeit, zu der M_k frühestens P_{i_λ} aufnehmen kann, und $f_{i_\lambda k-1}$ ist die Zeit, nach der P_{i_λ} frühestens auf der vorhergehenden Maschine fertig ist und auf die nächste übergehen kann.

Da

$$V_{i_\lambda k} = \sum_{\nu=1}^{\lambda-1} S_{\nu k} = S_{1\,k} + \cdots + S_{\lambda-1,\,k},$$

$$S_{1k} = \max(0, f_{i_2 k-1} - f_{i_1 k}),$$

$$\vdots$$

$$S_{\nu k} = \max(0, f_{i_{\nu+1}k-1} - f_{i_\nu k}),$$

$$\vdots$$

$$S_{\lambda-1,k} = \max(0, f_{i_\lambda k-1} - f_{i_{\lambda-1}k})$$

ist, folgt:

$$V_{i_\lambda k} = \sum_{\nu=1}^{\lambda-1} \max(0, f_{i_{\nu+1}k-1} - f_{i_\lambda k}). \tag{4.65}$$

Werden von dem Beispiel

$$[t_{ij}] = \begin{bmatrix} 5 & 10 & 2 \\ 5 & 3 & 8 \\ 4 & 9 & 6 \end{bmatrix}$$

für die natürliche Reihenfolge die f_{ik} berechnet, so gilt:

$$\begin{bmatrix} f_{11} & f_{12} & f_{13} \\ f_{21} & f_{22} & f_{23} \\ f_{31} & f_{32} & f_{33} \end{bmatrix} = \begin{bmatrix} {}_{(0)}\,5 & {}_{(0)}15 & {}_{(1)}17 \\ {}_{(0)}10 & {}_{(0)}18 & {}_{(1)}26 \\ 14 & 27 & 23 \end{bmatrix}$$

Die in der letzten Matrix zusätzlich eingeführten, eingeklammerten Zahlen sind spaltenweise die einzelnen Summanden von (4.65) für $k = 1, 2, 3$. Sie sind unmittelbar aus den $f_{i_\lambda k}$ nach (4.64) zu berechnen.

Zur Bearbeitungsmatrix

$$T = [t_{ij}] = \begin{bmatrix} 6 & 8 & 4 \\ 1 & 8 & 3 \\ 6 & 3 & 6 \\ 4 & 5 & 7 \end{bmatrix}$$

wird im folgenden das RFP 1 gelöst. Bei der Anwendung des Algorithmus sind zunächst die Maximierungsglieder (4.63) zu berechnen. In der Tabelle 4.22 sind der Reihe nach diese Maximierungsglieder bei festem i_λ zeilenweise angegeben. In den ersten Spalten dieser Zeilen sind die Anfangsglieder $i_1, ..., i_\lambda$ der Permutation p und in den nachfolgenden n Spalten (im Beispiel $n = 3$) die $V_{i_\lambda k}$ bei festem i_λ und k hinzugefügt.

Nach jedem vollen Satz von Maximierungsgliedern folgt jeweils das entsprechende Minimierungsglied. Die zusammengehörenden Maximierungsglieder sind ohne Zwischenraum hintereinander angeführt. Die Minimierungsglieder sind durch Abstände hervorgehoben. In der letzten Spalte sind die unteren Schranken $A_{i_1...,i_\lambda}$ vermerkt. An Stelle der $V_{i_\lambda k} = 0$ (für alle k) sind in den der ersten Bezeichnungszeile folgenden m Zeilen die Bearbeitungszeiten der Matrix T eingetragen. Die Nebenrechnungen zur Bestimmung der $V_{i_\lambda k}$ und der Maximierungsglieder sind nicht mit in der Tabelle 4.22 vermerkt, können aber ebenfalls rationell ausgeführt werden. Im Anschluß

Tabelle 4.22

$i_1 ... i_\lambda$	$V_{i_\lambda 1}$	$V_{i_\lambda 2}$	$V_{i_\lambda 3}$	$i_\mu = 1$		$i_\mu = 2$		$i_\mu = 3$		$i_\mu = 4$		$A_{i_1,...,i_\lambda}$
1	6	8	4			363736	37	344036	40	374136	41	37
2	1	8	3	373331	37			343531	35	373631	37	35
3	6	3	6	373831	38	363731	37			374131	41	37
4	4	5	7	373631	37	363531	36	343831	38			36
21	0	0	5					343536	36	373636	37	36
23	0	0	0	373331	37					373631	37	37
24	0	0	2	373333	37			343533	35			35
241	0	0	1					343534	35			35
243	0	0	0	373333	37							37

Optimale Lösung: $P_2, P_4, P_1, P_3,\quad f_1 = 35.$

an die Tabelle 4.22 ist die optimale Lösung mit Funktionswert angegeben. Schließlich sind in Bild 4.13 alle notwendigen Verzweigungen durch die eingekreisten Anfangsglieder $i_1, ..., i_\lambda$ mit den dazugehörenden Schranken schematisch dargestellt.

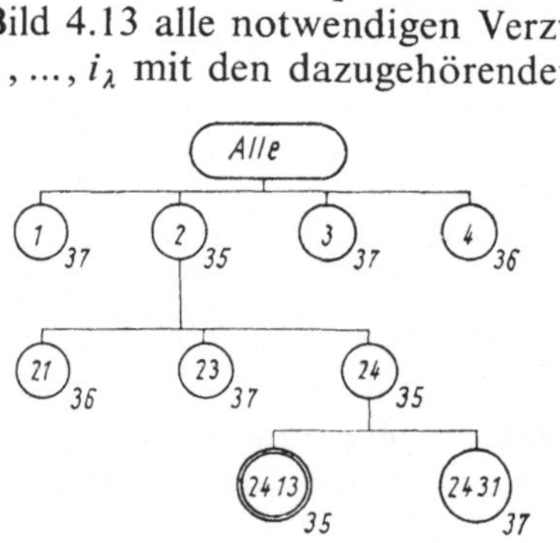

Bild 4.13

5.   Bemerkungen zur geschichtlichen Entwicklung

Die Untersuchung von Extremaleigenschaften und die Charakterisierung von Gebilden mit Hilfe von Extremaleigenschaften beginnt bereits in der als antike Mathematik bezeichneten Entwicklungsepoche der Mathematik. Zunächst sind es geometrische und physikalische Fragestellungen, die beantwortet werden: Welches von allen Dreiecken mit zwei gegebenen Seiten hat die größte Fläche? Wie erfolgt die Reflexion des Lichtes an einem Spiegel? Das zweite Problem stellt ein Minimierungsproblem dar, denn es ist die Entfernung von jedem Punkte des einfallenden Strahles über den Reflexionspunkt zu jedem Punkt des ausfallenden Strahles kleiner als der Weg über jeden anderen Punkt des Spiegels; auch die für die Zurücklegung des Weges benötigte Zeit ist für den Weg über den Reflexionspunkt minimal. Das Erkennen des Reflexionsgesetzes geht vermutlich auf Heron von Alexandrien (um 100 u. Z.) zurück. Mehr als 1500 Jahre vergehen, bis durch Pierre de Fermat (1601–1665) das für den Übergang von einem Medium ins andere gültige Brechungsgesetz (Fermatsches Prinzip der geometrischen Optik) gefunden wird, das er auch für den Fall gekrümmter Grenzflächen untersucht und das noch heute z. B. für die Berechnung von Linsensystemen angewendet wird. C. F. Gauß (1777–1855) entwickelt die Methode der kleinsten Quadrate. Weiterhin werden Extremaleigenschaften mit Hilfe von Ungleichungen beschrieben; beispielsweise ist aus dem Vergleich von geometrischem und arithmetischem Mittel $xy \leqq \left(\dfrac{x+y}{2}\right)^2$ ablesbar, daß von allen Rechtecken das Quadrat den größten Flächeninhalt hat. Mechanische Probleme wie z. B. die Frage nach dem Vorhandensein des stabilen Gleichgewichtes werden als Extremalproblem (Minimum an potentieller Energie) erkannt.

Alle bisher genannten Probleme sind variablenabhängig; die Kenntnis der Funktionen einer oder mehrerer reeller Veränderlicher und der Aussagen über die Existenz von Extremwerten ohne oder mit Nebenbedingungen genügen zur Lösung von Extremalproblemen, wenn die Funktionen Tangenten mit sich stetig ändernder Tangentenrichtung besitzen.

Zu einer anderen Art von Extremalproblemen gelangen wir, wenn nach den Bedingungen gefragt wird, unter denen sich eine gekrümmte Oberfläche bei sog. Formänderung nicht verändert. J. L. Lagrange (1736–1813) beantwortet 1760 diese Frage; er charakterisiert diese Flächen als Flächen mit verschwindender mittlerer Krümmung. Es sind die Minimalflächen, die sich auch als Lösung der von J. Plateau (1801–1883) aufgeworfenen Frage nach der Fläche mit möglichst kleiner Oberfläche über einer geschlossenen Kurve ergeben. Experimentell ergeben sich diese Minimalflächen, wenn die mit Draht nachgebildete Kurve in eine Seifenwasserlösung getaucht wird; die sich bildende Haut ist die kleinstmögliche Fläche, weil die potentielle Energie infolge der kleinsten Oberflächenspannung minimal ist. Mathematisch gesehen handelt es sich um ein Variationsproblem, das gesuchte Extremum ist vom Verhalten der Kurve im ganzen abhängig.

Die Untersuchungen über Theorie und Anwendung dieser beiden Arten von Extremwerten ist neben den bereits genannten Mathematikern u. a. verknüpft mit den Namen L. Euler (1707–1783), A. M. Cauchy (1789–1857), G. Monge (1746 bis 1818), C. G. J. Jacobi (1804–1851), W. R. Hamilton (1805–1865), P. G. L. Dirichlet (1805–1859), K. Weierstraß (1815–1897), B. Riemann (1826–1866), S. Lie

(1842–1899), D. Hilbert (1862–1944), C. Carathéodory (1873–1950), R. Courant (geb. 1888), T. Rado; die entwickelten analytischen Hilfsmittel werden oftmals zur Untersuchung von Problemen aus anderen Teilgebieten der Mathematik wie aus der Arithmetik, der Zahlentheorie, der Geometrie, der Topologie oder aus der Physik angewendet, oder die analytischen Methoden werden häufig zielgerichtet zur Lösung von Problemen aus anderen Gebieten entwickelt.

Wenn eine lineare Funktion von n reellen Veränderlichen auf Extrema zu untersuchen ist, so gibt es diese nur im Falle von Nebenbedingungen, die zunächst durch ein System von linearen Gleichungen oder Ungleichungen repräsentiert werden sollen. Dieses System bestimmt ein konvexes Polyeder, innerhalb dessen die Extremwerte der linearen Zielfunktion zu ermitteln sind. Extremwerte liegen für lineare Funktionen am Rande des Polyeders. Es müssen daher im Unterschied zur Problemstellung der klassischen Mathematik Funktionen untersucht werden, die Tangenten mit sich nicht stetig ändernder Tangentenrichtung besitzen; die Aufgabenstellung verlangt die Untersuchung von „Kantenfunktionen", deren Tangentenrichtungen in den Endpunkten der Kanten Unstetigkeiten besitzen. Diese Aufgabenstellung liegt den nichtentarteten linearen Optimierungsproblemen zugrunde.

Die ersten Arbeiten hierzu stammen aus dem Jahre 1939 von L. W. Kantorowitsch und M. K. Gawurin. Das Simplextheorem (vgl. 2.4.), das Optimalitätskriterium für lineare Optimierungsprobleme, formuliert G. B. Dantzig 1947, veröffentlicht es aber erst 1951. Zu dieser Zeit wird bereits an verschiedenen speziellen linearen Optimierungsproblemen gearbeitet: F. L. Hitchcock formuliert 1941 das Transportproblem (vgl. 4.1.) und gibt eine Lösung an; andere Lösungsmethoden stammen von T. C. Koopman (1951), M. M. Flood (1953), J. Bilý, M. Fiedler und F. Nožicka (1958), W. Vogel (1967). Eine Lösung des Zuordnungsproblems (vgl. 4.2.), eines speziellen Transportproblems, gibt H. W. Kuhn 1955 (sog. ungarische Methode); später wird gezeigt, daß diese Lösungsverfahren auch für Transportprobleme anwendbar ist.

Neben den linearen Optimierungsproblemen mit spezieller Struktur gibt es Klassen von linearen Optimierungsproblemen, deren Behandlung z. B. durch Forderungen an die Ganzzahligkeit der Lösungen notwendig wird; man bezeichnet sie als ganzzahlige lineare Optimierungsprobleme (auch diskrete lineare Optimierung) (vgl. 2.1.3.). Brauchbare Lösungsalgorithmen stammen von R. Gomory (1958, 1963). Zu speziellen Modellen wie dem Rundreiseproblem (vgl. 4.4.) liefern M. M. Food (1956) und M. Schoch (1966) Beiträge; das Reihenfolgeproblem (vgl. 4.5.) wird von E. Seiffart (1963, 1969) und B. Bank (1969) bearbeitet. Die Lösung ganzzahliger linearer Optimierungsprobleme erfordert Überlegungen aus der elementaren Zahlentheorie und aus der Gruppentheorie, die besonders von J. Piehler (1970) herangezogen werden.

Ebenfalls praktischen Bedürfnissen entspringt die Berücksichtigung der Tatsache, daß ein oder mehrere Koeffizienten der Zielfunktion oder der Nebenbedingungen oder die rechten Seiten der Nebenbedingungen von einem Parameter oder mehreren Parametern linear oder nichtlinear abhängen; wir sprechen dann von ein- und mehrparametrischer linearer bzw. nichtlinearer Optimierung (vgl. 2.1.4.). Hier geht es um die Beantwortung der Frage, für welche Werte des Parameters oder der Parameter stabile optimale Lösungen erreicht werden. Im Zusammenhang mit diesem Problemkreis sind R. L. Willner (1957) und G. B. Dantzig (1966) sowie die erste umfassende deutschsprachige Darstellung von F. Nožička, J. Guddat, H. Hollatz und H. Bank (1973) zu nennen.

Wenn ein Koeffizient oder mehrere Koeffizienten eines linearen Optimierungsproblems Zufallscharakter aufweisen, so kann dieser bei geringer Streuung vernachlässigt werden. Bei größeren Streuungsintervallen muß die Zufallsabhängigkeit berücksichtigt werden; wir sprechen von stochastischer linearer Optimierung. Systematische Untersuchungen beginnen am Anfang der 50er Jahre, erste Ergebnisse stammen von G. B. Dantzig (1955), R. J. Freund (1956), G. Tinter (1956), G. B. Dantzig und A. R. Ferguson (1956), A. Charnes, W. W. Cooper, G. H. Symonds (1958) sowie A. Charnes und W. W. Cooper (1959, 1963).

Um die enormen Fortschritte in der Behandlung von Extremalproblemen in den letzten 25 bis 30 Jahren einigermaßen abgerundet darzustellen, können wir nicht die Entstehung der nichtlinearen Optimierung, ferner die sog. dynamische Optimierung sowie die Theorie der optimalen Prozesse unerwähnt lassen.

Zwar bestätigt die Praxis immer wieder, daß mit der linearen Optimierung viele Probleme gelöst werden können, aber dennoch gelingt nicht in jedem Falle eine Linearisierung bzw. ist sie manchmal unmöglich. Der genaueren Widerspiegelung der realen Verhältnisse dient die Aufhebung der Beschränkung für Zielfunktion und Nebenbedingungen. Wenn entweder die Zielfunktion und eine oder mehrere Nebenbedingungen oder nur eine oder mehrere Nebenbedingungen nicht linear sind, sprechen wir von nichtlinearer Optimierung. Die notwendigen und hinreichenden Bedingungen für die optimalen Lösungen solcher Probleme sprechen H. W. Kuhn und A. W. Tucker bereits 1951 aus. Das Kuhn-Tucker-Theorem ist das Optimalitätskriterium für nichtlineare Optimierungsprobleme (vgl. Band 15). Die nichtlineare Optimierung entwickelt sich parallel zur linearen Optimierung. Sie ist in ihren Anfängen verbunden mit Arbeiten u. a. von G. B. Dantzig (1956), P. Wolfe und M. Frank (1956), K. J. Arrow und H. Uzawa (1958), P. Wolfe (1959), G. Zoutendijk (1959, 1960), H. Houthakker (1960), J. B. Rosen (1960, 1961); bisher ist es nur für wenige Klassen dieser Optimierungsprobleme gelungen, allgemeine Lösungsverfahren herzuleiten.

Bei der dynamischen Optimierung handelt es sich nicht um eine besondere Art von Optimierungsproblemen, sondern um besondere Lösungsverfahren. Der Name bezieht sich zunächst auf Probleme, bei denen eine Zeitabhängigkeit des Prozesses vorhanden ist. Die Veröffentlichung des von R. Bellman formulierten Optimalitätsprinzips und seiner Anwendungen erfolgt 1957, weitere Ergebnisse folgen 1961 und von E. Dreyfus 1962. Von J. Piehler stammt eine Einführung in die Probleme der dynamischen Optimierung (1967). Es zeigt sich, daß die entwickelten Methoden auch auf zeitunabhängige und lineare Probleme und zur numerischen Lösung bestimmter Variationsprobleme angewendet werden können.

In den verschiedensten Bereichen der gesellschaftlichen Praxis begegnen wir dynamischen Systemen, in denen in bezug auf die Zeit stetige Prozesse ablaufen. Die hierzu ausgearbeitete Theorie kann in gewisser Weise einerseits als Erweiterung der mit Hilfe der linearen und der nichtlinearen Optimierung und andererseits auch als Fortführung der mit Hilfe der Differentialrechnung und der Variationsrechnung lösbaren Extremalprobleme angesehen werden; es handelt sich um die Theorie der optimalen Prozesse. Das Optimalitätskriterium ist das auf L. S. Pontrjagin und seine Schule zurückgehende notwendige Kriterium, das 1961 bekannt wurde und als Pontrjaginsches Maximumprinzip bezeichnet wird. Zur mathematischen Theorie und zu den mathematischen Methoden der optimalen Prozesse sei auf die Arbeiten von L. S. Pontrjagin, W. G. Boltjanski, R. W. Gamkrelidse und E. F. Mistschenko (1956 uf.)

verwiesen. Anwendungen auf Probleme aus verschiedenartigen Bereichen werden u.a. von A. A. Feldbaum (1966), K. A. Bagrinowski (1968), B. Biersack (1968), N. N. Krassowski (1968), G. Zeidler (1969) untersucht.

Die lineare Optimierung ist eines von vielen mathematischen Teilgebieten, das wesentlich zur Lösung verschiedenartiger Extremalprobleme beiträgt. Sie basiert auf der Entwicklung von Analysis und Geometrie, verwendet besonders Methoden und Ergebnisse der kombinatorischen Analysis und der linearen Algebra (vgl. Band 13, Kapitel 6); das früher wenig beachtete Gebiet der linearen Ungleichungen findet hier umfassende Anwendung; es sei an die Ergebnisse von J. Farkas (1901), E. M. L. Beale (1955) und S. N. Tschernikow (1966) erinnert. Es interessieren nicht nur theoretische Ergebnisse, sondern der numerischen Exekutive, dem gut konvergierenden Algorithmus gilt besondere Aufmerksamkeit. Zu vielen anderen Teilgebieten der Mathematik wie u.a. zur Spieltheorie und zur Graphentheorie (vgl. Band 21) gibt es wertvolle Beziehungen. In die mathematische Ausbildung der Diplomingenieure fand die lineare Optimierung vor ca. 10 bis 12 Jahren als fakultative Lehrveranstaltung Aufnahme im Fachstudium und gehört nunmehr zu den obligatorischen Lehrgebieten des mathematischen Grundstudiums. Und gerade diese Entwicklung unterstreicht die Bedeutung der linearen Optimierung für Theorie und Praxis, für Lehre und Forschung.

Lösungen der Aufgaben

2.1: a)

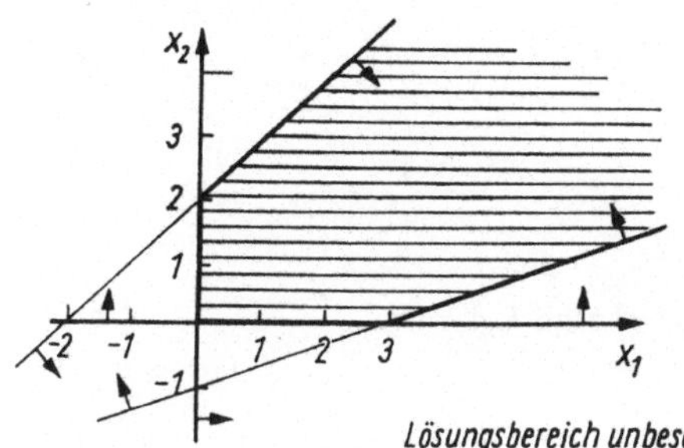

Bild L 1

b)

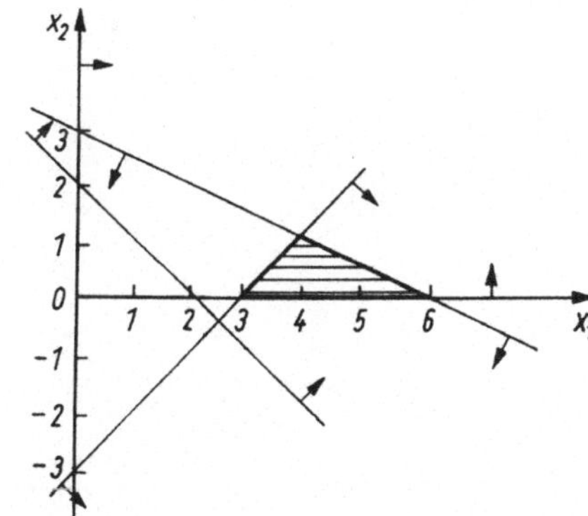

Bild L 2

c)

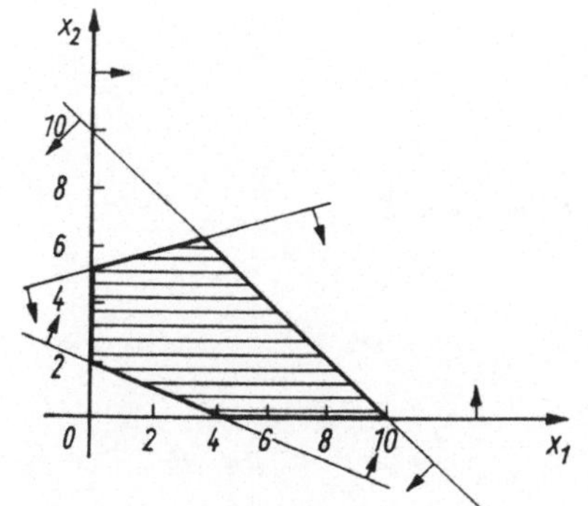

Bild L 3

2.2: ZF: $\quad Z = 2x_1 + 3x_2 \overset{!}{=} \max;$

NB: $\qquad 2x_1 + 4x_2 \leq 16,$

$\qquad\quad 2x_1 + 1x_2 \leq 10,$

$\qquad\quad 4x_1 \qquad\, \leq 20,$

$\qquad\quad\; x_1, x_2 \quad\; \geq 0.$

Optimale Lösung: $x_1 = 4$, $x_2 = 2$, $Z = 14$ (Bild L 4).

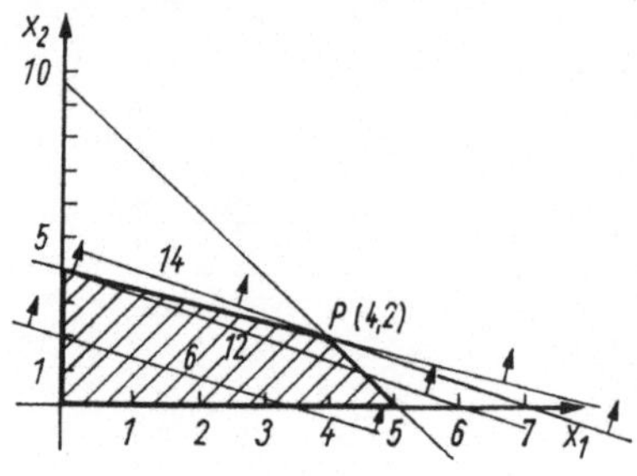

Bild L 4

2.3: ZF: $Z = 3x_1 + 2x_2 \doteq \max;$

NB: $3x_1 + x_2 \leq 6,$

$x_1 + x_2 \leq 4;\ x_1, x_2 \geq 0.$

Optimale Lösung: $x_1 = 1$, $x_2 = 3$, $Z = 9$ (Bild L 5).

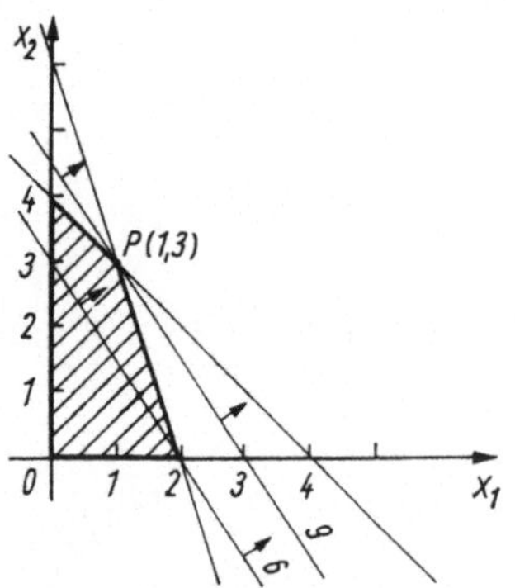

Bild L 5

2.4: x_1 – Anzahl der Tiere von S_1; x_2 – Anzahl der Tiere von S_2.

ZF: $Z = 2x_1 + 3x_2 \doteq \max;$

NB: $x_1 + x_2 \leq 8,$

$x_1 + 2x_2 \leq 180,$

$x_1, x_2 \geq 0,$ ganzzahlig.

2.5: x_i – geladene Menge G_i in t $(i = 1, 2, 3).$

ZF: $Z = 25x_1 + 30x_2 + 35x_3 \doteq \max;$

NB: $x_1 + x_2 + x_3 \leq 7000,$

$1{,}2x_1 + 1{,}1x_2 + 1{,}5x_3 \leq 10000,$

$0 \leq x_1 \leq 4000,\ 0 \leq x_2 \leq 4000,\ 0 \leq x_3 \leq 2000.$

2.6:

Schnitt-variante i	Anzahl x_i der Rund-eisenstangen, die nach Variante i geschnitten werden	Anzahl der Längen einer Rundeisenstange nach entsprechender Schnittvariante			Abfall (m)
		$l_1=9$	$l_2=8$	$l_3=6$	
1	x_1	2	0	0	2
2	x_2	1	1	0	3
3	x_3	1	0	1	5
4	x_4	0	2	0	4
5	x_5	0	1	2	0
6	x_6	0	0	3	2

ZF: $Z = \sum\limits_{i=1}^{6} x_i \doteq \min$;

NB:
$$2x_1 + x_2 + x_3 \qquad\qquad\qquad \geqq 8000,$$
$$x_2 \quad + 2x_4 + x_5 \qquad\qquad \geqq 10000,$$
$$x_3 \quad + 2x_5 + 3x_6 \geqq 6000;$$

$x_i \geqq 0 \ (i = 1, \ldots, 6)$ und ganzzahlig.

2.7: a) ZF $\bar{Z} = -2x_1 - x_2 + x_3 + x_4 - Mx_5 - Mx_6 - Mx_7 \doteq \max$;

NB:
$$x_1 - x_2 - 2x_3 - x_4 + x_5 \qquad\qquad = 2,$$
$$2x_1 + x_2 - 3x_3 + x_4 \qquad + x_6 \qquad = 6,$$
$$x_1 + x_2 + x_3 + x_4 \qquad\qquad + x_7 = 7;$$

$x_i \geqq 0; \ i = 1, \ldots, 7.$

2.7: b) ZF: $Z = x_4 - x_5 - Mx_{10} \doteq \max$;

NB:
$$x_1 - x_2 + 2x_3 + x_4 - x_5 + x_6 \qquad\qquad - x_9 \qquad = 1,$$
$$3x_1 + x_2 - x_3 + x_4 - x_5 \qquad + x_7 \qquad - x_9 \qquad = 1,$$
$$3x_2 + x_3 + x_4 - x_5 \qquad\qquad + x_8 - x_9 \qquad = 1,$$
$$x_1 + x_2 + x_3 \qquad\qquad\qquad\qquad - x_9 + x_{10} = 1;$$

$x_i \geqq 0; \ i = 1, \ldots, 10.$

2.7: c) ZF: $\bar{Z} = -\bar{x}_1 + \bar{\bar{x}}_1 + 2\bar{x}_2 - 2\bar{\bar{x}}_2 - 3\bar{x}_3 + 3\bar{\bar{x}}_3 - Mx_4 - Mx_5 \doteq \max$;

NB:
$$-2\bar{x}_1 + 2\bar{\bar{x}}_1 + \bar{x}_2 - \bar{\bar{x}}_2 + 3\bar{x}_3 - 3\bar{\bar{x}}_3 + x_4 \qquad = 2,$$
$$2\bar{x}_1 - 2\bar{\bar{x}}_1 + 3\bar{x}_2 - 3\bar{\bar{x}}_2 + 4\bar{x}_3 - 4\bar{\bar{x}}_3 \qquad + x_5 = 1;$$

$\bar{x}_i, \bar{\bar{x}}_i, x_4, x_5 \geqq 0; \ i = 1, 2, 3.$

Eine entsprechende Umnumerierung kann noch vorgenommen werden.

3.1: a) Optimale Lösung: Anzahl der Tiere von S_1 gleich 6,

Anzahl der Tiere von S_2 gleich 2.

b) Folgende Schnittvarianten sind möglich:

Schnitt-variante	Anzahl	l_1	l_2	l_3	Abfall
1	x_1	2	0	0	2
2	x_2	1	1	0	3
3	x_3	1	0	1	5
4	x_4	0	2	0	4
5	x_5	0	1	2	0
6	x_6	0	0	3	2

Optimale Lösung: Nach Schnittvariante 1 sind 4000, nach Schnittvariante 4 sind 3500 und nach Schnittvariante 5 sind 3000 Eisenstangen entsprechend der Variante zu zerschneiden.

3.2: Optimale Lösung: Es sind 60 kp von P_2 und 10 kp von P_1 zu produzieren. Der Gewinn beträgt dann 200 Deviseneinheiten.

3.3: Optimale Lösung: Die Schnittaufgabe beinhaltet 4 Schnittvarianten; diese sind in Bild L 6 verdeutlicht. 30 Bleche sind nach der 1. Variante zu schneiden, 10 Bleche nach der 4. Variante. Es entsteht ein minimaler Abfall von 25 m².

Bild L 6

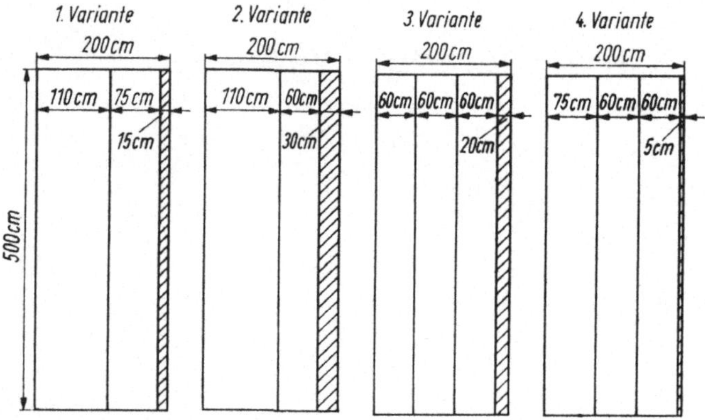

4.1: Der optimale Transportplan ist in der folgenden Matrix zusammengefaßt:

$$\begin{bmatrix} 8 & . & 3 & 9 & . \\ . & 11 & 9 & . & . \\ 7 & . & . & . & 13 \end{bmatrix} \begin{matrix} 20 \\ 20; \\ 20 \end{matrix}$$
$$15 \ 11 \ 12 \ 9 \ 13$$

Die optimalen Transportkosten betragen 654 Geldeinheiten.

4.2: Der optimale Transportplan ist in der folgenden Matrix zusammengefaßt:

$$\begin{bmatrix} 20 & . & 5 \\ . & 10 & 15 \\ . & 20 & . \\ . & . & 30 \end{bmatrix} \begin{matrix} 25 \\ 25 \\ 20 \\ 30 \end{matrix}$$
$$20 \ 30 \ 50$$

Die optimalen Transportkosten betragen 715 Geldeinheiten.

4.3: a) Die minimale Zuordnung ist durch folgende Matrix zusammengefaßt:

$$\begin{bmatrix} . & . & . & . & . & 1 \\ . & . & . & 1 & . & . \\ 1 & . & . & . & . & . \\ . & . & . & . & 1 & . \\ . & 1 & . & . & . & . \\ . & . & 1 & . & . & . \end{bmatrix}, \quad Z = 23.$$

b) Die maximale Zuordnung ist durch folgende Matrix zusammengefaßt:

$$\begin{bmatrix} 1 & . & . & . & . & . \\ . & . & 1 & . & . & . \\ . & . & . & . & 1 & . \\ . & 1 & . & . & . & . \\ . & . & . & 1 & . & . \\ . & . & . & . & . & 1 \end{bmatrix}, \quad Z = 58.$$

Literatur

[1] *Adam, A.*, u.a.: Anwendungen der Matrizenrechnung auf wirtschaftliche und statistische Probleme, 2. Aufl. Würzburg: 1963.

[2] *Barsow, A. S.:* Was ist lineare Programmierung? (Übers. a. d. Russ.). 4. Aufl. Leipzig 1972.

[3] *Churchman, C. W.; Ackoff, R. L.; Arnoff, E. L.:* Operations Research, Eine Einführung in die Unternehmensforschung, 4. dtschspr. Aufl. Berlin: 1968.

[4] *Collatz, L.; Wetterling, W.:* Optimierungsaufgaben. Berlin-Heidelberg-New York: 1966.

[5] *Dantzig, G. B.:* Lineare Programmierung und Erweiterungen. Berlin-Heidelberg-New York: 1966.

[6] *Gass, S. J.:* Linear Programming, 2. Aufl. New York: 1964.

[7] *Hermann, E.:* Spieltheorie und lineares Programmieren. Köln: 1964.

[8] *Johnson, S. M.:* Optimal Two- and Three-stage Production Schedules with Times Included, in: Naval Research Logistics Quarterly, 1, March 1954, S. 61–68.

[9] *Judin, D. B.; Goldstein, E. G.:* Lineare Optimierung I und II, (Übersetzung aus dem Russischen) Berlin: 1968.

[10] *Kadlec, V.:* Mathematische Methoden in der Volkswirtschaft. Berlin: 1962.

[11] *Kadlec/Vodacek:* Mathematische Methoden zur Lösung von Transportproblemen. Berlin: 1964.

[12] Канторович, Л. В.: Математические методы в организации и планировании производства (Mathematische Methoden der Organisation und Planung der Produktion), ЛГУ 1939 (Verlag der Leningrader Universität, Leningrad 1939).

[13] *Korbut, A. A.; Finkelstein, J. J.:* Diskrete Optimierung, (Übersetzung aus dem Russischen) Berlin: 1971.

[14] *Krekó, B.:* Lehrbuch der linearen Opimierung. 5. Aufl. Berlin: 1970.

[15] *Krelle, W.; Künzi, H. P:* Lineare Programmierung, Zürich: 1958.

[16] *Künzi, H. P.; Tzschach, H.; Zehnder, C.-A.:* Numerische Methoden der mathematischen Optimierung, Leipzig: 1969.

[17] *Lange, O.:* Optimale Entscheidungen, Warschau: 1968.

[18] *Manteuffel, K.:* Über einige Entwicklungstendenzen in der Mathematik. Magdeburg: 1964.

[19] *Nemtschinow, W. S.:* Anwendung mathematischer Methoden in der Ökonomie. (Übers. a. d. Russ.). Leipzig: 1963.

[20] *Neumann, J. v.; Morgenstern, O.:* Spieltheorie und wirtschaftliches Verhalten. Würzburg: 1961.

[21] *Nožička, F.; Guddat, J.; Hollatz, H.:* Theorie der linearen Optimierung. Berlin: 1972.

[22] *Piehler, J.:* Einführung in die lineare Optimierung. 4. Aufl. Leipzig: 1970.

[23] *Richter, K.-J.:* Methoden der linearen Optimierung. 2. Aufl. Leipzig: 1967.

[24] *Sadowski, W.:* Theorie und Methoden der Optimierungsrechnung in der Wirtschaft. Berlin: 1963.

[25] *Sasieni, M.; Yaspan, A.; Friedman, L.:* Methoden und Probleme der Unternehmensforschung. Berlin: 1967.

[26] *Seiffart, E.:* Über Lösungsmethoden einiger spezieller Reihenfolgeprobleme. Wiss. Zeitschr. TH Magdeburg 23, 25 (1963).

[27] *Seiffart, E.:* Reihenfolgeprobleme mit gleichen Bearbeitungs- und Maschinenfolgen, Habilitation, TH Magdeburg: 1969.

[28] *Vajda, S.:* Theorie der Spiele und Linearprogrammierung. Berlin: 1962.

[29] *Vogel, W.:* Lineares Optimieren. Leipzig: 1967.

Namen- und Sachregister

Mathematisch-Naturwissenschaftliche Bibliothek

N. N. Amossowa, H. Gillert, U. Küchler und J. D. Maximow
Bedienungstheorie
Eine Einführung

254 Seiten mit 29 Abbildungen · Band 71
Kartoniert 26,80 DM
ISBN 3-322-00309-4

Inhalt: Aufgabenstellung der Bedienungstheorie · Elemente der Wahrscheinlichkeitstheorie · Stochastische Prozesse · Grundbegriffe der Bedienungstheorie · Einfache Bedienungsmodelle (Geburts- und Todesprozesse) · Modelle mit Gruppenankünften bzw. Gruppenbedienung · Einige allgemeinere Bedienungsmodelle · Bedienungsmodelle in der Lagerhaltung

A. Göpfert
Mathematische Optimierung in allgemeinen Vektorräumen

216 Seiten mit 21 Abbildungen · Band 58
Kartoniert 12,– DM
ISBN 3-322-00893-2

Inhalt: Einige Optimierungsaufgaben in Banachräumen · Funktionalanalytische Hilfsmittel · Allgemeine Dualitätstheorie konvexer Optimierungsaufgaben · Spezielle konvexe Optimierungsaufgaben · Abstiegsverfahren in normierten Räumen · Engpaßprozesse (Bottleneck-Prozesse)

A. Göpfert und R. Nehse
Vektoroptimierung
Theorie, Verfahren und Anwendungen

186 Seiten mit 31 Abbildungen · Band 74
Kartoniert 23,– DM
ISBN 3-322-00755-3

Inhalt: Einleitung · Theorie der Vektoroptimierung · Verfahren · Anwendungen der Vektoroptimierung

Mathematik für Ingenieure, Naturwissenschaftler, Ökonomen und Landwirte